MÉMOIRES

POUR SERVIR

A L'HISTOIRE ET A L'ÉTABLISSEMENT

DU

MAGNÉTISME ANIMAL.

CET OUVRAGE SE TROUVE AUSSI AU DÉPÔT DE MA LIBRAIRIE, Palais-Royal, galeries de bois, nᵒˢ 265 et 266.

MÉMOIRES

POUR SERVIR

A L'HISTOIRE ET A L'ETABLISSEMENT

DU

MAGNÉTISME ANIMAL.

PAR A. M. J. DE CHASTENET, Mis DE PUYSÉGUR.

TROISIEME ÉDITION,

ORNÉE D'UNE JOLIE GRAVURE.

Croyez et veuillez.

PARIS,

J. G. DENTU, IMPRIMEUR-LIBRAIRE,

rue des Petits-Augustins, n° 5 (ancien hôtel de Persan).

1820.

PRÉFACE.

—

« **Plus** j'avance dans mes classes, » écrivait Descartes, du collége de la Flèche, la plus savante des écoles qu'il y eût de son temps en Europe, « et plus « je découvre mon ignorance. Je vois bien, par la « lecture des livres et par les leçons de mes maîtres, « que la philosophie a toujours été cultivée par les « plus excellens esprits qui aient paru dans le monde, « et je ne trouve cependant encore aucune chose « dont on ne dispute, et qui par conséquent ne « soit douteuse. » Et dans une autre lettre, il s'exprime ainsi : « Lorsque je considère la diversité « des opinions soutenues par des personnes doctes, « touchant une même matière, sans qu'il y en puisse « avoir jamais plus d'une qui soit vraie, je m'ac- « coutume à réputer pour faux tout ce qui n'est que « vraisemblable. » Et lorsque c'est avec cet esprit de sagesse et de doute, ou plutôt, si je puis ainsi m'exprimer, avec cet instinct natif de vérité, que Descartes, après s'être adonné aux mathématiques, la seule des sciences humaines où, disait-il, il n'y avait point à disputer, que l'on voit arriver ce grand philosophe à la certitude de l'existence de Dieu, et à celle également incorporelle de l'essence, principe

(ij)

de sa pensée, quel est celui de nous qui, d'après d'aussi sublimes résultats de l'abnégation de son humaine raison, pourrait encore, à l'aide des seules lumières de la sienne, espérer parvenir à la découverte ou à la certitude d'aucune intellectuelle et incontestable vérité?

Il fallait apparemment que la disposition de mon esprit à ne pouvoir jamais se revêtir des opinions ni d'aucune des croyances que j'avais entendu débattre et discuter depuis que j'étais entré dans le monde, fût absolument la même que celle de l'esprit de Descartes; et qu'à la très-grande différence près de la sublimité du génie de ce grand philosophe, avec le peu de ressort et l'incapacité du mien, j'eusse toujours, avec autant de méfiance que lui dans tous les aperçus de mon idéologique raison, nourri en moi le désir et l'espoir de pouvoir un jour me rallier à des vérités tellement indépendantes de ses temporaires et vacillantes décisions, que jamais elles ne pussent par elles être infirmées ni contestées.

Lorsque le magnétisme animal fut apporté et annoncé en France par Mesmer, mon premier mouvement néanmoins, quoiqu'assurément ma raison ne pût s'en accommoder, fut d'en nier l'existence; ma prévention était même alors si forte contre la réalité de cette découverte, que malgré que je fusse devenu un sujet d'expérience très-précieux pour Mesmer, par tous les soubresauts et les trépignemens involontaires que me causaient, autour de son baquet, sa seule approche, son seul regard, ou seulement la présentation, à une grande distance, de sa main vers moi, je m'obstinais à n'attribuer qu'à mon imagination frappée tous les effets qu'il prétendait me faire éprouver. Mais comme ces Mémoires, d'abord uniquement destinés à servir à l'histoire du magnétisme animal, sont en même temps l'historique, appuyée par des faits, de mon éducation magnétique, et que mes lecteurs pourront s'enquérir, si bon leur semble, de la manière dont elle s'est opérée, je me bornerai seulement à leur dire ici, que ce n'est qu'après avoir lu ce livre, que quantité de personnes auxquelles je l'avais adressé, sont devenues depuis d'aussi croyans et d'aussi habiles magnétiseurs que moi.

Si, comme il en est en effet de la lumière du jour, qui ne peut être aperçue que par les hommes doués du sens de la vue, et dont, par aucun raisonnement ni aucune théorie, l'on ne peut donner à des aveugles-nés la moindre connaissance ni même la moindre idée, le magnétisme ne pouvait de même être perçu que par ceux en qui l'organe ou l'intelligence de sa perception se serait développée, ne s'ensuivrait-il pas (en admettant toutefois l'existence de ce magnétisme) que si la plupart de nos savans actuels, physiciens, médecins, physiologistes et autres, ne croient point encore aujourd'hui à ce magnétisme, tandis que moi, et tant d'autres avec moi, n'en peuvent douter, c'est qu'apparemment l'organe physique ou intellectuel au moyen duquel ces savans pourraient aussi bien le percevoir que nous, se trouve en eux obstrué, sans ressort ou totalement paralysé. Mais comme à ce raisonnement, qui probablement ne leur paraîtra qu'un sophisme, ils pourraient me répondre qu'ayant décidé entr'eux de ne rien admettre comme vrai, dans les écoles des sciences, que ce qu'ils peuvent expliquer, du moment que je me contente de croire à ce que j'appelle un *magnétisme dans l'homme*, et que je me déclare incapable de le pouvoir expliquer, il est pour eux clairement dé—montré que ce magnétisme n'est qu'une chimère, et que tous ses partisans ne sont, ainsi que moi, que des visionnaires, des dupes ou des insensés : et comme je n'aurais rien à répondre à cet argument, c'est encore à l'autorité de Descartes que je vais re—courir, et ce sera lui qui, entre ces savans et moi, décidera cette importante question :

« Toutes les sciences humaines, » dit-il dans une de ses méditations, « s'étant grossies peu à peu des « opinions de divers particuliers, et se trouvant « composées des réflexions de plusieurs personnes « d'un caractère d'esprit tout différent, approchent « moins de la vérité que les simples raisonnemens et « *aperçus* que peut faire naturellement un homme « de bon sens touchant les choses *qui se présentent* « *à lui.* » Passant ensuite à l'examen de la raison humaine, avec cette même pensée : « Quand je con - « sidère, dit-il, que pour avoir été enfans avant que « d'être hommes, et pour nous être laissés gouverner

« long-temps par nos appétits et par nos maîtres,
« qui se sont souvent trouvés contraires les uns aux
« autres, je sens qu'il est presqu'impossible que nos
« jugemens soient aussi purs, aussi solides qu'ils
« auraient été, si nous avions eu l'usage entier de
« notre raison, dès le point de notre naissance, et si
« nous n'avions jamais été conduits que par elle. »

Après avoir aussi bien reconnu dans les habitudes
de notre vie, dans les appétits de notre enfance, et
dans les impressions des leçons de nos maîtres, la
source de toutes les erreurs et de tous les faux
jugemens de notre esprit ; lorsqu'on voit Descartes, lui-même dominé par l'effet de ces diverses
modifications, arrêter chez son libraire, en Hol-
lande, la publication de son livre, qu'il avait intitulé *Son Monde*, dans lequel, avec Copernic et Gal-
lilée, il soutenait et démontrait la rotation de la
terre autour du soleil (1), ne suis-je pas fondé à
croire et à répéter que les seuls obstacles aux per-
ceptions intellectuelles des savans et des lettrés de
tous les climats et de tous les siècles, seront toujours
les théories, les systèmes, les croyances accréditées,
et tous les préjugés, en un mot, scientifiques ou vul-
gaires, avec lesquels aucune vérité nouvelle n'a ja-

---

(1) Par la raison, écrivait-il au savant jésuite et son ami le
père Mersenne, qu'il ne voulait point se faire des affaires avec
l'Eglise, en publiant le moindre mot qui pût être contraire à l'in-
faillibilité de ses décisions.

mais pu et ne pourra jamais, à son avènement dans le monde, s'allier ni s'amalgamer?

Ce que le magnétisme animal reçoit d'atteintes aujourd'hui de l'incrédulité des hommes, n'est donc que la répétition de tout ce qu'ont eu à vaincre de difficultés toutes les grandes et incontestables vérités, à mesure qu'elles se sont manifestées. Ainsi qu'elles, le magnétisme de l'homme sera donc un jour universellement cru, connu et pratiqué; et son triomphe, j'ose le dire, plus il sera retardé, n'en sera que plus éclatant.

INTRODUCTION

LES expériences de M. Pététin, docteur en médecine à Lyon, sur des femmes cataleptiques, et qui viennent d'être publiées dans un volume intitulé : *De l'Électricité animale*, sont le motif qui m'engage à réimprimer ces Mémoires. C'est en comparant et rapprochant les faits rapportés dans l'un et l'autre ouvrage, que l'on pourra plus sainement les apprécier et juger de la nature de leurs causes. Des faits si semblables en beaucoup de points se doivent nécessairement prêter un mutuel appui ; et lorsque je crois à l'intuitive vision des femmes cataleptiques de M. Pététin, par la raison que j'ai vu nombre de fois cette même vision se manifester dans beaucoup d'autres maladies soumises à l'action *électro - magnétique* ; de même il me semble que les médecins, sur la foi des observations de leur confrère, ne doivent et ne peuvent plus douter aujourd'hui de la véracité de mes rapports et de mes expériences.

Soit donc que mon livre soit le type de la croyance aux faits rapportés par M. Pététin, soit qu'il ne serve qu'à les confirmer, *la possibilité, dans de certains cas, du développement d'une intuitive et instinctive faculté dans l'homme,* ne doit ni ne peut plus être une question aujourd'hui. Ce ne sont pas seulement des magnétiseurs, c'est un homme de l'art, c'est un médecin célèbre qui vient de le décider affirmativement.

Mais ce premier pas fait dans la route de la vérité conduirait bientôt dans un labyrinthe inextricable de fausses maximes et d'erreurs, si l'on allait également admettre incontestables et certaines toutes les conséquences, les théories et les inductions que tire M. Pététin de ses curieuses et surprenantes expériences; mes Mémoires serviront encore, j'espère, de préservatif à ce danger.

(ix)

M. Pététin, par exemple, avance, et même
affirme que le développement des intuitives
facultés somnambuliques n'a lieu que dans les
maladies que l'on désigne du nom de *catalepsie*, c'est une erreur, il devait seulement dire
qu'il ne l'avait observé que dans ces sortes de
maladies. L'on a pu voir dans mes Mémoires
de 1807, et l'on verra de même dans ceux-
ci, que, dans toute espèce de maux, d'infirmités
ou de dérangement quelconque d'équilibre dans
le système de notre organisation, le développement de l'instinct peut être provoqué par l'active énergie de l'électro-magnétisme humain.
Joly, Viélet, Catherine Vidron, la femme *Métivier*, et tant d'autres, ont passé successivement,
pendant la durée de leur traitement, de l'état
naturel ou somnambulique, à celui de catalepsie, et m'en ont offert tous les phénomènes.
Les observations et expériences de M. Pététin
ne prouvent donc autre chose, sinon que la
nature produit souvent elle seule les états que
j'ai provoqués par mon action magnétique.....
et ce doit être en effet ainsi; car, bien certai-

nement, tant d'autres personnes avec moi n'avons pu ni dû produire, en magnétisant, rien que de très-naturel.

Cette différence d'opinion sur ce premier point, entre M. le docteur Pététin et moi, ne détruit ni n'infirme, au reste, en rien l'état de la question; ce que j'y ajoute ne peut qu'exciter l'étonnement et la juste curiosité de tout observateur empressé de reconnaître la vérité; c'est un fait à constater, que l'expérience seule prouve, et dont, par aucun raisonnement, on ne parviendrait certainement jamais d'avance à donner la certitude.

Une autre assertion de M. Pététin, non moins fausse, et qu'il a très-inconsidérément avancée, c'est que l'électricité animale (qu'il suppose apparemment accumulée ou en grande fermentation dans les cataleptiques) provoque toujours et constamment en eux les mêmes phénomènes que nous voyons se manifester par le moyen de nos passives machines électriques. C'est encore une erreur; et si jamais elle venait à se propager parmi les savans physiologistes

(xj)

et autres, ce serait peut-être l'obstacle qui,
dans cette circonstance, s'opposerait le plus à
la recherche qu'ils voudraient faire de la vérité:
cette erreur serait d'autant plus funeste pour
eux, que toutes les expériences qu'ils tente-
raient, d'après cette opinion, la leur confirme-
raient : ainsi donc, ils concluraient avec M. Pététin, que, dans ce qu'on appelle l'état cataleptique (dont le somnambulisme, suivant ce
même docteur, n'est qu'une modification),
toute communication avec les malades est constamment interceptée par la soie, le verre, et
généralement par toutes les substances idio-
électriques, tandis que c'est absolument le
contraire, ainsi que ces Mémoires en fourniront
la preuve, et bien mieux que tout ce que je
pourrais y ajouter dans cette introduction.

Mais cependant, dira-t-on sans doute,
M. Pététin appuie ses assertions d'expériences
irréousables, ou plutôt il ne conclut l'identité
de phénomènes, dans l'une et l'autre électricité, qu'après s'être isolé lui-même de ses malades, à l'aide d'une baguette de verre, d'un

bâton de cire d'Espagne, ou autres corps analogues. J'en conviens : d'après ses expériences,
M. Pététin ne pouvait conclure autrement.
C'est de même, et tout aussi conséquemment,
qu'il y a une trentaine d'années, M. Mesmer
avait conclu de tous les phénomènes magnétiques que lui avait offerts, aussi par hasard,
une très-célèbre cataleptique de Vienne en Au-
triche, mademoiselle *Paradis*, que de toucher
la main ou le pied droit des malades, dans cet
état, avec sa main ou son pied droit, leur faisait un mal extrême, et cela par la raison que
tout, disait-il, dans la nature, étant soumis à
l'entraînement des courans magnétiques, les
hommes, ainsi que l'aiguille d'une boussole,
avaient nécessairement des pôles amis et ennemis ; en conséquence de quoi donc on ne devait se toucher les mains que de gauche à droite,
et de droite à gauche ; il ne fallait pas non plus
s'aviser de magnétiser lorsque soi-même ou le
malade avait les jambes croisées, ni remonter
la main de bas en haut, etc.... Tout cela, disait-
il encore, contrariait l'effet des courans ma-

gnétiques, et causait aux malades des chocs désagréables ou dangereux; l'expérience de même, ainsi que pour M. Pététin, précédait ou venait à l'appui de sa doctrine; et comme tous tant que nous étions de ses élèves, en étions intimement convaincus, il arrivait en effet que toutes les fois que nous nous approchions des malheureuses cataleptiques de son traitement, abandonnées à tout le désordre de leur convulsion, nous les faisions gambader, se culbuter ou se tranquilliser à notre volonté, selon que, pour nous instruire, ou le plus souvent pour en rire, nous les touchions alternativement, avec ce qu'alors nous appelions nos *pôles amis ou ennemis.*

Il en est de même absolument des expériences et des théories de M. Pététin, et je suis très-certain d'avance (sans les connaître et leur avoir jamais parlé) qu'il n'y a pas un seul de ses élèves en *électricité animale,* qui, plein de confiance et de dévotion dans la parole de son maître, n'ait répété avec succès l'expérience du bâton de cire d'Espagne, celle de la corde sèche ou mouillée, et toutes les autres formules enfin, ou procédés puérils prescrits par lui pour justifier sa doctrine.

La seule différence entre M. Mesmer et M. Pététin, c'est que le premier ne voyait partout que des courans de fluide magnétique, tandis que le second ne portait sa pensée que sur des manifestations électriques. Ayant donc tous deux rencontré par hasard *des êtres assez mobiles pour obéir et céder à l'impulsion de leur pensée*, tous deux, en croyant observer la nature, en modulaient ou contrariaient, sans s'en apercevoir, également les manifestations... L'on verra dans ces Mémoires, comment, après avoir moi-même, pendant plus de quinze jours, tourmenté et picoté mon premier malade, *Victor*, par le contact alternatif de mes pôles imaginaires, ce paysan, simple et fort borné, détruisit tout l'échafaudage de mes théories, et m'apprit enfin la cause et le secret de toute ma puissance.

Ce que je viens de dire des expériences erronées de M. Pététin, relativement aux analogies électriques, se peut appliquer de même à toutes celles qu'il a faites, et dont il prescrit l'observance, pour se faire entendre et obtenir des réponses des somnambules cataleptiques. Il est faux, et de toute fausseté, que les malades dans cet état ne répondent aux questions qui leur sont faites, que lorsqu'on leur parle à l'épigastre, ou sur le bout de leurs cinq doigts réunis en pointe.

Je crois bien, et même très-fermement, que M. Pététin, ainsi que tous ceux qu'il mettait en communication avec ses malades, ne pouvaient s'en faire entendre autrement : cela devait être ainsi, du moment que, bien convaincus eux-mêmes, n'importe par quelle raison, de la nécessité d'employer ces procédés, ils avaient précédemment soumis, sans s'en douter, la mobilité de ces êtres éminemment et naturellement magnétiques, à l'empire et à l'influence de toutes leurs persuasions; *mais ce n'était qu'une illusion.* Si, par hasard, ou par l'adoption préliminaire de quelqu'autre système, M. Pététin se fût imaginé ne pouvoir obtenir de réponse de ses cataleptiques qu'à travers une feuille de rose, au déclin de la lune de mai, ces malheureuses créatures, hélas! fussent restées muettes onze mois et demi de l'année; c'est alors qu'avec au moins quelqu'apparence de raison, il eût pu s'écrier : *Quel prodige!* et que beaucoup de personnes auraient été de son avis : mais il ne peut en être de même lorsqu'il applique cette exclamation de l'ignorance et de la superstition, indigne du dictionnaire d'un physicien, à l'obéissance de la main ou du bras de ses cataleptiques, aux directions de sa volonté; car ce phénomène, admirable sans doute, et même étonnant, la première fois qu'on le provoque ou qu'on en est témoin, n'est pas plus prodigieux que l'obéissance d'une aiguille de boussole à la clef qui en module les mouvemens.

Que conclure donc du livre et des observations de M. le docteur Pététin? C'est que, de tout temps, les hommes en société, partagés en deux classes, savoir, d'une part, les doctes et les érudits (qui toujours et constamment se refusent à croire ce qu'ils ne peuvent expliquer ni comprendre), et, d'autre part, les incapables et les indifférens (qui croient sans examen tout ce qu'écrivent ou disent ceux qui prennent pour eux la peine de penser) ont toujours été et sont constamment esclaves de leurs préventions, ou dupes de leur ignorance. Toutes les fois donc qu'une vérité vient à paraître au milieu d'eux, trop simple, et par conséquent trop inexplicable pour être appréciée par les uns, trop étonnante ou trop effrayante peut-être pour les autres, tous se réunissent mutuellement pour l'enfouir ou la repousser : cependant le temps, qui toujours et lentement opère son œuvre nécessaire, en fait tôt ou tard éclore la victorieuse manifestation ; mais les générations ont passé, les amours-propres ont changé d'objets, les rivalités se sont éteintes, rien ne s'oppose plus à son admission ; mais, je le répète, cette reconnaissance est et sera toujours le fruit du temps, et jamais, parmi les hommes, le résultat de l'impartial et sage aperçu de leur intelligence.

Sans chercher d'exemples d'oppositions à des vérités incontestables, au-delà de la sphère médicale où me restreint actuellement le livre de M. Pététin, voyez toutes celles qu'ont éprouvées la circulation du sang, la découverte de l'inoculation, et, de nos jours encore, celle de la bienfaisante et neutralisante vaccine; et remarquez surtout, à l'égard de cette dernière découverte, la plus belle de toutes sans doute, puisqu'elle est la plus utile à l'humanité, que sa manifestation n'a été le fruit ni de la science ni du raisonnement, mais bien celui de l'observation tranquille d'un effet naturel et salutaire, éprouvé depuis long-temps par l'ignorance, et que c'est sans le comprendre ni le pouvoir expliquer, que l'art aujourd'hui le provoque avec autant de sûreté que d'efficacité.

Eh bien! il en sera de même un jour de l'*électricité animale* de M. Pététin, du *magnétisme animal* de M. Mesmer, et de ce que, pour les accorder, je désignerai du nom de l'*électro-magnétisme* de l'homme. Après bien des tâtonnemens, des illusions, des systèmes de toutes les espèces, et des raisonnemens de toutes les couleurs, tant pour prouver que pour combattre les effets de cette humaine faculté, un jour, dis-je, on en fera l'application, sans élever le moindre doute, tant sur sa réalité que sur son efficacité. Un jour enfin, il sera reçu parmi les hommes, après cinq ou six mille ans de leur existence chronologique sur la terre, qu'il est un fluide, ou plutôt *un agent conservateur de leur existence et de leur santé, dont ils peuvent tous, étant mûs par une active sensibilité, porter l'action, et diriger l'influence sur leurs semblables, par le seul acte de leur volonté.*

Ils ne croiront pas à la possibilité de l'expliquer, ce phénomène, plus qu'ils ne s'expliquent aujourd'hui l'existence et la succession de tout ce qui a vie dans l'univers, parce que de même, après cinq mille ans d'inutiles recherches sur la nature et l'essence des choses, leur raison éclairée leur dira que, de même qu'une rivière ne remonte point à sa source, ni qu'un effet ne peut produire sa cause, l'être compris ne peut se comprendre ; mais après avoir reconnu des

bornes aux combinaisons de leur intelligence,
lorsque l'expérience leur donnera la certitude
qu'il n'en est point à l'extension de leur pensée,
c'est alors que sachant mieux apprécier leur
existence, ils pourront jouir pleinement du ressort et de la puissance de toutes leurs facultés.

Ces Mémoires, que, dans le temps qu'ils parurent, j'eus le plaisir et la possibilité d'offrir
ou de faire passer à toutes les personnes qui
s'occupaient du magnétisme, ont été quelques
années après, et à mon insu, imprimés à Lyon,
mais à un très-petit nombre d'exemplaires apparemment; car à l'exception de celui qui m'a
été envoyé, je n'ai jamais pu m'en procurer
chez aucun libraire.

L'édition de 1809, imprimée chez Cellot, rue
des Grands-Augustins, n° 9, est donc la seule
seconde édition que je reconnaisse de cet ouvrage.

A M.***.

———

Monsieur,

J'ai l'honneur de vous envoyer tous les détails et les résultats des expériences que j'ai eu la satisfaction d'opérer chez moi par le moyen du magnétisme animal, dont nous devons la connaissance à M. Mesmer. Je crois qu'il n'est pas temps encore de publier les faits dont j'ai été témoin : on aurait de la peine à les croire, malgré la quantité de témoignages qui y sont joints ; je vous prie donc, monsieur, de ne prêter ces Mémoires à personne ; ce n'est qu'à vous seul que je les confie, pour servir à vos réflexions et vous faciliter les moyens de réussir, encore mieux que je ne l'ai fait, dans vos tentatives magnétiques.

Jusqu'à ce que cinquante magnétiseurs, au moins, soient arrivés au point de pouvoir répéter avec succès les expériences qu'ils citeront, l'on ne doit point s'attendre à persuader les gens raisonnables et de bonne foi, encore moins la multitude. A l'intérêt du magnétisme animal, se joint donc mon intérêt particulier : dans la circonstance présente, je serais compromis par la publicité prématurée des expériences que j'ai faites, puisque je ne pourrais voir sans amertume des gens douter de ma véracité. Je puis m'engager à convaincre mes amis; mais ma tâche ne s'étend pas jusqu'au public.

La confiance que je mets en vous, monsieur, ne me laisse point de doutes sur l'usage discret que vous ferez de mon envoi. Je ne puis mieux vous prouver l'estime que je vous porte, et l'amitié avec laquelle j'ai l'honneur d'être,

Monsieur,

Votre très-humble et très-obéissant serviteur,

Le marquis DE PUYSÉGUR.

Paris, ce 28 décembre 1784.

AVANT-PROPOS.

—

Aᴘʀès l'improbation que deux corps savans et respectables ont donnée à la découverte de M. Mesmer; après qu'ils ont décidé que les effets qui s'opéraient par le moyen qu'il a indiqué, n'étaient dus qu'à l'*imagination* des esprits faibles, ou à l'*imitation*, ou bien à la pression douloureuse qu'on peut exercer sur certaines parties du corps, je sens tout le ridicule momentané qu'a dû me donner une décision aussi importante, moi qui ai signé, un des premiers, ma conviction intime aux effets réels du magnétisme animal. Il faut que je sois un visionnaire, ce qui serait possible, ou que ces messieurs se trompent, ce qui est aussi très-possible. Ce procès est déjà jugé. J'entends les plus indulgens dire : On peut être un fort galant homme, et s'enthousiasmer pour une chimère; j'entends mes amis me plaindre véritablement de donner dans une erreur démontrée, et ceux dont je ne suis point connu, me donner un ridicule. Il faut avoir raison pour rentrer en grâce avec tout le monde; car, en supposant même que je me sois trompé, et que j'en convienne, le ridicule ne s'effacerait pas, et c'est, pour l'agrément de la vie, ce que je connais de plus à redouter. *Il s'est donné un ridicule,* dans la bouche

d'une belle dame, a fait souvent plus de tort que les im-
putations les plus graves. On conclut qu'un homme qui
s'est donné un ridicule, manque de jugement, de conduite, de tact, d'usage du monde; et il faut convenir
que c'est presque toujours vrai. Je fais donc mon procès,
si je me suis trompé sur le magnétisme animal, et j'a-
dopte pour moi toutes les interprétations que j'ai données au *ridicule;* mais je demande quelque temps pour
être jugé en dernier ressort. Puissé-je, en attendant,
par les pièces suivantes, éclairer ceux qui voudront me
juger, et donner l'espérance à l'humanité souffrante, de
voir un jour un terme à beaucoup de ses maux, dans
l'établissement de la doctrine du *magnétisme animal!*

MÉMOIRES

POUR SERVIR

A L'HISTOIRE ET A L'ÉTABLISSEMENT

DU MAGNÉTISME ANIMAL.

PREMIÈRE PARTIE.

En plaidant la cause du magnétisme animal, je ne puis que plaider celle de son célèbre inventeur. En essayant de donner quelques notions sur la cause qui me fait agir, M. Mesmer ne verra, j'espère, en moi, que le zèle ardent qui m'anime pour sa gloire. C'est à lui seul que je dois mes faibles lumières et mes heureux essais. Puissent mes efforts accélérer le triomphe qui lui est dû!

Je ne prétends pas donner la théorie du *magnétisme animal*, ni entrer dans aucunes discussions sur son analogie avec tout le système du monde : M. Mesmer seul peut entreprendre une si grande tâche. Celle que je m'impose est tout simplement de dire comment je m'y prends pour guérir des maladies, et comment se produisent sur beaucoup de malades les effets aussi surprenans qu'inattendus dont on peut avoir entendu parler.

Je n'ose me flatter d'être assez éclairé pour ne jamais me tromper dans l'exposé théorique que je vais faire; mais autant on aura droit de discuter, et peut-être même de réfuter une partie des assertions que j'y établis, autant on devra croire *à la lettre* les détails et les résultats des cures qui se sont opérées, cette dernière partie étant une chose de fait dont je CERTIFIE LA VÉRITÉ.

Je crois qu'il existe un fluide universel, vivifiant toute la nature; que ce n'est point une ancienne erreur, mais une ancienne vérité que l'ignorance a toujours rejetée. Je crois que ce fluide, sur la terre, est continuellement en mouvement, et que c'est une vérité non moins ancienne et non moins démontrée aujourd'hui. La seule idée presque palpable que nous ayons eue du mouvement de ce fluide jusqu'à présent, est celle que l'électricité nous a donnée.

Le magnétisme minéral avait encore dû auparavant nous en donner une idée moins palpable, mais plus sûre; car comment, sans mouvement, un corps quelconque, une aiguille aimantée peut-elle s'agiter et se mouvoir?

Je crois que les médecins, en s'emparant de ces deux découvertes pour les appliquer au soulagement des malades, ont prouvé par-là l'ignorance où ils étaient de la cause de ces phénomènes.

Le *magnétisme animal*, en donnant aujourd'hui la dernière preuve d'un fluide universel et toujours en mouvement, vient offrir à l'humanité un moyen assuré de la guérir de la plupart de ses maux.

En admettant comme incontestable l'existence d'un fluide universel répandu dans l'espace, je vois d'abord dans le mouvement de rotation imprimé aux astres le phénomène en grand de nos globes électriques.

Je vois la terre, ainsi que tous les autres corps célestes, tourner continuellement au milieu d'un fluide dans lequel elle est plongée, et, par cette rotation continuelle, acquérir un mouvement analogue au mouvement électrique. Comme aucune *pointe* ne vient soutirer ce mouvement ainsi accumulé, il en résulte qu'elle en demeure continuellement saturée et surchargée. C'est un effet de ce mouvement non modifié dans le fluide universel, que nous obtenons par le secours de nos machines électriques. C'est ce même effet, diversement modifié et si généralement répandu, qui fait que nous en reconnaissons l'existence partout; et si les corps bitumineux et vitrifiés en donnent des apparences plus sensibles, ce n'est qu'en raison d'un excédent de mouvement qui adhère à leur surface plus ou moins, et s'étend comme une atmosphère autour d'eux. Pour abréger les phrases, je me servirai dorénavant du mot *électricité*, au lieu de mouvement dans le fluide; tout le monde, je crois, étant à présent d'accord sur les phénomènes électriques, pour les considérer comme l'effet d'un mouvement, et non comme une circulation de fluide.

Tous les corps sont donc saturés, à leur manière, du fluide que nous nommons *électrique*; c'est une vérité qui dérive nécessairement de l'existence du fluide universel. Pourquoi tous les corps sont-ils bons, les uns pour transmettre le fluide électrique par communication, et les autres par le frottement? et pourquoi ces derniers isolent-ils les corps qui s'électrisent par communication? La réponse en vient tout naturellement de ce que les uns, tels que les substances soyeuses, les bitumes, et surtout le *verre*, ayant un excédent de fluide, ou, pour mieux dire, une saturation complète d'électricité, n'en peuvent plus recevoir.

Je dis plus, l'électricité du verre qui sert d'isoloir, n'est pas la même qui se manifeste sur le conducteur; car la première est l'électricité déjà modifiée par les filières du verre; tandis que celle du conducteur est l'électricité à nu, telle que la nature la reçoit pour servir de dépôt général à tout ce qui existe.

Cette électricité ne peut être bonne à rien (1), LA NATURE, ou DIEU seul s'étant réservé le travail des modifications, ce qui constitue les différentes espèces. *Modifier* du fluide universel, serait *créer*, et toute créature ne peut raisonnablement s'en croire susceptible.

Plus nous remonterons aux causes premières, et plus nous apercevrons des bornes et les limites de notre humaine intelligence. Vouloir aller au-delà serait folie : saisis d'un respect profond, adorons donc de tout notre pouvoir ce que, ne pouvant apprécier, nous devons reconnaître.

Etendons-nous, s'il est possible, par la pensée : elle seule franchit l'espace; et que LE FLUIDE UNIVERSEL serve de conducteur à nos hommages et à notre profonde vénération.

(6)

D'après cet aperçu, l'homme, ainsi que tout ce qui existe, se trouve aussi saturé à sa manière du fluide universel, et peut être considéré comme une *machine électrique animale*, la plus parfaite qui existe, puisque sa pensée, qui règle toutes ses actions, peut le conduire jusqu'à l'infini.

Mais arrêtons-nous à la nature purement physique de l'homme. Ne savons-nous pas que nous partageons avec tout ce qui existe la propriété d'être réduits en *cendres*, et de là *en verre ?* Plusieurs chimistes habiles, M. Sage, surtout, a obtenu avec de la cendre des *os*, du VERRE d'une superbe transparence. Nos nerfs ont offert à un physicien célèbre, M. le Dru, une analogie parfaite avec le verre. M. Charles, dans son excellent discours à l'ouverture de ses cours de physique, reconnaît un esprit vivifiant toute la nature, et qui ne se perd jamais. Le phosphore que l'on retire des substances animales, et qui est le corps de la nature qui contient le plus de fluide universel, est connu depuis long-temps. Toutes ces données sont senties et démontrées ; il n'y a qu'un pas à faire pour en asseoir les applications, que les savans pourront développer avec succès.

Si l'homme est véritablement *une machine électrique parfaite*, nous devons croire qu'elle embrasse les propriétés positives et négatives. Nous venons de voir M. Nairne en exécuter une artificielle qui est munie de ces deux avantages : l'ouvrage le plus parfait de la nature en ce genre les a donc aussi nécessairement au suprême degré.

Par tout ce que je viens de dire, on peut conclure que l'homme n'a besoin d'aucun accessoire pour agir sur ses semblables d'une manière salutaire, et que notre *électricité animale* tend toujours à se porter où notre volonté la dirige.

De même que dans l'électricité artificielle, nos pointes, qui sont nos doigts, suffisent pour soutirer le trop plein du fluide qui s'en rencontre dans certains malades, et la main entière pour en porter où il en manque; qu'on ne croie cependant pas qu'il faille une régularité minutieuse dans ses gestes pour opérer avec succès sur ses semblables.

Notre organisation électrique est si parfaite, qu'avec le secours seul de la volonté (2) on peut opérer des phénomènes qui, quoique très-physiques, ont l'air de tenir du miracle. Il semblerait que nos organes extérieurs n'ont été donnés par Dieu que pour servir d'instrumens aux paresseux, afin de leur permettre de jouir, ainsi que les autres, de tout le bonheur dont ils sont susceptibles. L'expérience en effet prouvera que tous les hommes ne réussiront pas également dans la SCIENCE du magnétisme, et n'opéreront pas les mêmes phénomènes. Cela dépendra beaucoup de leur constitution et du travail qu'ils auront fait sur eux-mêmes; mais comme, à la rigueur, on peut dire que nous ne pouvons agir que d'après nos facultés, et que nos facultés nous sont données par la nature sans notre participation, il s'ensuit que l'homme qui magnétisera avec le plus de succès ne devra jamais en tirer vanité sur celui qui, n'ayant pas autant de pouvoir que lui, magnétisera pourtant de son mieux. Une même base viendra lier les hommes; ce sera le désir de faire du bien, chacun suivant toute son énergie; et de là naîtra l'indulgence parmi eux, vertu sans laquelle leur bonheur ne peut exister. Je le disais ce printemps, devant plusieurs élèves de M. Mesmer : Nous ne serons jamais que des *tourneurs de manivelle;* c'est M. Mesmer qui nous l'a mise à la main; celui qui aura le meilleur bras la tournera le plus vîte.

M. Mesmer seul pourrait tirer vanité du

bonheur du monde, si le vrai génie était suscep-tible de vanité.

Le fond du baquet de M. Mesmer est com-posé de bouteilles arrangées entr'elles d'une manière particulière. Au-dessus de ces bou-teilles on met de l'eau jusqu'à une certaine hauteur; des baguettes de fer, dont une ex-trémité touche à l'eau, sortent de ce baquet; et l'autre extrémité, terminée en pointe, s'ap-plique sur les malades. Une corde en com-munication avec le réservoir magnétique et le réservoir commun, lie tous les malades les uns aux autres; ce qui, s'il existe une circulation de fluide ou de mouvement, sert à établir l'é-quilibre entr'eux.

Mais quel est, dira-t-on, le mouvement qui peut alors circuler dans les malades? Voici l'explication qu'il me semble que M. Mesmer donne de cet effet, et qui est conforme à ses procédés.

On touche chacune des bouteilles qui entrent dans le réservoir magnétique, et on leur com-munique par-là une impulsion électrique ani-male : on charge de même l'eau qui recouvre les bouteilles, et, par cette opération, l'on dé-termine les courans de mouvemens à se porter vers les pointes ressortantes.

Si l'on veut, au moyen d'une baguette de fer terminée en pointe, dans le milieu du baquet, qu'on peut toucher de temps en temps, ou d'un rechargement qu'on peut opérer à volonté, on entretient ce mouvement dans la direction donnée (*) ; et par l'intermède de la corde qui sert à lier tous malades entr'eux, il arrive, comme je l'ai dit plus haut, un combat dans chaque individu pour le rétablissement de l'é-quilibre, du fluide ou mouvement électrique animal.

On resterait cependant bien du temps autour d'un réservoir magnétique ainsi préparé, que l'on n'en éprouverait aucun effet sensible, à moins d'avoir une susceptibilité singulière dans les nerfs, ou que l'imagination, portée vers la crainte ou l'espérance au suprême degré, ne produisît des sensations passagères, et souvent imaginaires, aux individus faibles qui y mettraient leur confiance.

(*) Le mouvement une fois imprimé et déterminé vers les pointes ressortantes, on sent qu'il n'est pas besoin dans la journée d'un rechargement nouveau de la part du magnétiseur, puisque l'action que reçoivent les malades étant aussitôt réagie par eux, cet effet alter-natif doit se continuer tant que le réservoir magnétique est entouré.

Mais M. Mesmer fait faire ce qu'il appelle *la chaîne* à ses malades, et il en occupe un chaînon. Qu'arrive-t-il alors ? C'est que le fluide animal, mis de nouveau en action par le maître, circulant à son tour et réagissant sur le mouvement déjà imprimé au réservoir magnétique, il en résulte un plus grand effet de mouvement dans chaque individu ; et ce combat de l'électricité animale pour se mettre en équilibre, peut produire des effets sensibles, et quelquefois l'état *de crise magnétique*.

Le baquet, sans l'aide d'un magnétiseur, ne doit donc être regardé que comme un accessoire du traitement magnétique ; puisque son effet, fort secondaire, est plutôt d'entretenir un mouvement déjà imprimé, que d'en communiquer un par lui-même. Autant un individu, déjà remué par l'agent de la NATURE, est dans le cas d'en ressentir des influences salutaires, autant un nouveau malade est souvent éloigné d'y éprouver le plus léger effet.

Mais sitôt que la *chaîne* commence, il n'y a plus d'imagination qui tienne ; elle a beau faire pour ou contre, elle ne peut pas plus empêcher l'électricité animale de chercher à se mettre en équilibre, que nous ne pouvons empêcher l'électricité artificielle de s'étendre également sur un conducteur quelconque.

Il arrive cependant rarement que la première fois qu'un malade fait la chaîne, l'état de crise s'ensuive. Cela vient sans doute de ce que le mouvement animal, dans sa circulation rapide et douce en même temps, glisse au premier moment sur les obstacles, comme fait et ferait toujours l'électricité artificielle. Ce n'est que plus ou moins lentement que le premier, par son analogie directe avec notre système, finit par agir victorieusement.

Pour faciliter donc d'une manière plus prompte la circulation de la partie du fluide universel qui nous est propre, autrement dit l'électricité animale, sur un nouveau malade, il faut que M. Mesmer le TOUCHE. Alors, en raison du pouvoir que la nature a donné à tous les hommes, et que lui, par son travail sur lui-même, a si bien perfectionné, il communique une impulsion réelle et plus directe au fluide animal, et opère d'autant plus d'effet sur le sujet qu'il touche, que celui-ci a de disposition à être guéri promptement. Cette opération préliminaire est nécessaire, par le premier effort que cela occasionne sur la cause du mal, et pour mieux préparer les voies dans le traitement général.

Lors donc que l'on *touche* un malade en disposition prompte de guérir, le fluide animal n'est pas long-temps sans joindre son effort à celui de la nature ; et souvent, dès la première fois, on lui occasionne une crise, laquelle, d'après les phénomènes qu'elle présente, doit s'appeler *crise magnétique*. C'est alors qu'on voit la preuve de la similitude exacte qu'il y a entre l'électricité et le magnétisme. Des effets analogues à l'électricité artificielle, on passe à ceux analogues au magnétisme minéral ; et le tout au moyen de la seule petite partie de mouvement dont nous soyions maîtres, j'entends celle qui se modifie par nos organes.

M. Thouvenel, en expliquant les phénomènes très-naturels du sourcier Bléton (phénomènes qu'on se refuse à croire avec autant de tort et d'acharnement que ceux du magnétisme animal) (3), donne la dénomination de fluide électrique nerveux à la cause qui fait agir le sourcier. Cette qualification est très-bonne, d'après la manière reçue de s'entendre, et doit être synonyme avec celle de fluide électrique animal, à moins qu'on ne trouve celle-ci meilleure, comme étant moins particularisée : mais il est inutile de s'embarrasser ici de cet objet. Que l'Académie des sciences adopte seulement l'existence du mouvement continuel dans un fluide universel, et l'Académie française ne tardera pas à classer et dénommer la petite partie qui nous concerne.

Avant de faire aucune application des principes que je viens d'exposer aux différentes maladies que j'ai eu occasion de traiter, je dois encore dire, à la gloire de M. Thouvenel, qu'après M. Mesmer, je ne sais personne qui, par ses recherches et ses écrits, ait donné plus de lumière sur l'existence et les effets du mouvement général : son courage à défendre la cause de Bléton, ou, pour mieux dire, de LA NATURE manifestée par lui, annonce un caractère ferme et estimable ; et l'on ne peut rien de plus satisfaisant sur la similitude des effets électriques et magnétiques, que ses Mémoires physiques et médicaux.

M. Cloquet, receveur des gabelles à Soissons, étant venu, comme beaucoup d'autres curieux, examiner les effets surprenans du magnétisme qui s'opéraient chez moi, autour d'un arbre, sur plus de deux cents malades, a écrit, ce printemps, une lettre dans laquelle il a rendu compte de ce qu'il avait vu. J'ai consenti à la publication de cette lettre, espérant que le public, surpris des détails qu'elle contient, en

(15)

rechercherait avec plus d'empressement la vérité.
L'effet n'a point répondu à mon attente ; on a lu
cette lettre comme on aurait fait un conte de
fée : il y a même eu jusqu'à des partisans zélés
du magnétisme animal, qui ont écrit qu'en
ajoutant foi à beaucoup d'effets surprenans du
magnétisme, ils ne croyaient cependant pas
pour cela tout ce que M. Cloquet racontait des
somnambules de Buzancy. Les faits détaillés
dans cette lettre sont cependant très-vrais. Je
ne connaissais pas alors M. Cloquet ; et c'était la
force de la persuasion et la vérité qui avaient
dicté son récit. Que n'y eût-il pas ajouté de plus
incroyable encore, s'il eût vu alors ce dont je
l'ai rendu témoin depuis !

Un petit nombre de cures précédées de crises
magnétiques, suffiront pour donner l'explication de la théorie que j'ai adoptée : d'après elle,
on en pourra conclure la multiplicité de scènes
dont j'ai été témoin, et dont les variétés ont
suivi celle des tempéramens et des maladies des
individus que j'ai eu à traiter.

Le printemps passé, mon traitement se faisait
autour d'un arbre : le mouvement végétal alors
venant prêter une force de plus à l'électricité
animale, il résultait de cette action com-
binée sur les individus qui y étaient soumis,

des effets plus analogues encore à notre système que ceux qui s'obtiennent ordinairement
dans les traitemens magnétiques ordinaires.
Aussi tous les effets et tout le résultat étaient-
ils plus doux et plus satisfaisans que dans aucuns traitemens précédens : *aucunes convulsions*; ou s'il arrivait qu'à la première sensation
quelques malades éprouvassent quelque tremblement, il suffisait d'un très-léger attouchement de ma part pour les en délivrer pour toujours.

Je ne puis m'empêcher, en parlant de mon
traitement *magnético-végétal*, de faire mention d'un savant physicien que je ne connais
que par des ouvrages et des découvertes qui
lui méritent la reconnaissance et l'admiration
publique; je veux dire M. Bertholon, de l'Académie de Montpellier, qui a si bien traité de
l'électricité des végétaux, et nous a fourni des
procédés si ingénieux pour retirer de l'air *déphlogistiqué* de la transpiration des feuilles
fraîches exposées au soleil. S'il avait fait un
pas de plus (*), il aurait vu que cet air *dé-*

______

(*) Je crois que, même sans le secours du magnétisme animal, il doit être sain de se rassembler l'été
sous l'ombrage d'un bel arbre bien exposé aux rayons
du soleil.

phlogistiqué était précisément cette partie du *fluide universel* modifié dans les végétaux pour former et entretenir leur organisation; et que c'était là la seule cause de l'effet salutaire qu'il apercevait, avec tant de justesse, résulter de leur communication avec les animaux (4).

Avant M. *Bertholon*, MM. *Priestley* et *Ingen-Housz* avaient fait de grandes découvertes en physique.

La connaissance des différentes espèces d'air, et surtout de l'air *déphlogistiqué*, était le fruit de leurs travaux. En reconnaissant que cet air *déphlogistiqué* était le principe de l'air respirable, que les eaux qui en contenaient le plus étaient les plus salubres, que sans cet air il n'y aurait ni combustion, ni chaleur, ni végétation, ni vie enfin dans la nature, comment se fait-il qu'ils n'en aient pas conclu qu'il y avait un fluide universel? Avec un peu moins d'amour-propre, des hommes d'autant de génie n'auraient pu s'empêcher de reconnaître que M. Mesmer leur donnait la vraie cause de tous les effets qu'ils avaient si justement et si affirmativement reconnus. Oui, n'en doutons pas, c'est l'amour-propre seul qui cause toutes nos erreurs; lui seul est la source de la prévention, qui ne devrait jamais exister parmi les hommes, car ce sentiment est aussi contraire à la raison qu'au bonheur.

Enfin, comment tous les chimistes n'ont-ils pas aperçu ce fluide universel dans cet acide phosphorique, ce phlogistique si nécessaire à admettre, quoique impalpable, et sans lequel le règne minéral n'existerait pas? La révivification des métaux par le phosphore, expérience superbe que l'on doit à M. de Bullion, est peut-être, dans le règne minéral, le *nec plus ultra* de la puissance humaine : à moins de créer, on ne peut imaginer rien de plus beau, puisque c'est emprunter du fluide universel au règne animal, pour le porter au règne minéral. Cette seule expérience prouve, mieux que tous les effets magnétiques, l'existence du fluide universel (5).

En admettant un mouvement continuel dans un fluide universel remplissant l'espace, quel jour vient nous éclairer! Les noms *d'air déphlogistiqué, d'acide igné, d'acide phosphorique, de phlogistique, d'électricité, de magnétisme* enfin, n'indiqueront plus que des modifications de mouvement; et forcés de reconnaître en nous celle qui nous est propre, nous allons jouir paisiblement de tous les avantages que cette connaissance nous procure.

TRAITEMENT

D'UNE FLUXION DE POITRINE.

CE traitement est le premier que j'aie entrepris; je puis même dire que c'est lui à qui je dois, non pas tout à fait ma croyance aux effets du magnétisme animal, mais la confiance dans mes moyens. Le hasard a fait que le malade dont je vais parler est tombé entre mes bras, au bout de cinq minutes, dans l'état de *somnambulisme* le plus parfait, et tel que jamais je n'en avais vu. J'écrivis dans le temps à ce sujet deux lettres à la Société formée par M. Mesmer, que je vais rapporter. J'étais exalté au dernier point, et singulièrement glorieux de tout mon pouvoir : je n'imaginais pas alors que la cause en fût si simple; et sans un retour sur moi-même, qui me faisait bien voir que j'étais loin de la perfection, j'eusse été tenté, en réfléchissant à tout ce que je faisais de *surnaturel*, de me croire favorisé du ciel. Je ne me suis éclairé depuis qu'aux dépens de mon amour-propre; et ce ne pourra être sans le même sacrifice que toutes les Académies de l'Europe s'empresseront à rendre à M. Mesmer la justice qui lui est due.

Au château de Buzancy, près Soissons, ce 8 mai 1784.

« Je ne puis tenir, monsieur, au plaisir de vous faire part des expériences dont je m'occupe dans ma terre. Je suis d'ailleurs si agité moi-même, je puis même dire si exalté, que je sens qu'il me faut du relâche, du repos; et j'espère le trouver en écrivant à quelqu'un qui puisse m'entendre. Lorsque je blâmais l'enthousiasme du père Hervier, que j'étais loin encore d'en connaître la cause! Aujourd'hui je ne l'approuve pas davantage, mais je l'excuse. Plus de feu, plus de chaleur dans l'imagination que je n'en ai peut-être, l'auront maîtrisé; et d'ailleurs l'expérience de personne, avant lui, ne le pouvait retenir. Puissé-je contribuer, ainsi que ceux qui comme moi s'occuperont du magnétisme animal, à ramener la tranquillité dans l'esprit de tous les témoins de nos singulières expériences, et cela par notre propre tranquillité! Contentons-nous, faisons, à l'exemple de M. Mesmer, des efforts sur nous-mêmes: et certes il en faut beaucoup pour ne pas s'exalter au dernier point, en voyant tous les effets surprenans et salutaires qu'un homme, *avec le cœur droit et l'amour du bien*, peut opérer par le magnétisme animal. J'entre donc en matière, et j'en suis bien pressé.

« Après dix jours de tranquillité dans ma terre, sans m'occuper d'autres choses que de mon repos et de mes jardins, j'eus occasion d'entrer chez mon régisseur. Sa fille souffrait d'un grand mal de dents. Je lui demandai en plaisantant si elle voulait être guérie : elle y consentit, comme vous pouvez le croire. Je ne l'eus pas magnétisée dix minutes, que ses douleurs furent entièrement calmées; elle ne s'en ressent pas depuis.

« La femme de mon garde fut guérie le lendemain du même mal, et en aussi peu de temps.

« Ces faibles succès me firent essayer d'être utile à un paysan, homme de vingt-trois ans, alité depuis quatre jours par l'effet d'une fluxion de poitrine : j'allai donc le voir; c'était mardi passé, 4 de ce mois, à huit heures du soir; la fièvre venait de s'affaiblir. Après l'avoir fait le-ver, je le magnétisai. Quelle fut ma surprise de voir, au bout d'un demi-quart d'heure, cet homme s'endormir paisiblement dans mes bras, sans convulsions ni douleurs! Je poussai la crise, ce qui lui occasionna des vertiges : il parlait, s'occupait tout haut de ses affaires. Lorsque je jugeais ses idées devoir l'affecter d'une manière désagréable, je les arrêtais et cherchais à lui en inspirer de plus gaies; il ne me fallait pas pour cela faire de grands efforts : alors je le voyais content, imaginant tirer à un prix, danser à une fête, etc.... *Je nourrissais en lui ces idées*, et par-là je le forçais à se donner beaucoup de mouvement sur sa chaise, comme pour danser sur un air, qu'en chantant *mentalement* je lui faisais répéter tout haut; par ce moyen, j'occasionnai dès ce jour-là au malade une sueur abondante. Après une heure de crise, *je l'apaisai* et sortis de la chambre. On lui donna à boire; et lui ayant fait porter du pain et du bouillon, je lui fis manger dès le soir même une soupe, ce qu'il n'avait pu faire depuis cinq jours : toute la nuit il ne fit qu'un somme; et le lendemain, ne se souvenant plus de ma visite du soir, il m'apprit le meilleur état de sa santé, etc.... Je lui ai donné deux crises mercredi, et jeudi j'ai eu la satisfaction de ne lui voir le matin qu'un léger frisson; chaque jour j'ai fait mettre les pieds dans l'eau au malade l'espace de trois heures, et lui ai donné deux crises par jour. Aujourd'hui samedi, le frisson a été encore moins long qu'à l'ordinaire; son appétit se soutient; ses nuits sont bonnes; enfin j'ai la satisfaction de le voir dans un mieux sensible, et j'espère que d'ici à trois jours il reprendra ses ouvrages accoutumés.

« Le bien que j'ai opéré sur ce malade, a enhardi plusieurs paysans à venir me consulter. Une femme de vingt-quatre ans, souffrant dans le bas-ventre depuis quatorze mois, après une couche difficile, a éprouvé en moins de six minutes un spasme sans convulsions ni marques de douleurs apparentes; seulement, à l'approche de ma main sur la partie souffrante, je lui voyais éprouver un léger frémissement : voilà déjà deux fois que je lui fais ressentir les mêmes effets, dont les suites ne lui laissent ni faiblesses ni souvenirs fâcheux.

« Un autre jeune homme de dix-sept ans s'est trouvé tourmenté avant-hier par une fièvre très-forte, avec un mal de tête violent; j'ai été le magnétiser sur le champ : je n'ai pu lui procurer aucun soulagement de toute la journée, quoique j'y aie fait mes efforts le matin et le soir : hier matin j'ai un peu apaisé son mal de tête; mais sitôt que je l'ai eu quitté, il lui a repris ; enfin, hier au soir je suis parvenu à lui procurer un sommeil paisible ; la nuit n'a cependant pas été bonne ; ce matin j'ai produit sur lui le même effet salutaire, mais il faudrait que je ne le quittasse pas; car son mal de tête recommence avec son réveil, sitôt que je le quitte.

« Afin donc de pouvoir opérer sur tous ces pauvres gens un effet plus continuel, et en même temps ne pas m'épuiser de fatigues, j'ai pris le parti de *magnétiser un arbre*, d'après les procédés que nous a indiqués M. Mesmer; et après y avoir attaché une corde, j'ai essayé sa vertu sur mes malades : ce n'est qu'hier au soir que j'ai fait ma première expérience; j'y ai fait venir mon premier malade : sitôt qu'il a eu mis la corde autour de lui, il a regardé l'ARBRE, et a dit pour toute parole, avec un air d'étonnement qu'on ne peut rendre : *Qu'est-ce que je vois là?* Ensuite sa tête s'est baissée, et il est entré en somnambulisme parfait. Au bout d'une heure je l'ai ramené dans sa maison, *où je lui ai rendu l'usage de ses sens.* Plusieurs hommes et femmes sont venus lui dire ce qu'il avait fait; il leur soutient que cela n'est pas vrai; que, faible comme il est, pouvant à peine marcher dans sa chambre, il lui serait bien impossible de descendre son escalier et d'aller à l'arbre de la fontaine. Je fais taire les questionneurs, autant qu'il m'est possible, pour ne pas fatiguer sa tête. Aujourd'hui j'ai répété sur

[illegible]
[illegible]
[illegible]
[illegible]
[illegible]
M. Merbny [illegible]
[illegible]
[illegible]
[illegible]
[illegible]
[illegible]
[illegible]
[illegible]
[illegible]
[illegible]
[illegible]
[illegible]
[illegible]
[illegible]
[illegible]

Il a regardé l'Arbre, et a dit avec un air d'étonnement qu'on ne peut rendre : qu'est-ce que je vois là ? Ensuite, sa tête s'est baissée, et il est entré en somnambulisme parfait.

Page 24

(25)

lui la même expérience avec le même succès.

« Une fille de vingt-six ans, des environs, ayant, avec la fièvre, depuis neuf mois, des maux de reins, d'estomac et de tête continuels, est venue, avec toute la dévotion possible, me trouver chez mon malade; je l'ai envoyée à mon arbre; j'ai fait la chaîne avec tous deux; elle s'est trouvée soulagée singulièrement de tous ses maux, à la fièvre près, etc..... Je vous l'avoue, monsieur, la tête me tourne de plaisir, en voyant le bien que je fais. Madame de P***, la compagnie qu'elle a chez elle, mes gens, tout ce qui m'entoure ici, éprouvent un saisissement mêlé d'admiration, qu'il est impossible de rendre, et je vous avoûrai encore que je crois qu'ils n'éprouvent que la moitié de mes sensations. Sans mon arbre qui me repose, et qui va me reposer encore davantage, je serais dans une agitation contraire, je crois, à l'harmonie de ma santé; j'existe TROP, s'il est possible de se servir de cette expression. »

Partie d'une lettre écrite à mon frère.

De Buzancy, le 17 mai 1784.

« Si vous n'arrivez pas ici, mon cher ami, avant dimanche, vous ne verrez plus mon homme si extraordinaire, car sa santé est rétablie pres-

qu'entièrement : il vaque à tous ses ouvrages ;
il m'a dit cependant lui-même, étant en crise,
qu'il avait encore besoin d'être touché, et m'a
indiqué les jours ; c'est pour jeudi, samedi et
lundi, la dernière fois, où il m'a prévenu que
j'aurais beaucoup de difficulté à en venir à bout,
mais qu'il le fallait absolúment.

« Je continue de faire usage de l'heureux
pouvoir que je tiens de M. Mesmer, et je le
bénis tous les jours ; car je suis bien utile,
et j'opère bien des effets salutaires sur tous les
malades des environs ; ils affluent autour de
mon arbre : il y en avait ce matin plus de CENT-
TRENTE. C'est une procession perpétuelle dans
le pays ; j'y passe deux heures tous les matins :
mon arbre est le meilleur baquet possible ; il
n'y a pas une feuille qui ne communique de la
santé ; chacun y éprouve plus ou moins de
bons effets ; vous serez charmé de voir le tableau
d'humanité que cela représente. Je n'ai qu'un
regret, ce n'est de ne pouvoir pas toucher tout
le monde ; mais mon homme, ou, pour mieux
dire, *mon intelligence* me tranquillise ; il m'apprend la conduite que je dois tenir : suivant lui,
il n'est pas nécessaire que je touche tout le
monde ; *un regard, un geste, une* VOLONTÉ,
c'en est assez ; et c'est un paysan, le plus borné

du pays, qui m'apprend cela. Quand il est en crise, je ne connais rien de plus profond, de plus prudent et de plus *clairvoyant* : j'en ai plusieurs autres, tant hommes que femmes, qui approchent de son état, mais aucun ne l'égale, et cela me fâche ; car mardi prochain, adieu mon conseil, cet homme n'aura plus besoin d'être touché ; et certes aucune curiosité ne m'engagera jamais à me servir de lui sans le but de sa santé et de son bien : si vous voulez le voir et l'entendre, arrivez donc au plus tard dimanche.

« La femme dont j'ai parlé dans ma lettre est si bien, qu'elle ne veut plus être *touchée* ; mais elle a eu cependant une crise aujourd'hui, parce que je ne la crois pas guérie.

« Le petit garçon a saigné une autre fois du nez ; ensuite son mal de tête revenant obstinément, je l'ai fait saigner ; après, mon *Victor*, mon paysan, l'a vu étant en crise ; il lui a ordonné un vomitif et une purgation : aujourd'hui il est bien, et la fièvre et les maux de tête n'existent plus. La fille, avec la fièvre depuis douze ou quatorze mois, ne l'a plus depuis cinq jours ; elle ne vient plus que par reconnaissance pour l'arbre : c'est ce que j'ai mandé dans ma lettre à M. *Bergasse*, qui était venu à l'arbre le jour même de ma lettre.

« Adieu, mon cher ami ; je vous invite fort à
venir partager mon plaisir et mes peines : quand
vous verrez tous ces bonnes gens autour de mon
arbre, leur résignation, leur courage, les béné-
dictions qu'ils me donnent, leur tranquillité,
vous en serez sûrement charmé. »

*Autre partie d'une lettre que j'écrivais dans
ce temps-là, et dont je n'eusse pas parlé, si
l'expérience répétée des mêmes effets ne
m'eût intimement persuadé de leur existence (c'est toujours de Victor que je parlais).*

« C'est avec cet homme simple, ce paysan,
homme grand et robuste, âgé de vingt-trois
ans, actuellement affaissé par la maladie, ou
plutôt par le chagrin, et par cela même plus
propre à être remué par l'agent de la nature ;
c'est avec cet homme, dis je, que je m'instruis,
que je m'éclaire. Quand il est dans l'état magnétique, ce n'est plus un paysan niais, sachant
à peine répondre une phrase, c'est un être que
je ne sais pas nommer : je n'ai pas besoin de
lui parler ; je pense devant lui, et il m'entend,
me répond. Vient-il quelqu'un dans sa chambre, il le voit si *je veux*, lui parle, lui dit les

choses *que je veux* qu'il lui dise, non pas toujours telles que je les lui *dicte*, mais telles que la vérité l'exige. Quand il veut dire plus que je crois prudent qu'on n'en entende, alors *j'arrête ses idées, ses phrases* au milieu d'un mot, et je *change* son *idée* totalement. Vous jugez qu'il est impossible que cet homme ne soit pas singulièrement pénétré de reconnaissance des soins que madame de P*** et moi lui portons; jamais il n'oserait nous en faire part dans son état habituel; mais sitôt qu'il est *en crise magnétique*, son cœur s'épanche; il voudrait, dit-il, que l'on pût l'ouvrir, pour voir comme il est rempli d'amitié et de reconnaissance : nous ne pouvons retenir des larmes d'admiration et de sensibilité en entendant la voix de la nature s'exprimer avec tant de franchise; je me plais à le laisser sur ce chapitre, parce que le sentiment qui l'anime alors ne peut être que salutaire. Enfin, monsieur, pour abréger, vous saurez que cet homme a un chagrin intérieur; ce chagrin est occasionné par sa sœur, avec laquelle il loge, qui lui conteste une dotation à lui faite par sa mère : cette sœur est la plus méchante femme du canton; elle le fait enrager du matin au soir. J'ai su tous ces détails-là de lui sans qu'il en ait le moindre souvenir. J'ai

tâché de le pénétrer de l'idée consolante d'allé-
ger ses peines, de voir à ses affaires, et de les
éclaircir. Ce matin, une femme est venue chez
lui comme je le magnétisais; je voulus qu'il
sût que cette femme était là, et qu'elle avait
de l'amitié pour lui. Il lui dit bonjour, après
quoi : « Angélique (lui dit-il), oserais-je
« vous prier de me faire un grand plaisir? —
« Volontiers. » (Je dis à cette femme de lui
répondre avec autant d'exactitude que s'il eût
été dans l'état ordinaire.) — « Monsieur a des
« bontés pour moi; il vient me voir, prend
« soin de ma santé; il sait sûrement que j'ai
« bien du chagrin. — Oui, il le sait, et il tâchera
« de l'adoucir. — Ah! que de bonté!.... C'est
« ma sœur qui le cause; vous le savez, Angé-
« lique. — Prends patience, cela finira bientôt.
« — Angélique? — Eh bien! — Je voudrais bien
« remettre quelque. chose entre les mains de
« monsieur : voulez-vous vous charger de le lui
« porter, car je n'oserais jamais prendre cette li-
« berté-là moi-même. — Qu'est-ce que c'est?
« — Vous trouverez dans mon armoire, dans
« tel tiroir, sous (telle chose qu'il lui désignait)
« un gros papier plié de telle manière; c'est une
« donation de cette maison-ci, que m'a faite ma
« mère entre-vifs, pour me récompenser des

(31)

« soins que j'ai pris d'elle dans sa vieillesse. »
Angélique cherche dans l'armoire, trouve un
parchemin tel qu'il l'avait indiqué; et le lui montrant, lui demande si c'est là ce qu'il veut me
faire donner (vous observerez qu'il avait toujours les yeux fermés, ce que j'ai soin d'entretenir toujours dans les crises, afin de ne pas
fatiguer la vue); il répond que oui; lui recom-
mande bien le secret vis-à-vis de sa sœur, qui
sûrement aurait brûlé ce papier si elle l'avait su
entre ses mains, et la presse instamment de
nouveau de me le porter, etc.... Je prends cette
donation des mains de cette femme, et je ne
l'ai pas plutôt dans ma poche, que je vois le
visage de cet homme prendre le caractère de
la sérénité, l'air de la jubilation. Je sortis quelques minutes après avec les précautions accou-
tumées, et depuis je ne lui ai pas encore dit ce
qu'il avait fait (*).

(*) Ce n'a été que le lendemain que, l'ayant trouvé
plus malade que la veille, et d'une tristesse affreuse, et
m'ayant dit que la cause en venait de l'inquiétude qu'il
avait de sa donation qu'il avait en vain cherchée dans
son armoire toute la journée, je lui appris l'usage qu'il
en avait fait : la joie qu'il eut de cette nouvelle, et deux
heures passées dans l'état magnétique, le remirent entièrement dans le mieux sensible où il est.

« Je ne vous ferai, monsieur, aucunes réflexions sur le trait que vous venez de lire ;
elles se présenteront en foule à votre esprit.
Voilà un homme *forcé* de me donner un papier, le plus précieux effet qu'il possède, et
cela, parce que j'ai *bien et fortement désiré*
trouver tous les moyens de le rendre heureux.
C'est lui-même qui m'en fournit le moyen,
car vous saurez que l'acte de sa mère établit
procureur de son fils le porteur même de l'acte.
J'ignore si l'on *peut vouloir* le mal aussi fortement que le bien. Si cela est, que n'y aurait-il pas à craindre des effets du magnétisme animal entre les mains des malhonnêtes
gens (6) ?

« D'après tout ce que je viens d'avoir l'honneur de vous mander, je pense qu'il est prudent
de prendre en considération les suites de l'aventure détaillée dans ma lettre, et qu'un engagement nouveau nous oblige à n'user du grand
œuvre (car c'est celui-là seul qu'à l'avenir, je
crois, on doit nommer ainsi) qu'avec la plus
grande prudence et modération, et toujours
pour le plus grand avantage de la société. Il n'est
pas indifférent de répéter cet engagement, et
de s'obliger formellement à cela, quelque désir
que l'on puisse en avoir d'ailleurs.

« La solution de cette question, savoir si *l'on peut vouloir aussi fortement le mal que le bien,* ne m'a pas encore été résolue : mon inquiétude sur les suites du pouvoir qu'on acquiert par le magnétisme animal sur les individus en crises magnétiques, a été augmentée dans ce temps par celle de toutes les personnes instruites de l'aventure détaillée ci-dessus. Tous les plus grands abus, me disait-on, peuvent être la suite de cet empire que vous acquérez sur vos malades. Un malhonnête homme va donc pouvoir pénétrer des secrets, abuser de la confiance de ses amis, et se venger impunément de ses ennemis. Ma seule réponse était que je ne pouvais pas résoudre ce problème par moi-même ; car il m'est impossible, disais-je, de vouloir le mal et le bien en même temps : si je veux essayer de m'instruire en faisant des questions indiscrètes, mon cœur les dément nécessairement ; et je ne peux rien conclure des réponses qu'on me fait. Il a donc fallu me borner à demander aux malades (*en crise magnétique*) leur façon de penser sur cette difficulté : tous m'ont assuré conserver, dans cet état, leur jugement et leur raison, et m'ont ajouté qu'ils s'apercevraient bien vîte des mauvaises intentions qu'on pourrait avoir sur eux ; qu'alors leur santé en souffrirait, et que cela les porterait à se réveiller sur le champ. Je n'ose pas, malgré cela, ajouter une confiance aveugle à cette solution ; et à moins d'expériences multipliées faites par beaucoup d'autres personnes que moi, il me restera toujours de l'inquiétude sur l'abus qu'on pourra faire de la *découverte* la plus bienfaisante qui existe.

« Quoi qu'il en soit, il en serait de ce moyen comme de la poudre à canon, qui, entre les mains des scélérats, sert à l'accomplissement de leurs complots, et dont on n'a rien à craindre étant maniée par des gens prudens et honnêtes (*). Il y aura toujours, du moins, dans l'emploi du magnétisme animal, l'avantage de n'avoir pas à craindre la surprise : on ne peut être magnétisé *malgré soi* ; et la confiance dans un magnétiseur devra toujours être le préliminaire des secours que l'on en attendra. »

———

EFFETS DE L'ACTION MAGNÉTIQUE SUR DIVERSES MALADIES, ET OBSERVATIONS Y RELATIVES.

La nommée *Catherine Vidron*, lors de mon départ de Buzancy, vers le 15 juin 1784, n'était

———

(*) *Voyez* la conclusion de ce Mémoire.

pas encore entièrement guérie d'une maladie qu'elle avait eue précédemment. Je lui avais recommandé de venir à *l'arbre magnétisé* avec assiduité : j'avais lieu d'espérer que son secours seul, sans ma présence, pouvait achever sa guérison, puisqu'il lui suffisait seulement de le toucher pour entrer dans l'état de somnambulisme, qui caractérisait sa *crise magnétique*. J'avais instruit le nommé *Lehogais*, mon fermier, homme capable de bien observer, des moyens de la faire revenir de cet état à sa volonté (7). J'ai appris que, pendant huit jours qu'elle était venue ainsi régulièrement à mon arbre, sa santé s'était soutenue : mais se croyant alors entièrement guérie, elle ne vint plus ; une demi-lieue de chemin à faire tous les jours, et le travail qu'exigeait son service dans une ferme, à l'approche de la moisson, ne lui permettaient pas de se déplacer facilement. Quelle dut être sa surprise, au bout de quelques jours, de voir tous ses maux se renouveler, colique, vomissemens, faiblesse d'estomac, enfin de se retrouver dans son état précédent de souffrance !

Lehogais prend le parti de la ramener à l'arbre : elle y éprouve une de ses *crises* ordinaires, suivies d'un bien-être sensible. Cette alternative eut lieu plusieurs fois, jusqu'à ce qu'enfin Lehogais imagine de suppléer lui-même à la vertu *magnétique de l'arbre*. C'est lui seul qui opère à présent; et c'est lui que je vais faire parler, ainsi qu'il me l'a raconté :

« Le 28 septembre de cette année, ne pou-
« vant plus m'absenter de ma ferme, me dit-il,
« et voyant le besoin que cette fille avait du
« magnétisme, j'essaie un jour de la *toucher* :
« je vous avais vu opérer (8); j'avais réfléchi sur
« plusieurs choses que vous m'aviez dites, sur
« ce que j'avais lu dans une lettre de M. votre
« frère à M. Mesmer, et sur ce que je faisais tous
« les jours pour rendre Catherine à son état
« naturel, lorsque *l'arbre* l'avait *magnétisée*;
« enfin, monsieur, je me trouve persuadé de
« l'existence d'un *agent universel*, cause pre-
« mière de notre existence, et continuellement
« agissante pour l'entretenir; je comprends la
« possibilité de renforcer en moi cet agent quel-
« conque, pour le porter sur un autre, et,
« d'après cela, je commence à toucher cette
« fille.

« Quelle fut ma surprise, de la voir, au
« bout de deux minutes, devenir entre mes
« mains dans le même état de somnambulisme
« où l'arbre la mettait! J'étais pour elle un vé-

« ritable *aimant ;* mon doigt suffisait pour la
« diriger, la déplacer, la faire s'asseoir où je
« voulais, *sans lui dire un seul mot ;* enfin,
« j'exerçais sur elle, *à ma volonté,* tous les
« phénomènes extraordinaires que je vous avais
« vu produire.

« Dès le lendemain de cette première crise,
« elle n'eut plus de vomissemens, et se trouva
« bien portante. Je continuai donc, pendant
« plusieurs jours, de la magnétiser, et ce fut
« toujours avec succès. Je vous observerai ce-
« pendant qu'elle m'avoua qu'elle ressentait
« presque continuellement un petit point de
« côté ; que sitôt qu'elle ne vomissait plus,
« cette douleur se faisait sentir ; et elle m'a-
« joutait même que, lorsque vous étiez ici et
« qu'elle allait à l'arbre, elle avait toujours eu
« cette douleur de côté, dont elle ne vous avait
« pas parlé, parce que, disait-elle, cette dou-
« leur, très-supportable, ne l'empêchait ni de
« travailler ni d'avoir bon appétit.

« Depuis votre départ, il y avait une pro-
« cession de monde qui venait dans l'espérance
« d'être magnétisé et d'être touché par les ma-
« lades en somnambulisme de votre traitement.
« Au bout de quelque temps, l'arbre devenant
« désert, on sut bientôt que Catherine conti-

« nuait, chez moi, de tomber en crise : on y
« vint. Lorsqu'elle était dans cet état, je ne
« faisais aucune difficulté de la laisser consulter :
« chacun s'en retournait très-satisfait de ce
« qu'elle avait dit. Son point de côté ne se
« passait cependant pas ; mais elle ni moi n'y
« faisions aucune attention.

   « Un jour qu'il était venu chez moi une ma-
« lade de Soissons (mademoiselle *Rousseau*),
« Catherine, étant en crise, me dit de faire faire
« la *chaîne* avec cette démoiselle ; que cela lui
« ferait du bien. Je fis ce qu'elle désirait. Au
« bout d'un moment, Catherine me dit : Voilà
« mademoiselle Rousseau qui souffre beaucoup,
« il faut que vous la touchiez. J'obéis encore,
« ce qui augmenta les souffrances de la malade.
« Catherine, qui s'en apercevait fort bien,
« m'invitait à continuer, en me disant que si je
« pouvais la faire tomber *en crise*, je lui ferais
« beaucoup de bien, et qu'il n'y avait que ce
« moyen-là pour elle d'être guérie. Je ne savais
« pas trop comment m'y prendre : je le lui
« demandai. Alors elle me dit d'aller chercher
« une bouteille, et de m'en servir pour toucher
« cette demoiselle : je suivais exactement ses
« conseils. Je prends donc une bouteille, et
« m'en sers de la manière dont Catherine me

« l'indiquait. Mademoiselle Rousseau en souf-
« frait encore plus, mais ne tombait point en
« crise : Catherine s'en étonnait. C'est singulier,
« disait-elle ; elle devrait cependant *tomber en*
« *crise : voyons, je veux toucher moi-même*
« *cette bouteille.* Je la laissais faire, et examinais
« avec attention l'effet que cela produisait sur
« mademoiselle Rousseau : mais quelle fut ma
« frayeur, de voir aussitôt Catherine tomber
« dans des convulsions affreuses ! Aidé de ma
« femme et de ma fille, je ne pouvais la tenir :
« cette fille, naturellement douce de caractère,
« dont les crises étaient ordinairement si calmes,
« se débattait alors avec une force surprenante,
« et faisait des cris effrayans : j'eus beaucoup de
« peine à la calmer ; et, trop effrayé de l'effet
« que je lui avais causé, je me promis bien de
« ne la plus toucher. Le soir elle fut tranquille,
« et aussi bien portante que de coutume, sans
« même se ressentir d'aucune fatigue de l'état
« où elle avait été.

« J'espérais que, ne la touchant plus, elle
« n'aurait plus de crise ; mais le lendemain, à
« la même heure, voilà Catherine dans les
« mêmes convulsions que la veille : même peine
« pour la faire revenir : enfin, pendant quatre
« jours, cet état s'est renouvelé. Vous jugez,

« monsieur, quelle était mon inquiétude, et
« combien je me reprochais alors d'avoir ha-
« sardé de me servir d'un moyen que je ne con-
« naissais qu'imparfaitement. »

Voilà quel fut le récit de Lehogais ; si ce
n'est pas précisément avec les mêmes termes,
c'est exactement le même sens.

Oui, sans doute, dis-je à Lehogais, le seul
danger qu'il y ait dans l'usage du magnétisme,
c'est de s'en servir sans en connaître toutes les
ressources : votre indiscrétion peut avoir désor-
ganisé cette pauvre fille pour le reste de ses
jours. Voilà ces malheureuses *convulsions* qui
ont fait tant de tort à la découverte de M. Mesmer. Bien des gens se sont imaginé être fort
habiles en les provoquant : chaque jour leur
offrait le même tableau ; et l'habitude de le voir
ne le leur rendait plus effrayant : les guérisons
s'ensuivaient rarement ; l'objet était seulement
de donner des convulsions ; on ne s'embarrassait pas des suites : enfin, dis-je à Lehogais, où
est à présent cette pauvre fille ?

« Monsieur, me dit-il, après cinq ou six
« jours d'une situation aussi violente, elle est
« revenue dans son état précédent de bien-être,
« à l'exception de la douleur de côté, qui était
« même plus forte que de coutume : je ne l'ai

« pas touchée depuis, ainsi que je me l'étais
« promis.

« Au bout de quelques jours, la fièvre tierce
« lui a pris : elle lui a continué un mois en-
« viron. Voilà à présent trois semaines que la
« fièvre l'a quittée, sans qu'elle ait rien pris
« pour la faire passer; et depuis ce temps,
« elle se porte à merveille, sans même se res-
« sentir de douleur de côté : elle engraisse à vue
« d'œil, est gaie, mange et dort bien : elle n'est
« pas reconnaissable. »

Grâces au ciel, lui dis-je, la nature est venue
à votre secours; vous avez été plus heureux
que sage; sans cette bienheureuse fièvre, Catherine eût peut-être été inguérissable. Si vous
eussiez été plus instruit, lui ajoutai-je, lors de
sa première convulsion, vous eussiez jeté la
bouteille, et continuant à magnétiser comme
de coutume, vous eussiez tranquillisé bien vîte
votre malade : en l'abandonnant ainsi à elle-
même, vous rendiez nul l'effort que vous aviez
fait faire à la nature; il lui a fallu plusieurs
jours pour se remettre au point d'où elle était
partie, et aucun bien ne s'en est suivi; voilà
l'occasion où il eût été bon de produire le lendemain la même convulsion, en ayant soin de
ne jamais quitter votre malade sans la calmer;

et peut-être, lui ajoutai-je, au bout de trois crises de cette espèce, vous l'eussiez vue aussi bien guérie qu'elle l'est à présent par le secours de la fièvre (9).

Tout magnétiseur en général ne saurait en effet trop se persuader combien l'état de convulsions, abandonné à lui-même, est dangereux, à moins d'opérer sur des épileptiques, sur lesquels le magnétisme animal n'agit que bien lentement : toutes les fois qu'il se rencontre des individus chez qui le magnétisme produit des convulsions, il faut se garder de les abandonner à eux-mêmes, encore plus se garder de chercher à augmenter cet état violent; il faut au contraire faire tous ses efforts pour calmer, et ne jamais quitter son malade que lorsqu'il est dans un état certain de tranquillité.

Avant de parler des nouvelles expériences que j'ai faites cet automne, je crois nécessaire de parler de quelques faits épars qui, pendant mon séjour à Strasbourg, ont encore augmenté ma conviction aux effets du magnétisme animal.

Etant à mon régiment, je n'avais ni le loisir ni la volonté de m'occuper de magnétisme. Cependant, forcé par des circonstances, il m'a bien fallu quelquefois magnétiser; et malgré tous les sarcasmes, je voyais toujours le succès couronner mes soins : il était bien difficile que des raisonnemens pussent ébranler en moi la conviction que des faits journaliers me procuraient sans cesse.

Je fus invité de magnétiser une femme de cinquante-deux ans, *Catherine Bauz*, du banc de la Roche (terre de M. Diestrich, *stadtmeister* de Strasbourg) : cette femme était sujette à des maux de nerfs et à des convulsions qui, depuis vingt ans environ, lui prenaient plusieurs fois par semaine. Dès que j'eus commencé à la magnétiser, je m'imposai la loi de ne pas manquer un seul jour à passer une heure avec elle. La maladie de son mari ne lui a pas permis de rester plus de trois semaines à Strasbourg, pendant lequel temps elle n'a eu qu'une seule fois des convulsions qui n'ont pas résisté cinq minutes à l'effet du magnétisme. Depuis son retour chez elle, j'en ai reçu deux lettres, l'une du 28 août, l'autre du 10 septembre, déposées à Soissons, par lesquelles elle me confirme sa guérison. (*Voyez* à la fin des notes.)

Cette femme s'endormait quand je la touchais, entendait tout ce qu'on disait sans pouvoir parler, ni sans pouvoir ouvrir les yeux, mais n'entrait pas dans l'état de somnambulisme.

Plusieurs fièvres, tant anciennes que nouvelles, ont été guéries avec le même succès.

Mais la maladie la plus singulière que le hasard m'ait fait rencontrer à Strasbourg, est celle d'un nommé *Nicolas Meninger*, jeune homme de seize ans : il avait eu, à l'âge de *sept mois*, la jambe cassée ; et depuis le moment qu'il avait commencé à marcher, ses parens s'étaient aperçu que journellement, à neuf heures et demie du soir, sa jambe se paralysait ; au bout de quelques années, le bras du même côté éprouvait la même révolution ; et enfin, depuis un an, sa langue suivait les mêmes périodes de paralysie. Dès les premiers jours que je l'ai eu *magnétisé*, ses accidens n'ont point eu lieu dès ce soir même ; le lendemain ils n'ont point reparu ; mais n'étant pas revenu chez moi le troisième jour, il s'est retrouvé le soir dans son état précédent. Au bout de trois jours, ses parens, qui avaient vu le bon effet du magnétisme, se sont déterminés à le faire loger à portée de moi ; ce qui lui a permis de venir tous les jours quatre ou cinq heures dans ma chambre, autour d'un petit réservoir magnétique que j'avais fait arranger pour lui.

Je suis parti de Strasbourg le dix-huitième jour de son traitement, sans qu'un seul jour il ait ressénti ses accidens ; j'ignore s'il est guéri actuellement ; j'ai lieu d'en douter, parce que ce jeune homme n'avait pas encore éprouvé de crises douloureuses qui, je crois, sont nécessaires pour la guérison d'une maladie aussi grave que la sienne. Ce jeune homme avait à peu près les mêmes *crises* que celles de la femme dont j'ai parlé plus haut, à cela près qu'il n'entendait aucun bruit lorsqu'il avait les yeux fermés ; mais il offrait une particularité bien singulière, c'est qu'aussitôt que moi-même, ou une autre personne lui touchait la main, il se *réveillait* sur le champ. Je n'ai jamais vu depuis cet effet se renouveler.

Le livre de M. *Thouret* parut dans le temps de mon séjour à Strasbourg ; c'était, à mon avis, un des meilleurs ouvrages qui eussent paru, soit pour ou contre le magnétisme animal. La tranquillité qui règne dans cet ouvrage, le caractère de bonne foi que je découvrais dans son auteur, tout enfin m'engagea à lever le scrupule qu'on a raison d'avoir à se mettre en évidence dans les journaux. J'écrivis une lettre que j'envoyai dans le temps à MM. les rédacteurs du Journal de Paris, avec d'autant plus de confiance, qu'ils avaient annoncé qu'ils recevraient les défenses du magnétisme, que

M. Thouret venait d'attaquer si vivement. Ces messieurs ont répondu à la personne que j'avais chargée de s'informer de ma lettre, qu'ils ne pouvaient l'imprimer. J'ignore quelles ont été leurs raisons : j'avais lieu de penser que ma signature au bas de cette lettre pouvait tout au plus me donner un ridicule momentané, mais pouvait en même temps servir de titre à ces *messieurs* pour ne se pas compromettre. Je ne puis imaginer que leur refus ait été l'effet d'un ordre supérieur. J'avais tâché d'atteindre, dans cette lettre, à la tranquillité et à l'impartialité de l'auteur estimable à qui je répondais, et rien, comme on va le voir, n'était fait pour déplaire à qui que ce fût.

A Strasbourg, le 16 août 1784.

« Monsieur,

« Je viens de lire l'ouvrage de M. *Thouret* sur le magnétisme animal; l'érudition qu'il y a déployée et la quantité de recherches qu'il a dû faire pour compléter la tâche à lui imposée par sa compagnie, ont dû lui mériter les éloges et l'approbation qu'il en a reçus; j'avoue qu'à l'exception de quelques phrases un peu personnelles contre M. Mesmer, qu'il eût pu aisément ne pas se permettre, je n'ai vu moi-même, dans son ouvrage, qu'une recherche impartiale sur un objet important, ainsi que les vues les plus droites pour éclaircir des faits contre l'évidence desquels sa raison se refuse. Par l'extrait de cet ouvrage, qui vient de paraître dans le journal du 11 de ce mois, l'on paraît désirer que M. Mesmer réponde à M. Thouret, afin de détruire les doutes que l'ouvrage de ce dernier doit avoir répandus dans les esprits sur l'existence du magnétisme animal. Moi je crois, au contraire, que M. Mesmer ne doit pas répondre, dans ce moment-ci, à l'invitation qui lui est faite; car avant de chercher à lever des doutes, il faut être assuré qu'il existait une croyance préliminaire; et M. Mesmer sait fort bien que cette croyance n'a jamais existé parmi les membres de la faculté. Vis-à-vis de qui donc peut-il chercher à combattre des doutes? Sera-ce vis-à-vis de ses élèves? Si j'en juge par moi-même, l'ouvrage de M. Thouret n'est pas fait pour ébranler leur conviction : je dirai même plus; je crois cet ouvrage plutôt fait pour affermir leur croyance que pour la détruire. En effet, que conclure des recherches de M. Thouret, en lui accordant que la doctrine de M. Mesmer est la même, dans le fond, que celle de *Maxwelle, Santanelly, le père Kircher,* etc., sinon qu'il a existé de tout temps une GRANDE VÉRITÉ, que beaucoup de gens successivement ont aperçue de loin ou à travers un nuage, que presque tous, à l'aide de la découverte plus ou moins grande qu'ils ont faite de cette vérité, ont cherché à en imposer à leurs contemporains par un amour-propre mal placé, leur ont caché soigneusement le principe de leur science, et en ont augmenté beaucoup les effets ? Que dis-je ? il en est peut-être dont tout le crime n'a été qu'un enthousiasme excusable pour le bien de l'humanité, et que la crainte seule des abus qui pouvaient résulter de leur connaissance répandue indiscrètement, ont retenus dans le silence ? Quoi qu'il en soit, tant que la sagesse et la modestie ont dirigé leurs démarches, ils ont eu des croyans et des partisans zélés; mais leur succès dans les maladies a dû réveiller l'attention des médecins de leur temps : une cause aussi inconnue pour ces médecins n'a dû leur paraître qu'une charlatanerie ou qu'un effet de l'empire des âmes fortes sur les imaginations faibles; mettant même à part leur intérêt (qu'on peut philosophiquement pourtant compter pour quelque chose dans la conduite des hommes), ils ont dû de bonne foi condamner une doctrine qui prêtait autant au merveilleux. Si l'on ajoute à cela l'abus qu'ont pu faire dès-lors de leur connaissance les magnétiseurs de ce temps là, la crainte où les gouvernemens devaient être de voir se renouveler les erreurs de *l'astrologie judiciaire, les sorcelleries, les divinations, les schismes* de toute espèce, on sentira qu'il n'en fallait pas davantage pour faire condamner au silence les inventeurs d'une doctrine qu'on ne pouvait ni apprécier ni deviner, et pour élever contre eux une multitude d'incrédules et de détracteurs. Mais enfin, en supposant même, comme je l'ai dit plus haut, que la doctrine de M. Mesmer soit dans le fond la même que celle des magnétiseurs anciens, ainsi que l'affirme M. Thouret, et ce que M. Mesmer a seul le droit de discuter, est-il raisonnable d'en conclure que, parce qu'on a condamné dans ce temps-là ce qu'on ne connaissait pas, l'on doive condamner de même dans ce siècle-ci ce que l'on ne connaît pas davantage? On a beau dire que le magnétisme animal est une vieille erreur qu'on cherche à renouveler, ce n'est là qu'un mot qui ne doit point arrêter les philosophes dans la recherche de la vérité.

« *Si le principe universel est d'une si grande importance dans sa nature, il devrait être;*

4

pour ainsi dire, sensible de toutes manières...
Pourquoi M. Mesmer n'en produit-il quel-
qu'apparence de preuve que sur les malades,
et en général sur le corps vivant?... Comment
n'a-t-il pas aussi son action *sur d'autres corps*
physiques et même inanimés? etc. (Recherches
et doutes.)

« Cette objection, très-forte en physique, où
l'on ne doit croire qu'après des expériences réitérées, sera bien vîte anéantie, sitôt que M. Mesmer aura pris la peine de faire connaître sa théorie : il n'est pas un maguétiseur un peu instruit
qui ne puisse y répondre. Mais il faudrait d'a-
bord lui passer, qu'au moins sur les malades ce
fluide a une action véritable ; car sans cela,
comment prouver qu'il ne peut en avoir de
bien réelle que dans ce cas? Je vais, d'après
mes lumières acquises de M. Mesmer, vous
en fournir la preuve que je m'en donne à moi-
même.

« Le fluide universel contribuant à l'existence
de tous les êtres, sa modification seule, dans
les organes où il passe, constitue tel ou tel être ;
dès-lors les corps de même espèce, et modifiés
de la même manière, sont seuls en droit d'agir
avec intensité les uns sur les autres ; nous en
voyons chaque jour la preuve ; sans cela, les

règnes et les races se mêleraient et n'offriraient plus qu'un chaos dont nous ne pouvons nous faire d'idée. Si donc c'est par ce fluide universel mis en action (passez-moi ce mot), que doivent s'opérer les effets appelés du magnétisme animal, nous devons croire qu'entre les divers corps homogènes, il a naturellement une action toujours déterminée. C'est par ce principe que *se marient* les arbres entr'eux, que les pierres *s'aglumèlent*, que les métaux *se combinent*, que les animaux *s'accouplent*; et c'est par ce même principe que les hommes ont, de plus que les autres êtres, la faculté de se *magnétiser*. Si vous n'admettez pas cette première donnée, ce que je vais dire ne vous paraîtra qu'une illusion. Qu'arrivera-t-il donc entre deux hommes également sains, c'est-à-dire également modifiés, suivant leur constitution, par ce fluide universel, sans la possession duquel ils n'existeraient pas? ce qui arriverait entre deux vases inégaux remplis d'eau, qu'on joindrait ensemble; l'eau se jouerait dans l'un et l'autre vase sans qu'il s'ensuivît la moindre altération dans la capacité entière; c'est à peu près la comparaison de ce qui doit arriver entre deux hommes également sains. Mais supposons à présent ces deux vases mis l'un à côté de l'autre, le premier

totalement rempli, et l'autre aux trois quarts
(je les suppose de même hauteur, sans avoir
la même capacité), et, si l'on veut, remplis de
tubes de différens calibres. Un réservoir entretient continuellement le plein du premier vase
par une ouverture libre que rien ne vient obs-
truer, tandis que l'autre, semblable à ces fon-
taines intermittentes, n'ayant qu'une communication imparfaite avec le réservoir commun,
éprouve des altérations successives et marquées :
que je fasse communiquer ces deux vases ensemble, l'eau reprendra bientôt son niveau dans
le second, sans que pour cela le premier en soit
altéré.

Le premier vase est l'homme sain, le second est l'homme malade : si vous demandez
la preuve de ce que j'avance, je vous dirai :
*Venez chez moi ; voyez des malades reprendre
leur force et leur santé première* ; bien plus, je
vous donnerai des expériences momentanées,
si vous ne vous contentez pas des guérisons,
qu'on peut toujours attribuer à ce mot de *hasard*,
qui ne signifie cependant rien. En voici une,
entr'autres, fort extraordinaire, dont j'ai été
témoin, et qui m'a autant étonné que vous
pourrez l'être en en lisant le récit.

« J'avais déjà mis deux fois en crise magnétique un homme de trente-trois ans, nommé *Louis Segar*, de la paroisse de *Luy*, près Soissons (je n'entends pas par *crise* un état *convulsif* ni désordonné, j'entends au contraire un état de *sommeil physique* dont la vue seule peut donner une idée : je redoute autant que personne l'état de *convulsions*, et crois que le véritable but d'un magnétiseur doit être de les faire cesser quand elles existent). Cet homme, fort et robuste, d'une taille de cinq pieds huit pouces, avait une fièvre quarte ancienne, et qui résistait d'abord à l'effet du magnétisme. Je voulus savoir un jour ce que pensait de lui un autre malade en crise ; je pris, sans réfléchir, un jeune postillon de la poste de Braine, arrivé seulement à mon traitement de la veille, et qui venait pour la première fois de tomber dans cet état heureux de crise magnétique. Je dis à ce jeune homme de toucher Louis Segar, qui était dans l'état naturel. Ce jeune homme m'obéit sur le champ ; mais loin de me parler et de répondre aux questions que je lui faisais, il s'obstinait à garder le silence, et touchait toujours son malade. Enfin, après quatre minutes, il dit très-haut et d'un ton très-brusque : *Eh! je ne vous trouve point de mal;* au même instant il ouvre les yeux, et de l'air le plus étonné, il continue : *Ah! me voilà réveillé; où suis-je ici?* Cette scène, la première que je voyais de ce genre, me surprit beaucoup et m'amusa de même. Louis Segar n'avait rien éprouvé, et cependant ce jeune homme s'était débarrassé de la cause de sa *crise* d'une manière subite, sans que j'y eusse contribué en rien.

« Ce fait, monsieur, est très-vrai, puisque je peux l'attester : il est de nature à intéresser les physiciens; ils y verront un rapport bien sensible avec les effets de l'électricité dans le déchargement de la bouteille de Leyde : c'est le seul de cette nature que j'aie obtenu. Je pourrais d'ailleurs vous citer une infinité de traits d'un autre genre, plus surprenans encore, mais qui, faute de pouvoir être comparés aux effets physiques déjà connus, ne seraient pas aisément crus : s'il faut des premières données pour croire les choses dont on n'a aucune idée, il en faut aussi plus que je n'en ai pour mettre au jour les expériences que j'ai faites, et pour me flatter de pouvoir convaincre de leur réalité.

« Je n'ajouterai qu'un mot au sujet de deux expériences que rapporte M. Thouret, et qu'il croit à tort une suite des effets du magnétisme animal; je veux dire celle de l'épée qui tourne sur deux doigts, et celle de la bague suspendue à un fil dans l'intérieur d'un gobelet. Ce ne sont pas des élèves instruits de M. Mesmer qui peuvent rapporter ces expériences pour appuyer sa doctrine. Ceux qui, de bonne foi, assureraient que ces deux subtilités sont produites par l'effet du magnétisme animal, seraient dans l'erreur, et n'auraient pas de cet agent une connaissance approfondie. Ce que je puis vous assurer, c'est que jamais M. Mesmer ne m'en a parlé, et que de pareilles balivernes ne sont point faites pour l'occuper sérieusement.

« J'espère, monsieur, que cette lettre peut répondre en partie aux objections de M. Thouret : puisse-t-il rechercher de bonne foi les causes du magnétisme animal, en examiner, sans prévention, les effets, et ramener ensuite, par un nouveau rapport fidèle de ses observations, une compagnie dont il a la confiance, et entre les mains de laquelle la connaissance du magnétisme animal devrait être déposée, pour tendre à sa perfection et parvenir à sa plus grande utilité! C'est là le vœu bien ardent que je fais. Les membres d'une compagnie dont l'existence n'est appuyée que sur la confiance publique, qui, par devoir et par intérêt, doivent chercher continuellement à s'en rendre dignes, n'abuseront jamais d'un moyen qui leur sera confié pour la conservation des hommes. Les torts d'un seul d'entr'eux seraient bientôt punis par le corps entier ; mais deux cents individus isolés, quoique tous honnêtes et délicats, n'ont pas le même droit à la confiance publique. Qu'un seul abuse de l'empire que peuvent lui donner ses connaissances en magnétisme, le tort en retombera toujours sur la doctrine, et éloignera la confiance. Je sens trop le prix de la découverte de M. Mesmer, et l'utilité dont elle peut être aux hommes, pour ne pas désirer d'en voir asseoir les fondemens d'une manière solide ; et ce ne peut être que lorsque les fautes des magnétiseurs ne retomberont pas sur le magnétisme.

« Mais qu'on ne craigne pas tant qu'on voudrait le faire penser, les abus de ce magnétisme. Tout homme qui s'y livrera avec une espèce de suite éprouvera des jouissances si pures et si peu connues à soulager ses semblables et à leur faire du bien, qu'il ne lui viendra jamais dans la tête de manquer à la délicatesse envers eux, *car il agirait alors contre lui-même....* C'est dans la vue de réaliser cet axiome écrit dans le cœur de tous les hommes, que *faire le bien rend heureux,* que la doctrine du magnétisme animal doit être embrassée avec ardeur par tous les honnêtes gens, à qui elle présente, sous tous

les rapports moraux et physiques, la perspec‑
tive du bonheur. »

———

SURDITÉ DEPUIS DIX ANS.

Le nommé *Henri-Joseph-Claude Joly*, bour‑
geois de Dormans, âgé de dix-neuf ans, avait
eu, à l'âge de neuf ans, une maladie aiguë avec
transport : à la suite de cette maladie, il lui
était resté une dureté d'oreille assez forte. Il
alla étudier au collége de Louis-le-Grand, à
Paris, à l'âge de onze ans : son incommodité ne
l'empêcha pas de continuer ses études jusqu'à
la rhétorique. Mais alors, devenu de plus en
plus sourd, il fut obligé de quitter et de reve‑
nir chez lui. Il y avait près de deux ans qu'il
était de retour de Paris, quand il est venu me
trouver le 13 octobre de cette année 1784. Il est
resté à mon traitement sept jours, et est parti
le huitième entièrement guéri, et entendant si
parfaitement, que, quelque bas qu'on pût lui
parler, il imaginait qu'on lui criait encore aux
oreilles.

Dès la seconde fois que j'ai *touché* ce ma‑
lade, il s'est endormi, ou, pour mieux dire, il
est tombé dans l'état *de somnambulisme* : c'é‑
tait le jeudi matin 14. Après deux heures de

tranquillité dans cet état, il se réveilla sans ma
participation : le soir, je lui procurai la même
crise, dont je fus obligé de le tirer. Sa surprise
était très-grande en revenant à lui, de voir qu'il
s'était endormi : il ne pouvait concevoir que
cela fût, disant « qu'il dormait fort bien toutes
« les nuits, et qu'il n'y avait aucune raison pour
« qu'il s'endormît. » Il était très-incrédule aux
effets du magnétisme, comme on va le voir, et
n'était pour ainsi dire venu que comme curieux. Le lendemain vendredi, il eut cependant
deux crises de somnambulisme comme la veille,
suivies du même défaut de mémoire et de la
même incrédulité. Le lendemain samedi, je le
trouvai, en arrivant au traitement, entortillé de
cordes et *lié à sa chaise* d'une manière incroyable : il me dit qu'il l'avait fait ainsi, afin
de voir si véritablement il *s'endormait*, et que,
si cela lui arrivait, il espérait au moins que je
ne le ferais pas changer de place sans sa participation, et qu'il se réveillerait sûrement en se
détachant. Quand vint son tour d'être touché, je lui conseillai de tenir ferme, et de faire
tous ses efforts pour s'empêcher d'être surpris
comme les autres fois ; qu'au moins je le priais
de m'instruire de ce qu'il éprouverait, et du moment où il se sentirait envie de dormir. Il me

le promit; mais au bout de trois minutes, il ne put que me dire : *Voilà mes yeux qui se troublent;* et presqu'aussitôt après : *Me voilà parti.* En effet, je le regarde, et je le vois dans l'état de somnambulisme. Il n'y fut pas plutôt, que je lui fis détacher toutes ses cordes lui-même. Je ne pouvais m'empêcher de rire de voir toutes les peines qu'il se donnait pour défaire les nœuds qu'il avait faits : il n'y employa que cinq à six minutes, tant il se dépêchait. Je suis sûr que tout autre y eût employé le double du temps, et n'en fût peut-être pas venu à bout. Je le fis asseoir ensuite sur une autre chaise, où je le laissai ainsi l'espace de deux heures environ. Quand, au bout de ce temps, je l'eus remis dans son état naturel, son premier mot fut de dire : *On a sûrement coupé les cordes : oh ! c'est incompréhensible !* et de courir tout de suite à sa première place, et d'examiner toutes les cordes. Quand il les eut vues toutes entières, il resta stupéfait. *Comment cela s'est-il pu faire?* répétait-il sans cesse; *je ne puis comprendre cela.* Cependant, l'après-dînée, il sentait, étant dans l'état naturel, une grande pesanteur de tête, ce qui ne le disposait pas plus que de raison à la confiance dans mon remède. Il eut deux crises dans la journée : dans celle du soir, il commença à me parler et à m'instruire de sa maladie. « Monsieur, me dit-il, *j'ai un dépôt* « *dans la tête*; il me faudra beaucoup souffrir « pour le rendre. S'il descend dans la gorge, je « creverai; mais s'il sort par le nez, je guérirai, « et ne serai plus sourd. Je ne puis pas encore « vous répondre de la voie qu'il prendra ; je ne « suis pas assez avancé pour cela. »

Dans la même crise du samedi soir, je lui bandai les yeux, pour savoir si, de cette manière, j'agirais aussi efficacement sur lui; c'était la même chose. Je le fis écrire les yeux bandés. Voici ce qu'il écrivit sous ma dictée :

« Je me suis détaché moi-même, m'étant lié « à ma chaise, de crainte qu'on ne m'endormît « malgré moi : j'écris ceci les yeux bandés, en « crise magnétique.

« JOLY. »

Ce 15 octobre 1784.

Après quoi, je lui débandai les yeux, et lui dictai :

« J'écris ceci sans avoir les yeux bandés, et « je n'en écris pas mieux : ainsi, autant vau- « drait-il que l'on ne me les eût pas débandés. »

La vue de son écriture, à son réveil, lui causa une surprise extrême : il disait que sûrement

on lui avait tenu la main : malgré tous les témoins qui lui assuraient le contraire, il ne pouvait se le persuader.

Le dimanche matin, n'étant pas plus convaincu ni plus confiant que les autres jours, il
imagina un expédient fort original pour s'empêcher de dormir; c'était de se piquer la main
avec une épingle pendant que je le touchais. Je
ne pouvais m'empêcher de rire et de m'arrêter.
Alors il me disait : « Ah! pour aujourd'hui
« vous avez beau faire; je me fais bien du mal,
« mais au moins *je ne m'endors point.* » Cependant je tâche de reprendre mon sérieux, et de
ne plus prendre garde à ses gestes. Un moment
après, j'entends l'épingle tomber, et le voilà de
nouveau dans la crise accoutumée. Je le réveillai ce jour-là dans mon cabriolet, après lui avoir
fait faire un tour de promenade. Nouvelle surprise, comme on peut bien le croire, de sa
part. Mais humilié cependant de se voir ainsi
MAÎTRISÉ, il ne renonça pas encore à de nouveaux expédiens pour vaincre l'empire que j'a-
vais sur lui.

Dans la crise du soir, il me parla ainsi de sa
guérison : « Je sens mon dépôt qui se partage,
« me dit-il; je le rendrai par le nez en deux
« fois, dont demain matin une partie, et l'autre

« partie plus tard; mais je ne puis encore en
« prévoir le jour. »

Le lundi, étant allé à Soissons, il m'apprit, à
son retour, que s'étant trouvé faible sur la route,
il était descendu de cheval, et avait rendu par
le nez gros comme un œuf de matière blan-
châtre; c'était la partie du dépôt qu'il avait prédit la veille devoir sortir : il n'eut de crise ce
jour-là que le soir.

Le lendemain mardi, j'eus encore une nouvelle scène fort plaisante. En entrant dans la
chambre de mon traitement, je vis tous mes
malades dans une gaîté singulière. Je m'informe
du sujet de leurs éclats de rire. C'était M. Joly
qui avait imaginé de faire faire deux cercles de
fer au maréchal du village, avec lesquels il s'é-
tait fait attacher par lui les deux jambes aux
pieds de sa chaise : des clous bien rivés, enfon-
cés dans le bois, faisaient, qu'à moins de limer
les bandes de fer ou les clous, il était impossible de le détacher. Il ne doutait plus alors que
je ne pusse l'endormir; mais son espérance
était qu'au moins il se réveillerait au bruit qu'on
ferait pour limer les bandes de fer qu'il avait
aux pieds, ajoutant même que, pour peu qu'on
s'y prît maladroitement, on lui *limerait* la peau,
et que la douleur alors le *réveillerait* nécessai-

rement. Beaucoup de personnes qui ne m'ont pas permis de les nommer, venues ce jour-là à Buzancy, furent témoins du bruit que l'on fit, et de la gêne qu'on lui occasionna pour lui *li- mer* ses attaches, sans que pour cela il donnât le moindre signe de réveil : les mêmes témoins lui entendirent même prédire que sa guérison aurait lieu le jeudi au soir.

J'espérais ce jour-là que son réveil serait aussi calme que les autres jours. En revenant à lui, il me dit qu'il avait un mal de tête plus violent que de coutume ; mais je n'y pris pas garde, et le renvoyai à son auberge : il était alors sept heures du soir. Vers les huit heures, on vient me dire qu'on a entendu des soupirs et des plaintes dans mon parc, et qu'étant accouru au bruit, on avait trouvé M. Joly étendu par terre, étouffant et râlant comme un homme qui va mourir : on ne pouvait le toucher sans augmenter ses souffrances. Je vais le chercher, l'amène bien vite au château ; et après lui avoir fait avaler un verre d'eau (*), j'apaise ses convulsions, et le remet dans l'état de crise calme où mon attouchement le mettait ordinairement ; après quoi

---

(*) L'eau que je donne aux malades dans le traitement, est toujours magnétisée.

je l'étendis sur un canapé, pour le reposer.
Après un quart d'heure dans cette tranquillité,
moi écrivant auprès de la cheminée (et ne pensant plus à lui), il m'appelle, ce que jamais il
n'avait fait. Qu'y a-t-il ? lui répondis-je. « Vous
« avez bien fait, me dit-il, de me donner un
« verre d'eau ; trois minutes plus tard, je n'au-
« rais plus eu besoin de rien, j'aurais été étouffé. »

Après l'avoir fait souper, sans l'ôter de crise,
je l'ai conduit dans une chambre où je lui ai dit
de se coucher ; ce qu'il a fait comme s'il eût été
dans son état naturel. A le voir faire ses prières,
souffler la lumière, arranger ses habits sur son
lit, excepté enfin d'avoir les yeux fermés et de
ne pas parler, on n'eût pu croire que ce jeune
homme ne fût pas dans son état habituel. Quand
il fut couché, il me dit qu'il était bien, et qu'il
allait dormir. Je lui dis de m'attendre le lendemain, et de ne pas se lever sans moi. Il me répondit que c'était à lui à me venir trouver, et
qu'il se leverait sitôt qu'il ferait jour. Je fis
coucher, par précaution, un homme dans sa
chambre : ce soin était inutile, car le malade
ne remua pas de la nuit.

Le lendemain matin, mercredi, étant monté
chez lui sur les huit heures, je le trouvai tout
habillé et assis tranquillement auprès de son lit,

toujours dans le même état de somnambulisme :
je le fis descendre dans ma chambre, où il m'apprit
qu'il avait très-bien dormi. Sur les nouvelles que
je lui demandai de sa santé (car je me plaisais à
lui faire répéter ses *prédictions* sur sa guérison),
il me répéta que c'était toujours jeudi soir qu'il
rendrait son dépôt par le nez ; mais que d'ici là
il avait beaucoup à souffrir. Je lui demandai de
quel genre de souffrances il voulait parler. « Ce
« sera, dit-il, des souffrances pareilles à celles
« d'hier : d'ici à demain soir, je pressens que
« toutes les deux heures, j'aurai un accès vio-
« lent d'étouffemens : je ne suis pas éloigné du
« premier. » En effet, à neuf heures sonnantes,
je le vois se roidir ; je vois ses yeux se tourner,
sa gorge s'enfler ; et le voilà dans le même état
convulsif que la veille. Il m'avait trop bien appris
que l'*eau* lui était nécessaire, pour ne pas employer ce moyen pour le calmer : il la buvait
avec une avidité singulière. Cette crise dura à
peu près cinq minutes, après quoi je le vis aussi
tranquille qu'auparavant.

Dans cet état, il me demanda de quoi écrire
une lettre à son père : il voulait, disait-il, que
l'on fît des perquisitions sur un de ses amis, qui,
étant venu au traitement avec lui, l'avait quitté
fort brusquement sans ma permission. Sa lettre

fut courte, mais assez bien écrite et bien dictée. Ce n'a été qu'à son retour chez lui qu'il a eu connaissance de cette lettre (écrite cependant et cachetée par lui-même). Je profitai de la même occasion pour donner des nouvelles à son père, et annoncer à ce dernier la guérison de son fils pour le soir du lendemain.

Cette lettre écrite, je sortis pour ordonner qu'on apportât à déjeuner à mon malade. Je fus ensuite conter ce qui venait de se passer : j'en parlais encore, quand une femme de chambre, regardant par la fenêtre, me dit : Mais, monsieur, Joly est donc éveillé, car le voilà qui descend dans le jardin. En effet, j'ouvre la fenêtre, et je le questionne. Il me répond « qu'il « venait d'être fort étonné, en s'éveillant, de se « trouver tout seul dans ma chambre, auprès d'un « bon feu ; qu'il ne savait pas qui l'avait mené « là ; qu'il se sentait beaucoup d'appétit, et qu'il « allait commander à déjeûner à son auberge. » Sur les questions que je lui fais sur ses souffran- ces passées, il me répond « qu'il a bien souve- « nance de n'avoir pu gagner le village, et de « s'être trouvé faible dans les charmilles ; mais « que depuis il *ignorait ce qui s'était passé.* » Comme je savais mieux que lui, par ses *pré- dictions,* ce qui devait lui arriver à onze heures, je lui recommandai de revenir avant ce temps se mettre au traitement. Il me le promit, et je le laissai aller.

De retour à dix heures et demie, je lui fais faire *la chaîne*, avec les autres malades, autour du *réservoir magnétique*. Il n'en fallait plus davantage alors pour agir sur lui avec efficacité. A onze heures justes, sa crise convulsive lui prend, comme il l'avait annoncé, et toute la journée il en eut de semblables de deux heures en deux heures, sans jamais sortir de l'état de somnambulisme. Après la crise de cinq heures du soir, il se réveilla cependant tout seul, comme il avait fait le matin. Il se trouvait un si grand mal de tête, qu'il ne voulait pas se remettre au traitement. Je ne l'y forçai pas, et le laissai se promener, sans cependant le perdre de vue. A sept heures, sans qu'il y ait eu aucun préliminaire de ma part, sa *crise* convulsive lui prend comme il était à causer dans une chambre voisine de celle du traitement. J'accours, je le calme comme à l'ordinaire, et l'état de somnambulisme s'ensuit. Il eut encore ce jour-là deux accès, savoir : un à neuf heures et l'autre à onze, après avoir fort bien soupé, car jamais l'appétit ne lui manquait; et quoique dans l'état magnétique, il savait fort bien demander à manger.

Je m'apprêtais à ne pas dormir de la nuit, afin de suivre avec exactitude les détails d'une cure aussi extraordinaire, et d'ailleurs pour ne pas l'abandonner lui-même dans ses accès violens d'étouffemens, qui, sans l'espérance qu'il me donnait lui-même de la fin de ses tourmens, m'auraient chaque fois fait craindre pour sa vie. Il s'aperçut apparemment de mes inquiétudes pour la nuit, car il me dit que je pouvais dormir tranquillement; qu'il fallait le faire coucher, et que le repos qu'il allait prendre empêcherait ses crises convulsives de se manifester; qu'enfin il n'en aurait pas avant sept heures du matin. Je ne pouvais cependant pas assez ajouter foi à cette prédiction, pour l'éloigner de moi pendant la nuit. En conséquence, je le fis coucher dans ma chambre. Etant dans son lit, il me répéta encore qu'il allait dormir tranquillement; que je pouvais en aller faire autant jusqu'au lendemain sept heures. Il me forçait à la confiance par son ton d'assurance. En effet, je me couchai, et ne fus pas réveillé de la nuit.

Mais le lendemain matin j'entends, étant encore endormi, un bruit sourd, des plaintes, et comme si quelqu'un se débattait par terre. Je saute vîte en bas de mon lit, et je vois mon malade tout habillé, étendu sur le plancher, la face contre terré, étouffant et râlant comme la veille. Aussitôt je cours chercher un verre d'eau, et tâche de le relever. Quand il fut calme, je regarde à ma montre, et vois sept heures dix minutes; ce qui me donna à penser que le pauvre malheureux avait souffert quelques minutes avant de me réveiller. A neuf heures, même crise; après quoi, même réveil naturel que la veille, et même empressement de courir au village pour déjeûner. Il n'eut pas cette fois l'attention de revenir avant onze heures; de sorte que son accès lui prit comme il finissait de déjeûner. Il fallut venir me chercher; ce qui (vu le chemin que j'avais à faire) lui occasionna cette fois une crise plus longue que de coutume.

Revenu au château dans l'état de somnambulisme, je voulus le mettre au traitement; mais il me dit qu'il y souffrait trop, que l'effet était trop violent pour lui, et qu'il n'avait plus besoin de ce secours jusqu'à sa parfaite guérison, *qui s'opérerait ce soir même.* Il dîna ce jour-là à table avec nous, madame la marquise de ★★★, qui était arrivée de la veille, ayant bien voulu le permettre. Après son accès de trois heures, il se réveilla naturellement, et alla jouer une partie de *tamis.* Comme il se sentait la tête très-lourde, il s'imaginait que l'exercice la lui dégagerait, car il était bien loin d'imaginer alors être aussi près de sa guérison parfaite. Il m'a dit depuis qu'il se serait trouvé très-heureux, dans ce moment-là, de rester avec sa surdité, pourvu qu'on eût pu lui ôter le mal de tête violent qui l'accablait. Je le voyais se donner du mouvement avec d'autant plus de plaisir, qu'il m'avait dit le matin, dans l'état magnétique, qu'il guérirait de meilleure heure si je le fatiguais et si je lui faisais faire beaucoup d'exercice. En conséquence, je l'avais laissé me suivre toute la journée comme mon ombre, et quelquefois même l'avais fait courir et sauter, pour obéir à ses indications.

Cependant il était cinq heures et demie passées, et la crise ordinaire n'arrivait pas, ce qui m'étonnait : la partie de balle l'attachait beaucoup ; et quoique je lui eusse fait dire plusieurs fois de venir au traitement, il n'en tenait compte : je lui criai enfin moi-même de revenir, et il m'obéit. Il ne fut pas plutôt arrivé près de moi, que je n'eus que le temps de le prendre dans mes bras, de l'asseoir sur une pierre, et sa crise convulsive de suivre les procédés accoutumés.

Revenu dans l'état magnétique, je lui demandai de ses nouvelles, en lui observant que le soir approchait où il m'avait annoncé sa guérison : à quoi il me répondit qu'il n'avait plus qu'une ou deux crises à avoir; qu'il ne pouvait assurer si ce serait après la première ou après la seconde qu'il rendrait son dépôt; mais que cela ne passerait pas la deuxième. Afin de ne le pas quitter, je le fis asseoir auprès du feu dans la chambre du traitement.

Sur les sept heures et demie, voilà sa crise convulsive qui le prend : mais loin d'être aussi violente que les autres, je le vois s'affaiblir considérablement. J'étais dans une inquiétude extrême, d'autant qu'il me dit : *Monsieur,.... voilà que je perds mes forces;.... je ne puis plus pousser ma crise;.... c'est la fin....* Et il s'arrêtait, ne pouvant presque pas parler. *Eh bien!* lui dis-je tout alarmé, *que signifie cela? seriez-vous plus mal?* Alors, d'une voix entrecoupée, il me dit : *C'est l'annonce.... de ma.... guérison,.... prochaine.... : je ne puis marcher.... : il me faut porter sur un lit....; je serai mieux.... quand j'aurai la tête reposée.....* Je le fais en effet porter, car il ne pouvait se soutenir : un moment après qu'il fut sur le lit, il se réveille et se trouve étonné, comme à l'ordinaire, de sa position : il ne pouvait revenir surtout de l'excès de faiblesse où il était. Un quart d'heure s'étant passé ainsi, il me dit qu'il se sentait envie de dormir, et qu'il désirait qu'on le laissât reposer. Je fais retirer tout le monde, et nous allons dans une chambre attenante à la sienne, d'où nous pouvions entendre le moindre bruit qu'il ferait. Il resta ainsi tranquille environ trois quarts d'heure : au bout de ce temps, quelqu'un ayant entendu remuer dans sa chambre, j'y cours avec dix ou douze personnes, entr'autres M. le marquis *de Lévis*, qui attendait, ainsi que moi, ce qui devait se passer ; et nous trouvons Joly le visage hors du lit, et rendant par le nez ce qu'il nous avait annoncé : c'était une matière blanche et épaisse, mêlée de très-peu de sang. Quand je vis qu'il ne rendait plus rien, je le fis recoucher, et je jugeai, d'après des indications sûres, qu'il était encore dans l'état magnétique. Il ne resta pas un demi-quart d'heure sans revenir dans l'état naturel. Alors je lui demandai s'il savait ce qui venait de lui arriver : il me répondit que non ; mais qu'il sentait sa tête fort légère ; que c'était apparemment le sommeil qu'il venait de prendre qui en était cause ; que cependant il ne savait d'où lui venait la faiblesse extrême où il était. Je ne me donnais plus la peine d'élever la voix pour me faire entendre, et le ton le plus bas était celui qui lui convenait le mieux. Quand je le vis tranquille, je lui annonçai qu'il était guéri, et que j'allais lui en montrer la preuve. Le témoin sensible qui se trouvait encore par terre, la légèreté de sa tête, la sensibilité de ses oreilles; toutes ces preuves réunies mirent fin à son incrédulité, et ne tardèrent pas à le convaincre de sa parfaite guérison. Sa faiblesse seule l'empêchait de jouir de tout son bonheur. Il alla coucher cette nuit à son auberge, et le lendemain, ayant, avec le repos, repris ses forces ordinaires, il est venu me remercier, et me témoigner sa joie et sa reconnaissance.

Le surlendemain 23, il est parti en parfaite santé pour son pays, avec le projet de reprendre, s'il est encore possible, des études dont par son intelligence il est très-capable de profiter. (*Voyez* le certificat ci-après.)

La veille de sa guérison, il s'en était passé une tout aussi singulière; c'était celle d'une femme, *Agnès Rémont*, indiquée au n° 10 du détail des cures opérées à Buzancy, laquelle, après une chute affreuse qu'elle fit dans sa cave, sur la tête, le mardi 12 octobre, eut des vertiges, des convulsions et un commencement de saignement de nez, qui, s'étant arrêté, aurait indubitablement formé un dépôt dans sa tête. Celle-ci, dans ses *crises magnétiques*, m'obligea de la faire saigner jusqu'à trois fois ; elle me *pré-dit*, de même que Joly, l'heure de sa guérison ; et après trois saignemens de nez, qu'elle avait de même *pressentis* et *annoncés*, le mercredi 19, elle me dit : *Je suis guérie*; et si je souffre, c'est de l'estomac ; dans un moment cela sera passé, et je n'aurai plus de mal.

En effet, le jeudi elle est restée chez elle très-faible, mais bien portante, et le vendredi elle est venue me remercier avec Joly.

Certificat de la guérison du sieur Joly, dont l'original est entre les mains de M. Rigaud, notaire à Soissons.

« Nous, maire royal et principaux habitans de la ville de Dormans en Champagne, certifions que nous avons connu le nommé Henri-Joseph-Claude Joly, de cette ville, dans un état de surdité considérable ; qu'il a été obligé de quitter ses études au collége de Louis-le-Grand, à cause de son infirmité ; que, pendant six ou sept ans qu'il a été à Paris, nous avons su qu'il avait tenté les moyens connus de la médecine, entr'autres ceux administrés sur les sourds par M. l'abbé *de Saint Julien*, sans en tirer de sou-lagement ; et qu'enfin, étant allé, le 22 du mois d'octobre, à Buzancy, chez M. le *marquis de Puységur*, qu'on lui avait dit guérir beaucoup de personnes par le moyen du magnétisme animal, nous l'avons vu revenir, au bout de huit jours, PARFAITEMENT guéri de sa surdité, entendant la voix la plus basse; et que ledit Joly nous a dit avoir rendu par le nez un dépôt considérable; que sur les questions que nous lui avons faites du moyen employé pour le guérir, ainsi que des différens effets qu'il avait éprouvés, il nous a répondu n'avoir aucune connaissance de la cause qui l'a guéri, ni aucun souvenir des souffrances qu'on lui avait dit avoir ressenties, si ce n'est d'une faiblesse qu'il éprouva un jour en revenant de Soissons, après laquelle il rendit partie de son dépôt par le nez, et une autre fois, l'avant-veille de sa guérison, d'être tombé faible dans le chemin, en s'en retournant à son auberge. De plus, ledit Joly nous a assuré ne plus souffrir d'une double hernie qui l'incommodait beaucoup, au point que, dès son retour chez lui, il a cessé de faire usage d'un double bandage, qu'il ne quittait pas précédemment.

« Nous certifions, en outre, que le sieur François Joly, père dudit Joly, nous a montré une lettre de M. le marquis de Puységur, datée du mercredi 19 octobre, dans laquelle ce seigneur lui annonçait la guérison totale de son fils pour le lendemain jeudi soir, 20 dudit mois, qui s'effectuerait par la sortie d'un dépôt par le nez; ce que ledit Joly nous a assuré lui être effectivement arrivé. En foi de quoi nous avons signé le présent certificat, à Dormans, ce 4 novembre 1784, et à icelui fait apposer le cachet aux armes de notredite ville. Ainsi signé, Pruche, maire; Robert, conseiller; Joly, curé de Châtillon-sur-Marne; de Barry, greffier-secrétaire; Lallement, ancien praticien; Prin, curé de Rueilly; Poan de Monthelon, seigneur de Troissy, près Dormans; Delalot, seigneur de Comblisy; Laurain le Gros, Cheruy, procureur-fiscal de Comblisy; Laurain Racine, Aubry, aubergiste à la Croix-d'Or; Couvé, Moussé le jeune, Robert, curé de Vimelles, le chevalier d'Estrées, brigadier des armées du Roi; Fovelet, ancien greffier de la ville; C. Martin, conseiller; Delbarre, Clouet, Herman Stirtz, Bougy, son maître d'écriture; Remond, aubergiste; Gaudinat, notable; Joly père, Guiborat, Castellas, vicaire de Dormans; Goblet, Palle, greffier militaire; Madeleine Joly. »

D'après le détail des cures que je viens de

citer, et dont l'exactitude est constatée par des précautions au-dessus de toute suspicion, il n'est pas possible de se refuser de croire à l'existence des effets opérés par le moyen du magnétisme animal; et dès lors on sentira de quel avantage il est, pour le bien général, que cette découverte soit connue, appréciée et perfectionnée par tout le monde, et surtout par la classe d'hommes destinée plus particulièrement à secourir l'humanité souffrante.

S'il est vrai que chaque homme puisse, dans l'occasion, soulager son semblable, il n'est pas moins vrai que l'habitude de magnétiser, de suivre des crises, d'en prévoir les effets et les résultats, rendra toujours ceux qui, par état, se consacreront à cet emploi, plus bienfaisans que les autres, et, par cette raison, plus précieux à la société. L'état de médecin, par la suite, en acquerra plus de lustre, parce qu'il sera plus pénible : il ne suffira pas aux médecins de faire seulement usage de leurs connaissances théoriques, il leur faudra, de plus, payer de leurs personnes; et ce sera de la perfection plus ou moins grande de leur *machine électrique animale*, autrement dit de leurs facultés, que dépendront leurs succès dans les maladies.

Une chose infiniment satisfaisante dans l'emploi du magnétisme animal, c'est de pouvoir, à l'aide d'un malade en crise magnétique, avoir un INDICATEUR *sûr*, non seulement du siége de sa maladie, mais aussi des maladies des différens individus qui lui seront présentés.

Quand on considère ce fait d'une manière isolée, et sans chercher à se rendre compte de sa possibilité, on est tenté de le nier et de le regarder comme une absurdité manifeste : car, dira-t-on, à moins de croire aux *sorciers*, on ne peut admettre une pareille assertion. Personne n'est plus éloigné que moi de croire aux sortiléges et aux divinations.

Mais il faut observer que la connaissance des maladies et la *prévoyance* de leurs symptômes et de leur terminaison, ne tiennent à rien de surnaturel dans les individus qui se trouvent en état de crise magnétique. Ce n'est pas par *prédiction* qu'ils jugent si sainement et si sûrement des causes des maladies, mais tout simplement par une *sensation* qui leur est particulière. Ce n'est que par des sensations que nous pouvons avoir des idées : cette vérité, si constante et si reconnue, ne peut être démentie par rien ; et ce qui arrive aux individus en crise magnétique, vient encore à l'appui de cette vérité, pour en constater plus authentiquement l'évidence.

J'ai beaucoup questionné mes malades somnambules ; Joly, surtout, comme plus intelligent, m'a rendu plus exactement ce qu'il sentait à l'approche des malades que je lui présentais à toucher. « C'est, me disait-il, une *sensa-* « *tion* véritable que j'éprouve dans un endroit « correspondant à la partie qui souffre chez celui « que *je touche*; ma main va naturellement se « porter à l'endroit de son mal ; et je ne peux « pas plus m'y tromper, que je ne pourrais le « faire en portant la main où je souffrirais moi- « même. »

Par rapport à ce qu'il éprouvait lui-même dans l'état magnétique, pour pouvoir affirmer aussi positivement ses souffrances à venir, et enfin sa guérison : Quel nom donneriez-vous à cela ? lui demandais-je. « C'est plus que *prévoir*, me di- « sait-il, il faudrait appeler cela *pressavoir*, ou plu- « tôt *pressentir* : oui, c'est que je *sens* d'AVANCE, « je *pressens* le mal qui doit m'arriver ; et comme « je ne suis pas éloigné de ma guérison, j'*en* « *pressens* à peu près le moment, comme de- « vant arriver au terme où je *pressens* la cessa- « tion de mes souffrances. »

Le jour de sa guérison, je lui dis que la

nommée *Agnès Rémont* se portait bien ; qu'elle
était guérie de la veille, ainsi qu'elle me l'avait
annoncé d'avance. Il me répondit : « Cela de-
« vait être, puisqu'elle vous l'avait annoncé :
« elle ne pouvait se tromper, car elle *sentait* ce
« qu'elle vous disait, aussi bien sûrement que je
« SENS que *je dois guérir ce soir.* »

Tout l'extraordinaire des *prédictions* des malades dans l'état magnétique, s'évanouit donc
en les considérant comme l'effet d'une *pressensation* particulière et dépendante de l'état dans
lequel ils se trouvent : nier l'existence de cette
sensation, parce qu'on ne l'a point éprouvée,
serait tomber dans une erreur pareille à celle
d'un aveugle de naissance, qui dirait que le sens
de la vue n'existe pas, parce qu'il ne peut s'en
faire une idée.

LA PRESSENSATION est tellement inhérente à
l'*état magnétique,* que je n'ai jamais trouvé un
seul de mes malades, revenu dans l'état naturel,
se ressouvenir de rien de ce qu'il avait *fait* et
prédit pendant sa crise. J'ai fait ce que j'ai pu
pour lier leurs idées dans le passage d'un état à
l'autre, soit en entrant en crise, soit en sortant;
cela m'a été impossible. La démarcation est si
grande, qu'on peut regarder ces deux états
comme deux existences différentes. J'ai remar-

qué, par exemple, qu'en état magnétique ils
ont l'idée et le souvenir de tout ce qui les a occupés dans l'état naturel ; tandis que, dans cet
état, ils n'ont aucun souvenir de tout ce qui les
a occupés dans l'état magnétique : ce qui confirme bien (suivant ce que j'ai dit plus haut)
l'existence d'une *sensation* de plus dans ce dernier état. Ils peuvent, avec SIX SENS (si l'on
peut s'exprimer ainsi), se ressouvenir des sensations que la jouissance des *cinq premiers*
leur a procurées, tandis qu'avec *cinq sens* ils ne
peuvent remonter aux idées formées avec *six*.
On peut encore se servir ici de la comparaison
d'un aveugle de naissance à qui on rendrait la
vue. En voyant la lumière, il acquerrait sûrement des idées nouvelles, dont il ne pouvait
avoir le moindre aperçu avant son nouvel état ;
tandis qu'acquérant un sens de plus, il se ressouviendrait parfaitement de la manière dont
il existait sans la possession de ce sens : la seule
différence, fort grande, qu'il y ait dans le passage de crise à l'état naturel, est qu'ici le souvenir de tout ce qu'on a éprouvé se perd totalement ; ce qui n'arriverait pas, à ce que je
pense, à l'aveugle revenu dans son premier
état.

Il existe encore une particularité bien remarquable dans l'état de crise magnétique; c'est que la perfection de cette sensation, dont nous ne pouvons nous faire une idée, n'existe véritablement que lorsque les individus sont malades : une fois guéris, s'ils continuent à tomber en crise, ils ne sont plus bons à consulter sur les maladies des autres; ils avouent alors qu'ils ne *sentent* plus rien : du reste, quoique guéris, ils sont susceptibles encore quelque temps de devenir dans l'état de somnambulisme, soit qu'ils entrent dans la chambre du traitement, ou qu'ils s'approchent de la personne qui les a magnétisés. C'est ainsi que plusieurs individus, soit de Buzancy ou autres lieux, ont été quelque temps à ne pouvoir m'approcher sans se sentir l'envie de dormir. Cette susceptibilité dure plus ou moins long-temps, et finit par se passer totalement. On verra ci-après ce qu'un peu plus d'expérience m'a appris depuis.

L'électricité artificielle n'exerce aucune influence particulière sur les individus en *état magnétique*. J'en ai fait l'essai sur plusieurs malades, entr'autres sur Joly, et sur une épileptique dont j'espère la guérison, par la raison que c'est la première malade de ce genre que je sois parvenu à mettre dans l'état de crise magnétique. Je les ai fait mettre sur le gâteau, et les ai chargés d'électricité; cela leur échauffait la tête, comme à tout le monde; si je tirais d'eux des étincelles, ou si je leur donnais des commotions avec la bouteille de Leyde, ils me disaient que je leur faisais mal; et une fois attrapés, ils ne se prêtaient qu'avec peine à de nouvelles expériences. Comme dans cet état ils ont les sensations extrêmement délicates, je leur demandais s'il restait quelque chose en eux de ce fluide électrique : ils me dirent que non; que cela s'échappait très-vîte, et que la douleur que je leur avais faite était tout ce qui leur en restait. La fille épileptique, qui n'avait aucune idée d'électricité, se plaignait véritablement, et me disait qu'elle croyait qu'on lui avait *mordu le doigt.* Joly était celui qui, par quelques connaissances de la chose, pouvait me satisfaire le plus. Je le fis communiquer, *sans être isolé,* au conducteur de ma machine, et je fis tourner le plateau; alors il me dit qu'il sentait de cette manière circuler le fluide en lui; que cela ne lui faisait aucun mal; et que ce qu'il ressentait ressemblait, sans être aussi fort, à ce qu'il éprouvait autour du réservoir magnétique. J'ai essayé en vain, sans magnétisme, de mettre mes malades en crises par le secours seul de l'électricité; cela me porte à croire qu'en les électrisant négative-

ment, on ne pourrait pas non plus les déchar-
ger de l'électricité animale ou de l'excédent de
mouvement dont ils sont imprégnés.

Le rapprochement que j'ai trouvé entre les
effets électriques et ceux du *magnétisme animal*, m'ont conduit à me servir plutôt de baguettes de verre pour *toucher* mes malades, que
de baguettes de fer, que l'on emploie ordinairement : je me suis aperçu qu'elles étaient beaucoup meilleurs conducteurs que les premières;
ce qui vient apparemment de ce que les pores
sont plus serrés et les filières plus directes que
dans aucune autre substance : joint à cela,
comme je l'ai dit plus haut, que c'est le corps
de la nature qui *retient* le plus de fluide universel. Cette expérience a servi à me convaincre de
la vérité d'une des propositions de M. Mesmer,
qui est que le verre même ne sert pas d'isoloir
à ce fluide. En effet, il ne serait plus *universel*,
si quelque chose pouvait en isoler.

L'eau magnétisée est un des grands moyens
de la médecine magnétique. Un malade en crise
est seul dans le cas d'en apercevoir la différence
avec de l'eau ordinaire. Je n'ai pas plus d'idée
de ce fait que de tous les autres que j'ai cités,
puisqu'il dépend d'une sensation exquise que
je n'ai jamais éprouvée : mais l'expérience RÉI-

TÉRÉE que j'ai été dans le cas d'en faire sur beaucoup de malades, ne me laisse aucun doute sur sa réalité. Il n'est pas même néces-saire que l'eau que l'on magnétise soit dans du verre; ce qui prouve que ce n'est pas comme dans l'électricité artificielle, où l'eau ne sert que de conducteur du fluide universel, pour le porter sur la partie intérieure du bocal qui la renferme : mais ici c'est l'eau elle-même qui se charge du fluide animal.

Tous mes malades en crise s'accordent à conseiller de cette eau en abondance aux hydro-piques, assurant même qu'elle leur est beau-coup plus salutaire que mes attouchemens ex-térieurs. Si, comme j'ai lieu de le croire, cette inclination est vraie, de quelle importance il est que l'expérience vienne en confirmer le succès !

Il me reste encore une objection bien impor-tante à lever, pour forcer la croyance publique, sur les guérisons que je rapporte. Comment se peut-il, dira-t-on, qu'un élève de M. Mesmer cite tant de faits extraordinaires, suivis de résultats aussi heureux, tandis que M. Mesmer lui-même n'a jamais rien publié de semblable? Ma ré-ponse est toute simple : je suis absolument libre de mon temps chez moi; je puis, autant qu'il

est nécessaire, suivre tous les périodes d'une
cure; d'après les indications qui me sont données par les malades eux-mêmes, je puis les
faire coucher à portée de moi; et ne les pas
quitter un seul moment. Enfin, je maîtrise
tous les évènemens, tandis que M. Mesmer,
en butte à toutes les volontés d'un public qu'il
doit respecter, n'est pas une seule journée
maître de lui. Je puis affirmer, sans l'offenser,
qu'il lui eût été impossible d'opérer une cure
pareille à celle de Joly; car, dès la première crise
qu'il lui eût occasionnée, obligé peut-être de
l'abandonner pour courir à l'autre bout de Paris, ou de faire une consultation, il eût perdu
tout le fruit de ses peines, en perdant le moment d'obtenir du malade une indication sûre
de la cause de ses maux; à plus forte raison
lorsque la nature opérait chez lui des retours
périodiques de souffrances, il eût risqué, en
l'abandonnant à lui-même, de le laisser étouffer; ou, s'il n'avait pas succombé totalement,
de causer en lui une désorganisation qu'aucun
moyen n'eût pu rétablir.

Ce sont ces soins assidus et continuels (que
je reconnaissais si nécessaires à tous les malades soumis au magnétisme) qui me faisaient
écrire ce printemps, que je regrettais bien que

M. Mesmer ne se trouvât pas dans une situation assez tranquille pour opérer avec succès les effets bienfaisans de sa *sublime découverte*, et qui me faisaient juger de tout le bien qu'il aurait fait de plus que moi, s'il se fût trouvé à ma place.

Quand je considère en effet ce qui se passe à tous les *traitemens magnétiques* un peu nombreux, je ne puis me refuser à un profond sentiment de tristesse. Accoutumé à ne jamais voir chez moi aucune crise inutile, et la nature se décidant en ma faveur à ne jamais s'arrêter jusqu'à l'*entier rétablissement* de mes malades, je gémis du temps perdu ou des souffrances inutiles et souvent dangereuses que font essuyer à leurs malades la plupart des magnétiseurs.

Les CHAMBRES des *crises*, qu'on devrait appeler plutôt un *enfer à convulsions*, n'auraient jamais dû exister : M. Mesmer n'en avait jamais eu; ce n'a été que lorsque la multitude des malades est venue abonder chez lui dans son nouveau logement, qu'obligé alors de trop partager ses soins, il a imaginé d'avoir un emplacement où il pût au moins, en abandonnant ses malades, ne pas les laisser exposer à être touchés de tout le monde, ce qu'il savait leur être très-contraire. Il faut le plaindre véritablement

de tout le mal qui est résulté d'un pareil établissement, que l'humanité seule lui avait dicté.
Tant qu'il n'y avait que lui qui pût entrer dans
cette fatale chambre, le mal n'était pas aussi
grand ; mais obligé une fois de dévoiler sa doctrine et ses moyens, chaque initié s'est cru en
droit d'aller suivre ce que l'on appelait *crises* ;
alors il a dû en résulter le plus grand désordre
dans les individus soumis aux expériences pu-
bliques ; la décence, la santé, tout était compromis, et aucune cure satisfaisante n'est venue
adoucir les chagrins de l'honnête homme forcé
de laisser profaner ainsi ses moyens. Tous les
médecins qui, sortis de l'école de M. Mesmer,
se sont répandus dans les provinces pour y établir des traitemens magnétiques, ont commencé
leur établissement par faire arranger *une salle
de crises.* Aucun ne peut être répréhensible
d'une précaution aussi barbare, puisqu'ils ne
l'ont fait que dans les vues les plus bienfai-
santes, et que tous sûrement ont eu beaucoup
à souffrir du tableau affreux que leur ont présenté les *convulsions* trop réitérées ; mais il est
temps de les désabuser, ainsi que le public.
Tout ce qui s'appelle *convulsions* ne doit être
qu'un passage éphémère entre les mains du magnétiseur ; et l'état de crise, au contraire, est un

état *calme* et *tranquille* qui n'offre aux regards sensibles que le tableau du bonheur et du travail paisible de la nature pour rappeler la santé. Ce n'est pas que dans cet état les individus malades ne souffrent quelquefois d'une manière inouïe; je dis plus, leur guérison ne peut s'obtenir sans souffrances; mais alors on pourrait dire que, sous l'empire bienfaisant de LA NATURE, leur corps seul souffre, sans que leur âme en soit altérée. La perception qu'ils acquièrent dans cet état leur faisant envisager leurs souffrances comme nécessaires, et pressentant d'avance leur guérison, comme terme de ces mêmes souffrance, ils ont un courage et une patience qui tranquillisent sur leur état.

Lundi, 1er de ce mois de novembre, le marquis *de Lévis* et M. *Cloquet* furent témoins des *prédictions* d'une paysanne faible et bornée, laquelle, sur les six heures du soir, étant en crise magnétique depuis la veille, et dans les angoisses les plus violentes de coliques causées par des dérangemens de santé si fréquens dans son sexe, me dit avec la plus grande tranquillité : « Il faut prendre patience, monsieur, je ne se- « rai pas guérie *avant huit heures du soir*; d'ici « là, il faut que je souffre beaucoup; vous ne « pouvez pas m'en empêcher. » Les mêmes témoins ne la quittèrent pas un moment. Enfin, après un redoublement de souffrances, devenant calme et tranquille, elle me dit : « Voilà qui « est fini ; je ne souffre plus. » Je me permets une question relative à son état ; elle y répond d'une manière satisfaisante : ces messieurs regardent à *leurs montres*, et voient huit heures précises. Je cite ce fait au milieu de quantité d'autres du même genre, parce que les personnes qui en ont été témoins veulent bien être nommées ; permission que bien peu de personnes ont osé me donner.

Enfin, il n'y a pas de jour où je ne pourrais *prédire* à mes malades tout ce qui leur arrivera, souvent à *plus de huit ou quinze jours de distance*, et leur faire croire que je lis dans *l'avenir*. Je ne sais cependant rien que ce qu'ils m'ont appris eux-mêmes ; en racontant les sensations qu'ils éprouvaient, je ne fais autre chose que leur répéter ce qu'ils ont dit. Mais il n'en serait pas moins aisé de leur en faire accroire sur cela, parce que (comme je l'ai dit plus haut) ils n'ont aucun souvenir, après la crise, de tout ce qui leur est arrivé.

Je désire bien que, dans le nouvel examen qui va se faire chez M. Mesmer, par les nouveaux commissaires nommés par le parlement,

il soit pris indifféremment une douzaine de nouveaux malades, sur lesquels M. Mesmer exerce
seul sa bienfaisante propriété. Il ne se peut pas
que, sur ce nombre, il n'y en ait plusieurs qui
n'offrent dans le travail de leurs cures, des phénomènes pareils à ceux qui se sont passés chez
moi, et j'espère alors qu'il n'y aura plus de
doutes sur l'admission d'une découverte aussi
intéressante pour l'humanité, qu'elle sera glo-
rieuse pour le règne sous lequel elle s'est manifestée.

TRAITEMENT, PAR LE MAGNÉTISME, D'UNE MALADIE GRAVE ET INVÉTÉRÉE.

Le nommé *Philippe-Hubert* Viélet, ancien
garde-chasse et maître d'école à Espiez, près
Château-Thierry, âgé de trente-six ans, avait
depuis quatre ans un mal de poitrine et com-
plication de maux, dont les consultations suivantes font foi. Il était faible et extrêmement
souffrant lors de son arrivée au traitement, qui
était le 8 octobre 1784. Au bout de deux jours,
il a commencé à éprouver beaucoup de souffrances ; et au bout de dix jours, des *crises magnétiques* ; ses crises ont toujours été précédées
de douleurs fortes à la poitrine, et d'oppression

considérable ; il semblait n'entrer en crise de somnambulisme , que comme forcé de prendre un repos nécessaire.

Vers le 22 du même mois , il commença dans ses crises à me faire des détails de sa maladie ; il me dit qu'il sentait s'opérer en lui un travail bien salutaire ; que son oppression était causée par un dépôt d'humeurs au *pilore* et aux *hypo-condres* ; que ses nerfs en étaient fortement agacés ; qu'il aurait beaucoup à souffrir avant d'en être débarrassé ; que, cependant, ce n'était pas là son plus grand mal ; qu'il avait, outre cela, un *dépôt* dans la poitrine, qui était bien dangereux, parce qu'il *ne pressentait* pas encore comment il en guérirait. Chaque jour il me donnait de nouvelles espérances : il n'éprouvait pas une seule crise qui ne fût de plus en plus curative ; enfin il ne fut pas long-temps sans me dire que la cause de ses deux maux se dissiperait ; savoir celle de ses maux aux hypocondres, par des selles ; et celle de sa douleur de poitrine par un *vomique* qu'il cracherait.

Le 26 au soir fut l'époque où il m'annonça positivement une première évacuation pour le 28 au soir ; ce qui est arrivé à la lettre, comme il l'avait prédit, non sans éprouver les douleurs les plus vives , quoique toujours dans l'état de somnambulisme. Vers les neuf heures du soir, quelqu'un m'étant venu avertir que Viélet était très-faible et ne sortait plus de la chambre du traitement (car il n'avait besoin d'être dirigé par personne, il allait et venait de lui-même, *comme s'il eût été dans l'état naturel*), j'allai le questionner ; il me dit qu'il était débarrassé de son embarras au creux de l'estomac, mais qu'il s'était fait chez lui un si grand tiraillement dans les nerfs, qu'il en souffrirait encore long-temps, quoique guéri.

Obligé d'aller passer deux jours hors de chez moi, je ne revins que le samedi soir ; j'allai à mon traitement ; et après avoir mis Viélet en crise magnétique, je lui demandai s'il avait quelque chose à m'apprendre sur l'état de sa poitrine : il était alors six heures et demie du soir. « Monsieur, me répondit-il, je n'en serai pas « débarrassé avant *ce soir, entre neuf et dix* « *heures.* » Je ne m'attendais pas à cette réponse, et ma surprise égala le plaisir qu'elle me fit. J'allai la raconter à M. le marquis de Lévis, qui, aussi curieux que moi d'en voir l'accomplissement, se promit bien de se trouver avec le malade au moment indiqué. A neuf heures un quart, comme nous étions à table, on vient nous dire que Viélet était étendu par terre, et qu'il rendait son dépôt ; nous y courons, et nous voyons en effet la preuve la plus convaincante de sa guérison ; c'était une matière noire comme de l'encre. Il me dit qu'il avait bien souffert, et que sa bouche était très-mauvaise ; je lui fis boire un verre d'eau, et un moment après je le remis dans *l'état naturel.* Alors le mauvais goût de sa bouche l'étonnant beaucoup, et sa respiration étant plus libre, il me demanda ce qui venait de lui arriver : heureusement je pouvais, ainsi qu'à Joly, lui montrer encore le témoignage certain de sa cure. Le lendemain il se trouva bien dégagé et sans souffrances, et deux jours après il est parti pour son pays.

Au bout de huit jours il est revenu, me disant qu'il souffrait encore beaucoup du côté droit et du creux de l'estomac ; que, quant à sa poitrine, elle était bien dégagée, mais qu'il croyait qu'il s'était amassé de nouvelles humeurs dans l'endroit de son premier mal. Je crus, ainsi qu'il me l'avait dit précédemment dans ses crises, que ce n'était que le tiraillement des nerfs fatigués par le travail qui s'était fait en lui, et je le rassurai sur les douleurs qu'il éprouvait. Il voulut être *touché ;* et il ne fut pas long-temps sans entrer dans l'état de crise magnétique. Une fois dans cet état, je lui demandai ce qu'il apercevait de nouveau en lui. Alors il m'apprit qu'à son retour chez lui, on l'avait fait écrire pendant six jours et cinq nuits, pour dresser un inventaire pressé, et que n'ayant pu prendre un repos suivi, il se sentait extrêmement fatigué ; que ses nerfs en avaient considérablement souffert, et, qu'outre cela, il voyait en lui un autre dépôt d'humeurs dans la région du *pilore*. Il fallut donc le remettre de nouveau au traitement ; il y est resté jusqu'au 15 sans me donner d'espérance de sa guérison : depuis trois jours je lui faisais passer les nuits chez moi en crise magnétique, parce qu'il m'avait dit que cela l'avancerait beaucoup. Le 15 au soir, lui ayant encore demandé s'il croyait guérir bientôt, il me répondit que je n'avais pas besoin de lui faire davantage cette question ; qu'il savait fort bien que je désirais en être instruit d'avance, et que lorsqu'il en serait temps, il m'en instruirait, sans que je lui en reparlasse. Je le fis coucher cette nuit, comme les précédentes, dans la même chambre que le nommé *Malaisé*, autre malade qui se trouvait à mon traitement. Le lendemain 16, étant entré chez lui à huit heures du matin, Malaisé me dit que, deux heures avant le jour, il avait entendu Viélet se réveiller et écrire. Je croyais que cet homme avait rêvé ce qu'il me disait. Ayant demandé à Viélet (que je voyais toujours dans l'état de crise magné-tique) des nouvelles de sa santé, il me donna pour toute réponse le papier que je joins ici, en me disant : *Voilà, monsieur, ce que vous désirez savoir ; j'espère que vous serez content.* Je lus ce qui suit :

Rapport.

« *J'ai vu* pendant long-temps des faits qui
« m'ont paru si extraordinaires, dans l'effet des
« crises magnétiques produits par les sensations,
« que je me suis résolu, dans celle où je suis,
« d'inscrire les faits qui se sont passés à mon
« égard, le présent, ce qui viendra, et ce qui en
« résultera.

« Je dis que, depuis quatre ans que j'ai con-
« sulté quantité de médecins, qui, sans connaî-
« tre le fond de ma maladie, ont fait des épreu-
« ves *sexagénaires* sur mon corps, ils n'ont pu
« parvenir à me procurer du soulagement : *je dis*
« qu'ils ont, au contraire, fixé le mal de plus,
« et occasionné des dépôts des plus considé-
« rables. C'est dans ce sommeil *ambuliste* que je
« *connais,* que je *vois,* que je *distingue* les
« causes de cet évènement *plus sûrement qu'au-*

« *cun médecin ne le pourrait faire* ; c'est ce que
« j'ose dire affirmativement.

  « Je dis que la première cause de ma maladie
« provient d'une inflammation de poitrine pro-
« duite par les travaux et les chagrins, qui ne
« demandait que des adoucissans ; mais on a
« employé la saignée, les vomitifs, les purgatifs ;
« ce qui a aigri les maux, et a fait dégénérer
« l'inflammation en plusieurs abcès, dont un
« *vomique* était aux poumons, un autre au
« *pilore* de l'estomac, enfin un autre qui était
« attaché à *la rate* : on aurait bien dû employer
« pour cet effet des *délayans*, des *lavemens*
« composés de *mauve, marrube blanc, fleurs*
« *d'ortie blanche* et autres *narcotiques*. On a
« au contraire suivi la marche différente, en
« employant le *savon*, le *sel* et autres *astrin-*
« *gens* ; des *médecines violentes*, des bains *trop*
« *froids* ; enfin on a restreint mon individu à
« sécher les nerfs et à les paralyser. De tous les
« médicamens dont on s'est servi, je ne vois
« seul que les *poudres d'Ailhaud*, dont je me
« suis servi particulièrement, qui ont guidé mes
« abcès au point de les empêcher d'augmenter.
« Cependant, restant toujours dans un état
« languissant, avec affectation hypocondre, de-
« puis ce temps jusqu'à l'époque du 9 octobre

7

« dernier, que M. le marquis de Puységur eut la
« bonté de me recevoir au traitement du ma-
« gnétisme, j'ose dire que depuis ce temps jus-
« qu'au 22 dudit mois, je n'en ai pas éprouvé
« beaucoup. Ce fut à cette époque précise que
« j'ai éprouvé le *sommeil ambuliste*. Le 25 sui-
« vant, j'ai *prédit* que je rendrais un abcès qui
« était attaché à la rate, le 28 à huit heures pré-
« cises du soir.

« Et le 28, M. le marquis m'interrogeant sur
« ma situation, je lui ai répondu affirmative-
« ment que *le 30*, entre *huit et neuf heures du*
« *soir*, je rendrais une *vomique*; que je craignais
« de renouveler un effort qui avait déjà paru,
« mais qui était passé définitivement, que, d'a-
« près, il m'en resterait un autre, le dernier,
« mais que je le *cracherais en forme de pus*;
« que les douleurs de nerfs me resteraient et ne
« se passeraient qu'à la longue du temps. *Je dis*
« *et assure* que tous ces effets ont eu lieu, ainsi
« que je l'ai indiqué.

« J'avoue que, revenu à moi-même et croyant
« être débarrassé de mes ennemis, ne doutant
« pas avoir quelque retour, je me suis appliqué,
« pendant cinq nuits et six jours, à une occupa-
« tion contraire à mon état; je fus obligé de re-
« venir au traitement le 8 novembre dernier.

« J'avoue que depuis ce temps, jusqu'aujour-
« d'hui 16 du même mois, six heures et demie
« du matin ; je n'ai pu déposer affirmativement
« en quel temps je rendrais le dépôt que j'ai
« actuellement au pilore de l'estomac ; mais de
« présent *je dis* que le 17, entre *neuf et dix*
« *heures du soir,* j'en rendrai la plus forte partie
« par évacuation ; que si j'ai le bonheur de vo-
« mir, le surplus restant partira aussitôt ; néan-
« moins, qu'à faute de ce, *je cracherai le pus,*
« et que peu à peu je serai débarrassé de cet
« ennemi funeste. Il serait nécessaire, pour mon
« bien, que je fusse dans la position actuelle
« depuis l'évacuation jusqu'au lendemain, que
« je sois BEAUCOUP *touché* ce jour-là, soit par
« une *crise,* ou autres qui en auront le pouvoir :
« il faudrait aussi, de toute nécessité, que je
« prisse, ledit jour 17 dudit, *deux onces* ou
« *environ de crême de tartre,* dont on pourrait
« y joindre une *demi-once de sucre ;* prendre
« cela *le matin,* avec quelques *bouillons aux*
« *herbes :* si j'eusse été *plus long-temps dans les*
« *crises,* je n'aurais aucunement besoin de ceci.

   « Il me restera toujours des faiblesses de nerfs,
« qui seront occasionnées par les vents, mais
« sans inconvéniens : je vivrai plus tranquille
« que je n'ai fait depuis quatre ans ; ma guéri-

« son radicale sera pour *le printemps prochain :* je
« pourrai, en attendant, marcher et même travail-
« ler un peu sans crainte. *Je pose en fait et dis*
« que je regarde ma guérison comme déjà venue
   « *Je répète* et *je dis* que, par *la vue* et *sensa-*
« *tion que je possède actuellement*, je peux dis-
« *tinguer les maux internes*, de même *que les*
« *externes*, et par-là *juger; prononcer*, et *obvier*
« immédiatement, non pas comme *ces docteurs*
« qui donnent des *ordonnances* après qu'ils se
« sont instruits, et souvent très-mal, par les
« dépositions qu'ils se font rendre par les ma-
« lades : il n'en est pas de même dans l'état où
« je suis, je peux définir tout, et conclure de
« même . . . .
   « C'est en conséquence de ce fait, que j'ai
« écrit ceci *dans mon lit, en crise magnétique,*
« cejourd'hui 16 novembre 1784.
« Signé Viélet. »

J'envoyai le tout dans la matinée à M. Rigault, notaire royal à Soissons, après l'avoir fait
lire à toutes les personnes qui ont signé la déclaration qu'on trouvera ci-après ; et je ne REMIS
Viélet dans l'état naturel qu'après que ces
mêmes témoins l'eurent vu et questionné dans
l'état magnétique. Je fis prier aussi M. Rigault

de se rendre à Buzancy le lendemain, pour être témoin de l'accomplissement de la *prédiction*.

Le mercredi, à dix heures moins un quart, Viélet étant dans l'état magnétique, après des coliques affreuses et des spasmes répétés, pendant lesquels il perdait la respiration quelquefois pendant plus de cinq minutes, il eut enfin l'évacuation qu'il avait annoncée, à laquelle succéda une faiblesse très-grande. Revenu à lui, je le croyais tout à fait debarrassé ; mais il me dit que, n'ayant pas eu le bonheur de vomir, la poche de son dépôt, qui devait sortir par cette voie, s'était arrêtée au passage. Si mes nerfs n'étaient pas aussi fatigués, me dit-il, je prendrais à présent de l'*ipécacuanha*, mais il faut, malgré moi, attendre jusqu'à demain. Il passa la nuit dans l'état magnétique, et le lendemain il prit, par son ordonnance, treize grains d'ipécacuanha, qui n'opérèrent pas l'effet qu'il en attendait.

Il est resté ainsi souffrant plus de huit jours : lorsqu'il était dans l'état magnétique, et qu'il s'opérait en lui un travail salutaire, il éprouvait des spasmes fort longs : il *voyait*, disait-il, cette poche attachée à ses nerfs, comme *une membrane mince et déliée*, qui adhérait fortement. Il avait souvent des coliques nerveuses qui le faisaient souffrir considérablement ; enfin , devenu inquiet lui-même de son état, il me dit un jour, étant en crise magnétique , qu'il voulait consulter sur sa situation avec *Catherine Montenecourt*, et qu'il fallait que j'en fusse témoin , afin de pouvoir exécuter ce qu'ils jugeraient ensemble être nécessaire.

Je les mis donc ensemble en consultation : rien n'était plus intéressant que cette conversation ; tous les deux (dans l'état *de somnambulisme*) se questionnant , se montrant les parties intérieures de leurs corps , et s'indiquant les effets qui s'opéraient en eux , puis passer de là aux ordonnances des moyens propres à les soulager et à avancer leur guérison.

Enfin il fut ORDONNÉ à Viélet , par Catherine, de se mettre tous les soirs des cataplasmes sur le ventre , composés avec de la *mauve* et de la *guimauve*, la *pariétaire* et un *poireau* (*) ; et, de prendre, avec l'infusion de ces mêmes plantes , des lavemens soir et matin ; il lui fut confirmé que la faiblesse de ses nerfs avait été la seule cause de ce que, le jour de l'évacuation ,

----

(*) Elle dénommait dans son langage ces diverses herbes : la mauve était du *fromageon*, et la pariétaire la *putrelle*.

la poche du dépôt n'était pas sortie par le haut ; et elle lui ajouta que tout l'hiver il souffrirait du creux de l'estomac, mais qu'au printemps il serait bien rétabli. De retour dans l'état naturel, je leur montrai le résultat de leur consultation, dont ils n'avaient pas la moindre idée ni l'un ni l'autre, et je chargeai Catherine du soin de la mettre à exécution.

Pendant huit jours elle fut suivie par Viélet, qui peu à peu rendit des parcelles de sa poche (comme il me l'avait aussi annoncé d'avance). Le samedi 27, il fut purgé par ordonnance de Catherine, et ne prit point de lavemens ; le dimanche, après le lavement du matin, il rendit encore une parcelle de la poche. Catherine fit cesser les cataplasmes, et retrancha le poireau et la pariétaire de ses lavemens, pour y substituer du *beurre*. Dans les momens de crises, ses nerfs éprouvaient de violentes contractions : cet état violent ne cessait que pour être remplacé par un spasme qui durait plus ou moins long-temps. Enfin lui-même perdait quelquefois courage, et moi-même j'ai tremblé plus de vingt fois de le voir expirer : chaque matin il m'annonçait les accès violens qu'il devait ressentir, soit dans la nuit ou dans la journée, et je ne le quittais pas dans ces momens.

Le mardi 30, il eut, à quatre heures et demie, une convulsion encore plus forte que les
précédentes, dans laquelle il resta plus d'une
demi-heure l'estomac tendu et la tête joignant
presque les pieds : tous ses membres étaient
rétirés ; ensuite il eut des mouvemens si violens,
que quatre personnes ne pouvaient le contenir ;
un froid glacial et un spasme fort long succédèrent à cet horrible état, après lequel (étant
dans l'état magnétique) il me dit que ses souffrances passées venaient encore d'opérer chez
lui le détachement d'une forte partie restante
de sa poche ; mais qu'il y en avait encore une
dernière partie, qui, pour se détacher, allait lui
causer plusieurs accès de convulsions aussi forts
que le dernier. En effet, il en eut encore trois
pareils jusqu'à six heures et demie ; alors il
perdit la parole : revenu plus calme (et toujours
dans l'état magnétique), il fit signe de vouloir
écrire ; je lui fis donner ce qu'il désirait, et il
écrivit « qu'*à huit heures et demie* il *recouvre-*
« *rait la parole*, et qu'à *neuf heures* il aurait
« son *dernier accès*, après lequel, s'il pouvait
« le supporter, il serait totalement dégagé. »

Pendant cet intervalle, il éprouva plusieurs
spasmes sans convulsions.

Effectivement, à neuf heures, comme il l'avait prédit, le dernier accès commença : il fut d'une violence extrême, et dura près d'une demi-heure sans relâche ; le plus grand abattement succéda ensuite : vers dix heures et demie je voulus le remettre dans l'état naturel ; mais son extrême faiblesse m'en dissuada : à onze heures, le voyant un peu plus fort, je lui demandai de ses nouvelles. . . . . Il voulait répondre et ne le pouvait pas. . . . Enfin, rassemblant ses forces, il me prit la main, et ne put qu'articuler : « Ah ! monsieur, quelle reconnaissance ! . . . . « quel bonheur pour moi ! » et les larmes le venaient suffoquer de nouveau . . . . Chaque fois qu'il voulait me parler, le sentiment lui coupait la parole. . . . Cette scène attendrissante, faite pour être appréciée par toutes les âmes sensibles, me reposa bien de toute la fatigue de la journée. Il fallait pourtant lui faire prendre quelque nourriture ; je tâchai, en conséquence, après l'avoir fait sortir de la chambre du traitement, de le calmer le mieux que je pus ; après quoi, je le remis dans l'état naturel ; c'était d'ailleurs à peu près l'heure où il m'avait dit d'avance de l'y faire revenir.

La démarcation qui existe entre ces deux états me faisait espérer de le voir plus tranquille ; mais, dans cette occasion, l'émotion

forte de son âme se manifesta tout aussi vivement : aussitôt qu'il eut ouvert les yeux et qu'il
m'eut aperçu, il tomba en faiblesse, après avoir
fait un effort inutile pour me parler ; s'il revenait un moment à lui, c'était pour s'écrier : « Ma
« femme !.. mes enfans !.. quel bonheur pour
« moi ! » Une autre fois, s'il ne pouvait parler,
il faisait des gestes qui, par l'expression de sensibilité qu'il y mettait, n'en étaient pas moins
déchirans. Sitôt qu'il put parler, ce fut pour me
dire que son cœur était trop agité, qu'il ne pouvait exister de la sorte, qu'il me priait de le
remettre en crise.

Le sentiment de bonheur et de reconnaissance qui l'animait, était en effet trop fort pour
la faiblesse de ses nerfs, et je le remis dans l'état
magnétique ; ensuite j'obtins de lui de prendre
un bouillon, et je lui fis écrire : *Je suis guéri
aujourd'hui mardi 30 novembre 1784*, signé
Viélet. Il passa la nuit dans cet état, avec ORDRE
d'en sortir à sept heures, pour *prendre un lavement*. Le lendemain, à neuf heures, je sus
qu'il avait fait ce dont nous étions convenus la
veille, et que le reste de *sa poche* était sorti : il
fut d'une faiblesse très-grande toute la journée ;
je ne pus lui parler sans le voir s'attendrir. Son
cœur était saisi de joie, disait-il, chaque fois

qu'il me voyait. Du reste, ses nerfs le faisaient beaucoup souffrir : deux fois dans la journée je lui *fis* passer deux heures dans l'état magnétique, pendant lequel état il me confirma sa guérison, et me répéta que ce ne serait qu'*au printemps* que les souffrances de nerfs cesseraient. Le jeudi 2 décembre, il était un peu plus calme, et je pus, dans la matinée, lui montrer la certitude de sa guérison *écrite de sa main ;* ce qui lui causa une nouvelle révolution dont je ne pus le tirer que par le passage à l'état magnétique. Il est resté deux jours encore chez moi pour se reposer, et est parti le 5 décembre pour retourner chez lui.

Je ne veux faire aucune réflexion sur le détail qu'on vient de lire : toutes les âmes honnêtes et sensibles sentiront mieux que je ne pourrais exprimer. Je veux seulement ajouter à leurs jouissances, en leur disant que cet honnête homme, à qui le magnétisme animal vient de rendre la santé, avait, depuis quatre années, dépensé tout son bien pour obtenir du soulagement, et qu'au bout de ce temps, accablé de chagrin, par le sort affreux de sa famille, qu'il avait ruinée, et se voyant plus malade qu'auparavant, il n'avait d'autre perspective de la fin de ses maux, que la mort la plus prompte : cet homme, par son intelligence, une écriture belle et correcte, est à même d'être employé utilement. Puissent les personnes à portée de le connaître, lui procurer les moyens de subsister par son travail!

« Je soussigné, prieur-curé de la paroisse
« d'*Espiés*, près *Mont-Saint-Père*, CERTIFIE
« que le nommé *Philippe-Hubert Viélet*, de
« ma paroisse, professe la religion catholique
« apostolique et romaine, qu'il est de bonne
« vie et de bonnes mœurs; JE CERTIFIE en outre
« qu'il est malade depuis long-temps, et que le
« seize du mois d'août 1780 est l'époque précise
« du commencement de sa maladie, ainsi qu'il
« me l'a déclaré; qu'il a cherché sa guérison au-
« près de plusieurs docteurs en médecine et
« chirurgiens; qu'il a été traité par M. le curé
« de Chamilly, par le frère chirurgien de la
« charité de Château-Thierry, *M. le chirurgien*
« *major* du régiment d'*Esterhazy*, *M. Dinot*,
« médecin à Château-Thierry, M. *Guérin*, mé-
« decin de Triport; M. *Soyeux*, médecin à
« Coicy; M. *Michel*, chirurgien de Mont-Saint-
« Père; M. *Veulin*, chirurgien de Jaulgonne;
« M. *Lausart*, chirurgien à l'Hui, par M. *Du-*
« *chanoy, médecin de la Faculté de Paris*; par
« un autre médecin d'Epernay, dont il ignore

« le nom, et M. *Petit*, de Soissons ; qu'il a
« exactement suivi le régime prescrit par tous
« ces messieurs, sans en avoir ressenti beau-
« coup de soulagement. Fait à Espiés, le 6 no-
« vembre 1784. *Signé*, CAFLISH, prieur - curé
« d'Espiés. »

DIFFÉRENTES CONSULTATIONS SUR LA MALADIE CI-DESSUS.

UNE personnne âgée de trente-quatre ans, a
été prise d'étouffemens et même de suffocation ; les rafraîchissans l'ont soulagée. Ensuite,
après des travaux et de grandes chaleurs, il
est survenu un *grand mal de gorge*, pour lequel on a employé les *vomitifs et purgatifs* : la
saignée a aigri le mal ; puis sont venus des *maux*
d'estomac, de poitrine, douleur entre les épau-
les, et à la suite *une toux sèche*, quelquefois
accompagnée de *crachemens de sang* : on a fait
beaucoup de remèdes qui ont très-peu soulagé.
Constipation depuis un an.

L'état actuel de la personne est celui-ci : Une
espèce de *rhume* accompagné de *douleurs vives*
dans les *côtés* et les *épaules*, avec beaucoup de
vents ; un bouillonnement dans la poitrine, ce
qui approche assez du *râle*, par ce qu'on en-

tend : la *gorge est cuisante*; il y a *tintement d'oreilles, vertiges*, la *respiration est gênée*, la *bouche est sèche*; *douleurs vagues* quelquefois dans le *ventre*; *maux de tête et étourdissemens*.

Le fond de cette affaire me semble le produit des affections vaporeuses auxquelles donnent si souvent lieu les peines, les soucis, les chagrins et les idées creuses. Le mal est une espèce d'*asthme* continu; et tous les accidens dont se plaint la personne, me semblent venir, et de l'état spasmodique de tout l'individu, et de l'oppression de la poitrine.

Voici ce que je conseillerai de faire.

1° *Un cautère* volant au bras, avec une bonne suppuration, pour détourner de la poitrine les humeurs que la douleur et la gêne y appellent;

2° Boire tous les jours une pinte de tisane faite avec une cuillerée d'orge perlé, les fleurs de *mélilot*, de *tilleul*, et la *réglisse*;

3° Prendre les *bains tièdes* jusqu'à la ceinture seulement, s'il est possible;

4° Pour déjeûner et pour souper, *du lait avec du pain*;

5° Et quatre fois le jour, à des distances égales, prendre un paquet de poudre faite avec un quart de *grain de kermès* bien mêlé avec quatre grains d'*iris de Florence* en poudre, et la poudre de réglisse à volonté. *Signé* Du-chanoy, docteur-médecin de la Faculté de Paris.

Autre.

La cause première de la maladie était une transpiration arrêtée, qui a dégénéré en véritable *inflammation de poitrine*; et par le mauvais traitement qu'on a administré, a fait dégénérer l'inflammation en *vomique* ou abcès aux poumons; ce qui est prouvé par le *crachement de pus* mêlé de sang : l'*abcès* se renouvelle de temps en temps. C'est alors que le malade doit se ressentir de tous les symptômes dont il fait mention; à cela s'est joint encore une affection asthmatique qui gêne la respiration.

Pour soulager le malade de ses maux, je conseille qu'il fasse usage d'une *tisane d'orge miellée; dans chaque pinte, on y mettra deux gros d'oxymel scillitique.* Outre la tisane, il fera usage des pilules suivantes, en en prenant une le matin et une le soir en se couchant.

Prenez *cloportes préparés, une demi-once; racine d'iris de Florence, gomme ammoniaque, de chaque deux gros; fleurs benjoin, un gros;*

térébenthine de Venise, une demi-once; sirop balsamique, autant qu'il faut pour former une masse : faites *des pilules à dix grains chaque.*

Le malade se nourrira de laitage et de *farineux,* observant cependant que si le malade a *une fièvre lente,* il ne prendra point de laitage.

Signé JUMILTHER.

Autre.

MALADIE A CONSULTER.

Une personne âgée de trente - quatre ans a été prise d'étouffemens et même de suffocation, et les rafraîchissans ont soulagé; ensuite, après des travaux et de grandes chaleurs, il est survenu un grand mal de gorge, pour lequel on a employé les vomitifs et les purgatifs; la saignée a aigri le mal, et l'a fixé, avec maux d'estomac et de poitrine; puis douleur et resserrement entre les épaules; puis, à la suite, une toux sèche, et de temps à autre quelques crachemens de sang : on a fait beaucoup de remèdes qui ont très-peu soulagé. Constipation depuis vingt mois.

L'état actuel de la personne est celui-ci : Une espèce de rhume accompagné de douleurs chau-

des dans l'estomac et la poitrine, avec beaucoup de vents; un bouillonnement dans la poitrine, ce qui approche assez du râle; la gorge
est cuisante; il y a tintement d'oreilles, vertiges, respiration gênée, bouche sèche; douleurs
vagues quelquefois dans le ventre, maux de
tête, étourdissemens, etc.

Le malade prendra tous les jours au matin,
en se levant, d'abord *une demi-tablette de soufre*, et ensuite une tablette entière, si la demi-
tablette ne tient pas le ventre libre; par-dessus
cette tablette de soufre, il avalera deux gobelets
de lait coupé de la manière suivante :

Dans un grand demi-setier d'eau bouillante,
on y mettra bouillir *deux pincées d'avoine,
lavée* auparavant dans l'eau chaude, plein une
cuiller à café de miel blanc, qu'on fera bouillir
jusqu'à réduction à moitié; on y ajoutera sur la
fin une pincée *de fleurs de sureau*, et *une* ou
deux fleurs de camomille romaine; on passera
cette décoction, qu'on coupera avec autant de
lait de vache, pour être partagée en deux gobelets, dont on prendra le premier en mangeant
ou après avoir mangé la tablette, et le second,
demi-heure après le premier.

On continuera ce régime pendant long-temps.
(*Ordonnance de M. Petit, médecin à Soissons.*)

8

Acte de notoriété du 18 novembre 1784.

CEJOURD'HUI 18 *novembre* 1784, avant midi;

Pardevant le notaire du roi résidant à Soissons, soussigné en présence des témoins ci-après nommés;

Sont comparus M. Louis-Claude de Saint-Martin, ancien officier au régiment de Foix, demeurant ordinairement à Paris, de présent au château de Buzancy, près Soissons;

Sieur Jean-Jacques Boileau, peintre, demeurant aussi ordinairement à Paris, de présent audit Buzancy;

Sieur Louis-Emmanuel Hivart, brigadier des fermes du roi, demeurant à Soissons, actuellement audit Buzancy;

François Ribault, Jean Chervie et Pierre Garré, tous trois garçons majeurs, demeurant au château dudit Buzancy :

Lesquels ont déclaré, certifié et attesté pour vérité, que le nommé *Philippe-Hubert* VIÉLET, ancien garde-chasse, *et maître d'école* de la paroisse *d'Espiés*, près *Château-Thierry*, demeurant audit *Espiés*, actuellement au château dudit *Buzancy*, *le jour d'hier* 17 du présent mois de novembre, à *neuf heures trois quarts*

du soir, a RENDU *le dépôt* par évacuation de
bas, qu'il avait annoncé par son écrit daté *du
16 dudit présent mois* : ledit écrit, et un certificat y joint, déposés à Me Rigault, notaire
soussigné, présence des témoins y dénommés,
ledit jour, et *contrôlés*.

De laquelle *déclaration* lesdits sieurs COMPA-
RANS en ont requis acte audit notaire soussigné,
présens lesdits témoins, à eux octroyé, pour
servir et valoir à qui il appartiendra, en temps
et lieux, ce que de raison. Fait et passé au château dudit Buzancy, en une salle basse ayant
deux croisées sur la cour, pardevant moi notaire soussigné, en présence d'*Antoine Poltron*,
jardinier, et de *Louis Burguet*, maréchal-fer-
rant, tous deux demeurant audit *Buzancy*, témoins à ce appelés et mandés, l'an et jour susdits, et ont signé, sauf ledit *Pierre Garré*, qui
a déclaré ne savoir écrire ni signer, de ce interpel-
lé, à la minute des présentes, demeurée à
Me Rigault, notaire, et contrôlée à Soissons,
le 18 novembre 1784, par Tapin, qui a reçu
quinze sols.   *Signé* RIGAULT.

*Acte de dépôt du 18 novembre 1784, à la
réquisition de Philippe-Hubert Viélet.*

CEJOURD'HUI 18 *novembre* 1784, avant midi;

Le notaire du roi résidant à Soissons, soussigné, étant ledit jour au château de Buzancy, près Soissons, aurait été mandé par Philippe-Hubert Viélet, ancien garde-chasse et *maître d'école*, demeurant à Espiés, près Château-Thierry, de présent audit château de Buzancy, pour constater la guérison d'une maladie dont il est attaqué *depuis quatre ans.*

Lequel désirant faire le dépôt d'un écrit par lui fait de sa main et signé de lui, et d'un certificat attestant ledit écrit ; pourquoi il a requis Me Rigault, notaire soussigné, assisté et en présence des témoins ci-après nommés, d'annexer et déposer au nombre de ses minutes, ledit écrit signé dudit Viélet, daté du 16 novembre présent mois, contenant deux pages commençant par ces mots : *Rapport,* et finissant par ces mots : *C'est en conséquence de ce fait que j'ai écrit ceci, étant dans mon lit, en crise magnétique, cejourd'hui 16 novembre 1784, et signé enfin Viélet, avec paraphe ;* observant qu'à la treizième ligne de la première page, se trouve écrit, entre la ligne douzième et celle treizième, le mot *ma ;* qu'à la quatorzième, il y a un renvoi en marge, où sont écrits ces mots : *Produit par les travaux et les chagrins ;* à la ligne vingt-cinq, au renvoi entre lignes, portant ces mots :

Avec affection hypocondre, et à la ligne trente-quatre de la susdite première page, se trouve ajouté entre lignes ces mots : *Ce dernier* ; qu'à la ligne vingt-cinq de la seconde page, moitié de la ligne barrée, et la vingt-sixième ligne, le quart de ladite ligne est aussi barré : ledit certificat écrit sur la première page d'une feuille de papier commun, contenant dix-neuf lignes et cinq mots, sans aucune ratures ni renvois, commençant par ces mots :

Nous soussignés, reconnaissons avoir lu, dans la matinée, aujourd'hui 16 novembre 1784, un écrit signé Viélet, daté du 16 dudit jour, contenant deux pages, et finissant par ces mots : *Au château de Buzancy, chez M. le marquis de Puységur, le 16 novembre 1784,* signé enfin *Mignot, Chartraire de Bourbonne, comtesse d'Avaux ; le marquis de Puységur, comte Maxime de Puységur, Sainte-James, marquise de Puységur ; Saint-Martin, Boileau, Moreau, ancien curé de Buzancy, Duval,* curé de *Buzancy, et Chevalier, fermier à Buzancy.*

Ledit écrit et ledit certificat contrôlés audit Soissons, cejourd'hui, par Tapin, après avoir été dudit Viélet certifiés véritables, et, à sa réquisition, cotés, signés et paraphés en toutes

les pages, des notaires et témoins soussignés ;
duquel dépôt il en a requis acte, à lui octroyé,
pour lui servir et valoir, et à qui il appartiendra,
en temps et lieux, ce que de raison. Fait et passé au
château dudit Buzancy, en une salle basse ayant
deux croisées sur la cour, pardevant moi notaire
soussigné, et lesdits sieurs témoins, à la minute
demeurée à Me Rigault, notaire, et contrôlée
à Soissons ledit jour 18 novembre 1784, par
Tapin, qui a reçu quinze sous.

*Vient ensuite l'acte de Viélet, signé de lui
avec paraphe, contrôlé audit Soissons le 18
novembre 1784, par Tapin, qui a reçu quinze
sous.*

Certifié véritable par ledit Philippe-Hubert
Viélet, au désir de l'acte de dépôt reçu par le
notaire du roi résidant à Soissons, soussigné, en
présence des sieurs témoins y dénommés, ce
jourd'hui 18 novembre 1784. Signé *Viélet*, avec
paraphe, *Saint-Martin, Boileau et Rigault,*
avec paraphes.

Nous soussignés, reconnaissons avoir lu,
dans la matinée, aujourd'hui 16 *novembre* 1784,
un écrit signé *Viélet,* daté *du* 16 dudit mois,
contenant deux pages, dans lequel cet homme
déclare qu'il n'a pu, jusqu'au moment où il

écrit, 16 du même mois, *six heures et demie du matin, déposer* affirmativement en quel temps il rendrait le *dépôt* qu'il a actuellement au *pilore de l'estomac*; mais annonce que *demain* 17, entre *neuf et dix heures du soir*, il en rendra la plus forte partie par évacuation; que s'il a le bonheur de *vomir*, le surplus partira aussitôt : dans le même écrit, cet homme rend compte des diverses *sensations* qu'il a éprouvées et qu'il éprouve dans *l'état de crise magnétique* où il a passé la nuit, et où il est encore dans l'état présent, *comme chacun de nous l'*A VU avant de *signer*. CERTIFIONS en outre, que le nommé *Malaisé*, qui a couché dans sa chambre, a assuré l'avoir *entendu* ÉCRIRE deux heures avant le jour, *et le tout sans lumière*.

Au château de Buzancy, chez M. le marquis *de Puységur, le* 16 *novembre* 1784. Signé *Mignot, Chartraire de Bourbonne, comtesse d'A- vaux; le marquis de Puységur, comte Maxime de Puységur; Sainte-James, marquise de Puy- ségur; Saint-Martin, Boileau, Moreau,* ancien curé de *Buzancy; Duval,* curé de *Buzancy,* et *Chevalier,* fermier à *Buzancy.* Contrôlé à Sois- sons, le 8 novembre 1784, par Tapin, qui a reçu quinze sous.

Certifié véritable par ledit *Philippe-Hubert*

Viélet, au désir de l'acte de dépôt reçu par le notaire du roi résidant à *Soissons,* soussigné, en présence des sieurs témoins y dénommés, ce jourd'hui 18 novembre 1784. Signé *Viélet,* avec paraphe ; *Saint-Martin, Boileau* et *Rigault,* avec paraphes.

Nota. Comme on aurait pu douter que la déclaration de Viélet eût été déposée chez le notaire avant l'accomplissement de la prédiction qui s'y trouve énoncée, je me suis procuré le certificat suivant, qui prévient cette difficulté.

« Nous Antoine *Rigault,* notaire royal à Soissons, *certifie* et atteste pour vérité, que le 16 novembre, *à une heure et demie de relevée,* M. le comte *Maxime de Puységur,* accompagné de M⁵ *Michel-Samson Fabus,* procureur ès-siéges royaux de Soissons, y demeurant, m'a remis, en mon étude, l'*original* de l'écrit du nommé *Philippe-Hubert Viélet,* ancien garde-chasse et maître d'école d'Espiés, près *Château-Thierry,* daté dudit jour 16 *novembre* 1784, et signé enfin *Viélet ;* auquel écrit était joint le certificat attestant ledit écrit daté dudit jour 16 novembre ; que l'intention de mondit seigneur comte Maxime de Puységur était que ledit

écrit ainsi que ledit certificat me soient déposés, et qu'il en soit par moi dressé un acte.
Mais qu'après en avoir conféré, présent ledit
Me Fabus, tous trois d'un avis commun, il a
été différé de ne faire le dépôt desdites deux
pièces qu'après la *prédiction* énoncée audit écrit,
arrivée, et c'est en conséquence que je me suis
transporté au château de Buzancy, chez M. le
marquis de Puységur, le 17 dans l'après-dînée ;
que la prédiction étant arrivée, j'ai, le lendemain 18, huit heures du matin, fait lecture
audit Viélet de son écrit et dudit certificat ;
qu'ayant reconnu son écriture, il m'aurait requis
l'acte de dépôt fait et passé pardevant moi, en
présence des témoins y dénommés, ledit jour
18 novembre 1784, contrôlé à Soissons, ledit
jour, par Tapin ; desquels actes de dépôt, écrit
et certificat, j'en ai délivré expédition. »

« Délivré par moi soussigné, le présent cer-
« tificat, pour servir et valoir ce qu'il appartien-
« dra, ès temps et lieux, ce que de raison. A
« Soissons, le 5 janvier 1785.

       « *Signé* RIGAULT. »

« Nous soussignés, prieur-curé et principaux
habitans de la paroisse d'Espiés, diocèse de
Soissons, certifions que le sieur Viélet, ma-

lade depuis très-long-temps, nous a déclaré
qu'il se portait infiniment mieux depuis que
M. le marquis de Puységur avait eu la bonté d'entreprendre sa guérison., et qu'effectivement son
visage annonce que si sa santé n'est pas encore
parfaitement rétablie, elle est au moins beaucoup meilleure que par le passé ; en foi de quoi
nous avons signé à Espiés, le 1er janvier 1785 ;
signé CAFLISH, prieur d'Espiés ; Givry, Jean-
Jacques Givry, Jacques Atreh, de Ligny, notaire ; Robillard, Mettiviez, Denis Demonus,
Laurent Laplante, Pierre Allard, Lambouvet,
syndic ; de Hu, Baronnat.

Nous, principaux habitans, certifions en
outre que, pendant l'espace de quatre ans et
plus, que ledit Viélet a été attaqué de cette
maladie, il a souffert des maux considérables
qu'aucun médecin et chirurgien ne lui ont pu
retirer, et l'ont laissé dans l'hectisie ; cependant,
après l'avoir tous traité fort long-temps ; ne pouvant plus vaquer à aucune affaire, si ce n'est
depuis le traitement que lui a fait M. le marquis
de Puységur, où il est de retour depuis le 6 décembre dernier, où il nous paraît avoir la liberté
du corps et sa marche plus libre ; ce que nous
certifions véritable, ledit jour 1er janvier 1785;

et *ont signé*, de Ligny, notaire ; de Hu, de Ligny le jeune, Lanbourt, syndic ; Baronnat, Alleire, Jacques Atrel, Boileau, Denis Demées, Poreau-Joffet, Mettiviez, Jean Mettiviez, Vendeuilly, Lefèvre, Philippe Metad, Lambert, Robillard, Pierre Mettiviez, Givry, Jean-Jacques Givry, Victor, Helot.

CURE DE MAUX D'ESTOMAC CAUSÉS PAR DES SUPPRESSIONS HABITUELLES DEPUIS L'AGE DE TREIZE ANS, ET D'ABCÈS AUX POUMONS.

La nommée *Catherine Montenecourt*, âgée de vingt-sept ans, cuisinière chez mademoiselle *Mignot*, à *Bleu*, près Soissons, est arrivée à mon traitement le 28 octobre 1784. La crainte qu'elle avait de devenir en *crises magnétiques*, l'avait empêchée de venir à Buzancy. J'ai commencé par la faire consulter un malade *en crise* ; il lui a été dit qu'elle avait l'estomac abîmé par les remèdes et les drogues qu'on lui avait fait prendre ; qu'il était temps de les cesser entièrement, si elle ne voulait pas succomber avant peu ; il lui fut dit ensuite des particularités si vraies sur son état, que cette fille ne balança pas un moment à se mettre autour du réservoir

magnétique. Dès le lendemain elle commença
à éprouver des effets apparens, et le surlendemain elle eut des crises magnétiques : elle ne
restait pas d'abord long-temps dans l'état de
somnambulisme ; il me fallait l'empêcher de se
frotter les yeux, sans quoi elle se réveillait malgré moi ; peu à peu *ses crises* s'alongèrent, et
enfin elles devinrent de nature à se trouver assez
éclairée sur son état pour m'en apprendre des
détails.

Le 30 elle m'annonça pour le 1er du mois
de novembre une évacuation considérable d'humeurs et de sang; savoir, à *sept heures du soir*
un VOMISSEMENT, et à dix heures une *évacuation sanguine* si forte, qu'elle se trouverait très-
faible, mais qu'il ne fallait pas s'en inquiéter,
et lui donner seulement un verre d'eau et de
sucre. Je fis prévenir mademoiselle Mignot,
chez qui elle s'en retournait tous les soirs, de
ces prédictions qui se sont accomplies à la lettre
comme elles avaient été annoncées.

Le mercredi 3, elle m'annonça encore une
perte de sang pour *le vendredi 5, à neuf heures
du soir*; j'en prévins de même sa maîtresse,
qui, ne doutant pas que cette prédiction n'eût
lieu comme la précédente, me pria de garder la
malade chez moi, afin d'être à portée de la sou-

lager dans ses souffrances. (*Voyez* le certificat ci-après.)

Le vendredi 5, je la fis se coucher en crise magnétique : à neuf heures elle commença à cracher du sang comme elle l'avait annoncé, mais en fort petite quantité : je la voyais beaucoup souffrir et faire des efforts inutiles ; je lui en demandai la raison : elle me répondit qu'il s'opérait un changement en elle, que le sang prenait *un autre cours*, et que le lendemain elle irait à la garde-robe, courrait presque toute la journée ; elle me déclara ensuite qu'elle avait été saignée dans un temps contraire, il y avait deux mois, et purgée ; que cette saignée et cette purgation n'avaient produit que de mauvais effets, et que ce serait cette médecine qu'elle rendrait le lendemain.

Le 6, sa PRÉDICTION de la veille eut si complètement son effet, que je ne pus lui ôter de la tête qu'elle avait été purgée sans le savoir.

Le *soir*, elle m'annonça qu'elle *découvrait* en elle un mal qu'elle n'avait pas encore *vu*, et qui la chagrinait beaucoup. Elle était bien fâchée, disait-elle, d'être venue chez moi, pour *voir* de si vilaines choses qu'elle aurait ignorées toute sa vie ; elle pleurait et se désolait ; je lui en demandai la cause : elle me répondit qu'elle voyait ses *poumons attaqués*; que je pourrais guérir son estomac, mais que pour ses *abcès aux poumons*, cela lui paraissait impossible; je la tranquillisai le mieux que je pus; et heureusement pour elle que, revenue dans l'état naturel, elle ne se ressouvenait pas de ce qu'elle m'avait dit.

Cependant, le mercredi matin 10, son estomac était tout à fait débarrassé; et le jeudi elle m'assura qu'elle était totalement guérie.

Son mal aux poumons ne l'effrayait plus tant; elle me disait dans ses crises magnétiques, que les embarras qu'elle y voyait pourraient bien se détacher, et qu'elle cracherait peut-être son abcès tout entier, si elle restait encore une huitaine au traitement.

Le jeudi matin 14, elle eut si peur des cris affreux que faisait une autre malade (celle dont la cure suit celle-ci), qu'elle en eut une révolution de bile; je la fis rester en crise presque toute la journée, et le soir, après des évacuations nécessaires, elle fut de nouveau guérie.

Son estomac depuis va bien; elle n'en souffre plus du tout.

Les vendredi, samedi et dimanche, elle a craché beaucoup de pus dans l'état naturel; elle était fort inquiète; et une fois en crise, elle me disait que son mal s'en allait entièrement, et que bientôt elle aurait les poumons aussi sains que l'estomac.

Toutes les nuits je la faisais dormir en crise magnétique ; le dégagement de ses poumons s'en opérait plus facilement; tous les matins elle voyait sa cuvette ou son mouchoir rempli de ses crachats, sans avoir le souvenir des souffrances qu'elle avait dû éprouver pour les rendre.

Enfin le jeudi 18, elle me dit qu'il ne lui fallait plus qu'une nuit pour être parfaitement bien.

Le vendredi, dans sa crise, elle me confirma sa guérison, m'ajouta que non seulement elle ne voyait plus rien en elle, mais que même elle n'y voyait plus, pour se conduire, au point qu'elle me priait de *lui ouvrir les yeux*, sans quoi elle risquerait de se heurter contre tout ce qu'elle rencontrerait : ce manque *de vision* dans sa crise acheva de me convaincre de sa guérison.

Elle continuait cependant le traitement, afin de se refaire entièrement. Un coup qu'elle se donna dans le côté, quelques jours après, ayant voulu marcher dans l'état de somnambulisme non clairvoyant (ce qui même l'avait fait la réveiller sur le champ), m'obligea à de nouveaux soins; une fois en crise magnétique, je sus que ce coup avait été si violent, qu'il lui faudrait cracher du sang; elle m'en annonça de même le jour et l'heure : et la *prédiction s'étant accomplie*, il n'en résulta aucune suite fâcheuse.

La fin du mois qui devait amener chez elle une époque qui constaterait sa guérison, était prochaine. L'avis de plusieurs de mes somnambules et le sien, furent qu'il fallait continuer le traitement jusque-là, parce que cette seconde révolution serait encore difficile à passer, et qu'elle essuierait de très-violentes coliques. Le 24, étant dans l'état magnétique, elle commença en effet à pressentir des souffrances pour le vendredi 26; cela ne manqua pas d'arriver comme elle l'avait prédit; et jusqu'au dimanche à minuit, elle n'eut, pour ainsi dire, aucun relâche; le sang causait tant de désordres chez elle, que quelquefois elle devenait violette, elle étranglait; ensuite c'étaient des convulsions d'estomac qui la mettaient dans un état affreux d'éréthisme. Heureusement, dans les momens de relâche, je pouvais savoir d'elle tout ce qu'il y avait à lui faire dans ses crises violentes, et par ce moyen je pouvais la soulager sans éprouver d'inquiétude ; elle m'assura aussi que c'était la dernière fois qu'elle au-

rait des coliques de cette espèce, et que dorénavant toutes ses époques se passeraient sans
souffrances. Le résultat des consultations que
je fis sur son compte me confirma la même
chose.

Le lundi 29, elle m'apprit le retour de sa
santé, que je savais, dès la veille, devoir arriver. Elle est restée chez moi jusqu'au mercredi ;
et le jeudi 2 décembre, elle est partie très-bien
portante, m'ayant cependant annoncé dans sa
dernière crise, que le soir elle aurait un accès de
fièvre depuis neuf heures jusqu'à onze heures,
ce qui m'engagea à lui ordonner de se coucher
en arrivant chez elle ; de plus, elle m'avait aussi
prédit que sa révolution ne finirait pas avant le
samedi soir. J'ai su depuis par elle-même, à
mon passage à Soissons, que ces faits avaient
eu exactement leur exécution.

Je certifie que la nommée *Catherine Montenecourt*, ma cuisinière, était fort incommo-
dée de maux d'estomac, qu'elle m'a assuré avoir
eu une peur dans sa jeunesse, qui avait arrêté
chez elle le cours de la nature, et que depuis
elle n'avait pas joui d'un état certain de santé ;
qu'il y a trois mois, ayant reçu un coup de pied
de cheval, on fut obligé de la saigner dans un

temps contraire, et de la purger ensuite ; que depuis lors, tous ses maux ayant considérablement augmenté, je lui ai fait faire usage infructueusement des secours de la médecine ordinaire ; qu'enfin s'étant déterminée (quoiqu'avec beaucoup de répugnance) à aller à Buzancy, elle a été traitée pendant *cinq semaines* par le moyen du *magnétisme animal*, et qu'elle en est revenue *totalement guérie*. JE CERTIFIE en outre avoir été prévenu deux jours d'avance d'une double révolution salutaire que devait éprouver la malade, le 1er novembre ; savoir, d'une à sept heures du soir, et l'autre à dix heures, lesquelles se sont effectuées à la lettre, comme elles avaient été annoncées.

Je dois certifier de même la guérison complète d'un autre domestique à moi : le nommé *Jean-Pierre Larcher*, vétéran de cavalerie, qui n'a eu son congé que pour cause d'infirmités de quinze ans d'ancienneté, lequel, en douze jours de temps, s'est trouvé guéri *par le magnétisme animal*, d'oppressions continuelles d'estomac et de lassitudes habituelles dans tous les membres, qui l'empêchaient de faire aucun exercice un peu fort ; de manière qu'aujourd'hui il a bon appétit, monte à cheval sans se fatiguer, et se trouve mieux portant qu'il n'a jamais été. En foi de quoi j'ai signé le présent certificat, ce 4 décembre 1784 (10).

Signé MIGNOT.

CERTIFICAT QUE M'A APPORTÉ LA MALADE
CI-APRÈS.

JE SOUSSIGNÉ CERTIFIE à tous qu'il appartiendra, que *Marie-Louise Bardoux*, femme de *Jean-Louis Métivier*, ma paroissienne, est attaquée, depuis deux ans environ, d'un rhumatisme appelé goutte sciatique, dont elle souffre beaucoup, et qui la met hors d'état de travailler. Délivré ledit certificat, pour lui servir ainsi que de raison, le 20 novembre 1784. Signé *Rougeaux*, prieur-curé de Verdilly; *Brulez*, syndic; *Pétrez*, buraliste; *Leblanc, Sarrasin, Gauthier, Spémen, Clerclaie, Leclerc l'Allier.*

Marie-Louise Bardoux, femme de Métivier, âgée de quarante-cinq ans, de la paroisse de *Verdilly*, proche *Château-Thierry*, avait commencé à ressentir des points de côté le 1er janvier 1783; au bout de huit jours il s'était déclaré un commencement de paralysie dans tout le côté droit, avec des douleurs insupportables qui la faisaient crier jour et nuit : lorsque les douleurs s'apaisaient, la paralysie empirait. Depuis ce temps, ses accès de souffrances lui avaient repris fréquemment, et elle était au point de n'avoir pas un seul jour de tranquillité, lorsqu'elle est arrivée à mon traitement, le mercredi 10 novembre.

Je l'ai fait TOUCHER par deux malades en crise, qui tous deux se sont accordés à déclarer que cette femme avait une *goutte froide*, et était au moment d'avoir *le bas ventre paralysé* entièrement, et que, sans un prompt secours, elle ne pouvait pas vivre long-temps. Ils me dirent qu'elle ressentirait beaucoup d'effets salutaires du magnétisme ; en conséquence je l'admis au traitement.

La première fois que je *touchai* cette malade, je fus singulièrement surpris de la crise que je lui occasionnai : elle se mit à crier d'une telle force, que tous les malades en furent effrayés ; rien ne ressemblait plus à la folie : quand elle cessait de crier, c'était pour battre la campagne ; ensuite les hurlemens recommençaient, au point qu'enfin effrayé moi-même d'un effet aussi violent et tel que je n'en avais jamais vu, je me vis obligé de la retirer de la chambre et de la calmer dans la cour. Le lendemain, craignant le même tapage que la veille, et la même révolution parmi mes malades, je pris le parti de traiter cette femme séparément. En conséquence, je la mis dans une chambre particulière, autour d'un petit réservoir magnétique : dès qu'elle y fut placée, les mêmes cris de la veille recommencèrent, mais ils se calmèrent plus tôt ; pendant tout le reste de la journée, elle ne cessa de déraisonner ; quelquefois même elle riait pendant des demi-heures entières. Sa sensibilité aux effets du magnétisme était si grande, que je ne pouvais faire le moindre mouvement dans ma chambre sans qu'elle s'en aperçût, et sans que ses douleurs ne lui fissent manifester une de ses crises convulsives.

Le lendemain vendredi, ce fut à peu près les mêmes effets et les mêmes souffrances, augmentées seulement de crises, de pleurs qui succédaient au rire le plus immodéré.

Le samedi matin, sa sensibilité à mon approche me parut diminuée. Joly, qui était venu passer quelques jours chez moi, se trouvant dans la chambre où je magnétisais cette femme, fut attaqué de somnambulisme ; depuis la guérison de sa surdité, il lui était resté une susceptibilité si grande, que j'étais obligé d'user de précautions pour l'approcher : il entrait dans

l'état de *somnambulisme* tout en me parlant.
L'approche du baquet et le chant des églises lui
faisaient le même effet, ce qui était une marque chez lui des dispositions à une forte maladie ; mais je n'étais pas assez instruit alors pour
en tirer ces conséquences : l'apercevant dans cet
état, je lui dis de *toucher* cette malade et de
faire beaucoup d'attention à ce qu'il sentirait ;
il commença d'abord par me dire que, se portant très-bien, il ne sentait rien. Je le pressai de
faire plus d'attention, et lui indiquai à peu près la
place où j'avais aperçu que cette femme ressentait le plus d'effet. Au bout d'un moment, il
me dit qu'il *y voyait plus clair* ; que le mal venait de ce qu'il y avait des parties intérieures du
corps qui ne prenaient plus de vie ; que si l'on
pouvait redonner de l'action à ces parties, la
guérison de toutes les souffrances et de tous les
maux s'opérerait bien vîte. Je lui demandai
s'il ne pourrait pas y contribuer ; alors il me dit
du plus grand sang-froid, *que si je voulais*
il guérirait cette femme avant *quatre jours.*
J'acceptai de grand cœur son offre. Il m'ajouta
qu'il fallait qu'il la touchât trois ou quatre fois
par jour, et qu'il me répondait du succès. En
conséquence, je la lui fis toucher encore deux
fois ce même jour. Le lendemain dimanche, il

la toucha trois fois; sur le soir, la malade n'avait déjà plus de fortes crises de souffrances, et Joly me dit que sa guérison allait beaucoup plus vîte qu'il ne l'avait pensé d'abord.

Pour faire entrer Joly dans l'état de somnambulisme, j'avais soin de le faire venir dans ma chambre sous différens prétextes; et tout en lui parlant ou *le regardant dans une glace*, je le mettais, sans qu'il s'en doutât, dans l'état que je désirais : ce n'était jamais qu'à son réveil qu'il s'apercevait qu'il avait fermé les yeux.

Le lundi matin la malade était encore dans un mieux si apparent, que Joly me dit qu'il n'y avait pour ainsi dire plus de mal; qu'avant trois jours elle pourrait s'en aller. Je voulus savoir l'avis d'un autre malade en crise magnétique, qui ne fut pas conforme à celui de Joly; car ce dernier me dit qu'il fallait que cette femme restât encore cinq à six jours, quand même elle ne ressentirait plus de douleurs ni d'effet du magnétisme; qu'alors elle pourrait s'en aller; que les symptômes de son mal disparaîtraient, mais que cependant sa guérison parfaite ne s'effectuerait qu'au printemps. Le soir, indépendamment de l'attouchement de Joly, j'occasionnai une *crise* très-forte de douleur à la malade, pendant laquelle elle ne pouvait s'empêcher de

remuer fortement la cuisse et la jambe para-
lysées.

Le mardi elle fut touchée trois fois par mon
somnambule, et deux fois par moi : il lui avait été
ordonné, de plus, de boire toutes les heures *un
verre d'eau magnétisée*, ce qu'elle avait fait
depuis le lundi matin, non sans éprouver chaque
fois des effets passagers de spasme et de suffocation. Enfin, le mercredi matin, elle tomba,
pendant mon attouchement, dans la crise tranquille de somnambulisme. Joly arriva, et la toucha comme de coutume, c'est-à-dire en imaginant mille moyens pour faire étendre ses nerfs ;
ensuite il me dit que l'état de faiblesse où elle
était annonçait sa guérison prochaine : elle fut
touchée encore deux fois dans la journée, et elle
allait l'être encore une quatrième fois, quand
il arriva à Joly l'accident que je vais détailler
plus bas.

Le jeudi cette malade ne ressentait plus aucune douleur ; elle s'est essayée de courir, de
travailler à la terre, de porter des fardeaux ; son
contentement à la suite de chaque heureux essai
ne peut se rendre.

Le vendredi, elle m'annonça vouloir me dire
quelque chose de très-secret ; c'était que, depuis
la veille, elle rendait dans ses urines des flocons

de matières blanchâtres, gros comme le pouce ; que dès le commencement de sa maladie, il s'était fait chez elle une suppression partielle, et que sûrement la couleur de ce qu'elle rendait en annonçait le retour.

Le samedi, elle eut des évacuations d'un autre genre, aussi abondantes qu'elle en eût eues par le moyen d'une médecine.

Le dimanche au soir, les évacuations de toute espèce avaient cessé, et le lundi 22, elle est partie avec une santé que le retour seul du printemps peut consolider entièrement.

« Je soussigné certifie à tous qu'il appartien-
« dra, que *Marie-Louise Bardoux*, femme de
« Jean-Louis *Métivier*, ma paroissienne, ci-
« devant attaquée d'un *rhumatisme* dénommé
« *goutte sciatique*, depuis *deux ans*, est ac-
« tuellement sans mal et en état de travailler et
« vaquer à ses affaires. Délibéré le 2 décem-
« bre 1784 ; signé *Rougeaux*, P. C. de Verdilly,
« *Vendeuil, Chevalier, Gauthier, Frérot, Le-*
« *blanc, Sarrasin, Spémen*, clerc laïque ; *Ma-*
« *prince, Lallier*. A Soissons. »

Le sieur Joly va présenter une scène nou-velle dont les détails ne seront pas moins in-téressans que ceux qu'on a déjà lus.

J'ai dit qu'au moment où il arriva pour *tou-cher* la femme Métivier, il lui survint un acci-dent qui l'empêcha de continuer la cure qu'il avait entreprise.

C'était le mercredi 17 novembre ; il me dit en entrant qu'il avait un grand mal de tête : je me mis à le toucher, croyant que je le lui ferais passer ; mais je ne fus pas long-temps à m'aper-cevoir que je ne lui occasionnais pas les effets accoutumés. Je lui vis des mouvemens de nerfs extraordinaires ; je le questionne, et il me ré-pond : « Je ne sens plus rien, monsieur, voilà « mon dernier moment ; je suis dans un état « dont vous ne pourrez me tirer, il faut que je « meure. » En finissant ces paroles, sa langue s'embarrassait ; je le vois se roidir de plus en plus, et il devient, dans mes bras, aussi ferme qu'une barre de fer. J'essaie tous les moyens du magnétisme, mais c'était en vain ; j'étais d'une inquiétude mortelle, causée par les dernières paroles qu'il m'avait dites. Ne connaissant rien à son état, ma seule ressource fut de le faire *toucher* par un malade en crise magnétique : heureusement Catherine Montenecourt était pour le moment dans cet état. Sitôt qu'elle eut posé ses mains dessus le malade, elle me dit de lui faire prendre l'air sur le champ, de le faire marcher si l'on pouvait, et de lui faire boire de l'eau de mélisse coupée, ce que je fis aussitôt.

Pendant qu'on le promenait ainsi, j'allai de nouveau consulter Catherine, qui me dit que Joly était dans le plus grand danger, qu'elle en désespérait, et que sa maladie venait d'avoir *touché* la femme Métivier ; qu'en la guérissant, ce n'avait été qu'à ses dépens, puisque la goutte et la paralysie froide de cette femme avaient passé dans son corps, encore faible de sa guérison précédente.

Cette consultation ajoutait beaucoup à ma peine, par l'idée que cela me donnait que j'avais été la cause de l'accident affreux qui arrivait à Joly. Je vais retrouver mon malade, et le trouve dans le même état de roideur, *les yeux fixes*, et ne pouvant parler. Il resta ainsi à l'air l'espace d'une heure ; après quoi on le porta dans sa chambre. Mon frère demeura avec lui, afin d'essayer de lui donner quelques secours magnétiques, à la première détente qui s'opépérait en lui.

Cette crise nerveuse dura environ deux heures, après quoi, se trouvant dans l'état magnétique, il put rendre compte de sa maladie. Descendu dans la salle à manger, il nous dit, devant

M. Rigault, notaire (qui était arrivé pour constater la prédiction de Viélet), qu'il était sûr que
cet accident ne lui venait pas d'avoir magnétisé
la femme Métivier; qu'au contraire, c'était un
grand bonheur pour lui d'être souvent tombé
en crise, puisque par-là on avait avancé en lui
un mal qu'il devait toujours avoir au plus tard
dans six mois; que sans doute il en serait mort
alors, parce qu'on l'aurait sûrement saigné ou
baigné, ou mis dans un lit bien chaud, dont il
ne se serait pas relevé; qu'enfin il n'aurait sûrement pas vécu une demi-heure. J'étais trop
tranquillisé par ce qu'il me disait, pour ne lui
pas faire des questions relatives aux craintes que
m'avait données Catherine. Alors il m'ajouta de
nouveau que je ne devais pas être fâché de ce
que j'avais fait, et que c'était pour son plus
grand bonheur. « Voyez, dit-il, ce qui arrive à
presque tous vos malades : l'un arrive pour se
faire guérir d'un mal quelconque; bientôt après
que le magnétisme a opéré, il se découvre d'autres maladies, et souvent, au bout de huit jours
de traitement, on est plus malade qu'en arrivant. » Il me cita, entr'autres, un femme qu'il
m'avoit fallu guérir trois fois de différentes maladies arrivées presqu'à la suite l'une de l'autre.
« Enfin, me dit-il, non seulement le magnétisme

animal guérit de la maladie présente, mais il provoque les maladies dont on a le germe, et par-là les guérit dans leur principe. » Sur la question que je lui fis s'il aurait encore des crises, il me répondit qu'il en aurait *jusqu'au mardi*, toujours à la même heure; que celle du mardi serait très-forte, qu'il pourrait bien être une demi-heure comme un homme mort; mais qu'il ne fallait pas s'en inquiéter, que son pouls resterait toujours le même : il soupa ce soir-là de bon appétit, *en crise magnétique;* et revenu à lui, il ne se trouva pas plus souffrant que de coutume; mais il était singulièrement frappé de son accident; et quelque chose qu'on pût lui dire, il resta persuadé qu'il en devait mourir. Rien ne pouvait le distraire de cette affreuse idée, parce qu'il avait, disait-il, senti tout son mal; que, pendant la durée de sa crise, il avait entendu tout ce qu'on disait autour de lui; et que puisque je n'avais pas pu l'endormir comme j'avais fait précédemment, c'était une preuve que sa maladie était d'une nature dangereuse. Il ne dormit point de la nuit, et le lendemain je le trouvai absorbé par ses idées noires et ses cruelles inquiétudes.

Le jeudi, à huit heures du soir, sa crise convulsive lui prit comme il l'avait annoncé. D'a-

près les avis d'autres malades en crises, il ne
fallait le laisser à l'air qu'un quart d'heure environ, après quoi, l'apporter auprès d'un bon
feu, et l'y retourner à mesure que la détente
s'opérerait; ce qui a été exécuté. Comme il
conservait sa connaissance entière, il pouvait
aussi faire un petit geste de tête pour indiquer
le besoin de l'air ou du feu, et avec beaucoup
d'attention on le satisfaisait à point nommé ;
cette crise fut tout aussi douloureuse, mais
moins longue que celle de la veille; il fut ensuite magnétisé, et tomba dans l'état de somnambulisme.

M. de Saint-Martin et mon frère joignaient
leurs soins aux miens. Une fois, dans l'état de
crise, nous lui demandâmes de ses nouvelles :
il ne nous satisfit point par ses réponses comme
il avait fait la veille; car il nous dit qu'il ne
prévoyait pas pouvoir guérir de cette maladie-là ;
que dans la crise du mardi il craignait bien de
mourir; il ajouta que, dans la crise du samedi, il
y verrait plus clair, et pourrait nous dire positivement ce qu'il en serait. Nous le fîmes ensuite
écrire; j'étais bien aise de pouvoir au moins,
par un écrit, prévenir le blâme qu'un événe-
ment fâcheux aurait pu jeter sur le magnétisme
animal. Voici ce qu'il écrivit :

« Le magnétisme animal vient de provoquer
« en moi une maladie que l'on nomme *cata-*
« *leptie*, qui serait venue dans *six mois*, dont
« je serais *mort*, et dont je ne mourrai peut-
« être pas en l'ayant actuellement; donc que
« c'est un grand avantage pour moi de dire *je*
« *mourrai peut-être*, au lieu de *je mourrai sû-*
« *rement* : je suis très-persuadé que ce n'est
« que le *grand nombre de crises* dans les-
« quelles je suis tombé, qui ont hâté cette ma-
« ladie, dont néanmoins j'espère un heureux
« succès. Il est sûr au contraire que n'ayant
« point été provoquée par le magnétisme ani-
« mal, elle m'aurait infailliblement causé la
« mort dans *six mois*; et il est très-sûr aussi
« que je ne puis avoir que de très-grandes obli-
« gations à celui qui m'a rendu ce service.

« Signé Joly. »

Ce 18 novembre 1784.

« J'ai eu deux crises déjà jusqu'à présent, et
« j'en aurai encore cinq ou six; mais celle de
« mardi devant être très-forte, je n'en augure
« pas bien : et pourquoi ? parce que je ne puis
« prévoir jusque-là; mais samedi je serai sûr
« d'une heureuse ou malheureuse réussite : si

« je me tire de là, je ne serai plus malade *tout*
« *le temps de ma vie.*

« *Signé* JOLY. »

Ce 18 novembre 1784.

Il passa une aussi fâcheuse nuit que la veille,
et absorbé dans ses idées lugubres.

Dès la lendemain, j'envoyai (11) l'écrit ci-
dessus chez M. Rigault, notaire à Soissons.
Comme quelqu'un avait eu l'imprudence de
dire à Joly qu'il avait écrit, et que je n'avais pas
jugé à propos de lui montrer son écriture, il en
concluait que c'était mauvais signe, et n'en était
que plus absorbé.

Le soir du 19, il eut son accès convulsif à
sept heures et demie, qui lui dura une heure.

Comme, à la suite de son accès de la veille,
il était resté quelque temps dans l'état de somnambulisme magnétique, il avait pu nous instruire de tous les moyens à prendre dans *son
accès* pour lui procurer le plus de soulagement
possible : notre conduite envers lui était donc
de le mettre d'abord à l'air, et de le promener
étendu sur un brancard, jusqu'à ce que ses
doigts se repliassent : ce signe nous annonçait
de l'apporter, ainsi étendu, devant un bon feu,
observant de présenter d'abord ses pieds au

feu, ensuite chaque côté successivement. Aussitôt qu'il était devant le feu, ses doigts se retendaient de nouveau jusqu'à la détente générale, qui s'opérait dans chaque côté successivement : lorsqu'étant devant le feu, ses doigts venaient de nouveau à se replier, c'était le signe du besoin qu'il avait de nouveau de reprendre l'air, et ainsi de suite. Après le troisième accès du 20, il ne resta que très-peu de temps en crise magnétique, pendant lequel temps je lui fis écrire ce qu'il pensait de son état. Voici ce qu'il écrivit :

« Je reconnais dans ce moment-ci, où je suis
« en crise magnétique, que ma maladie ne pro-
« vient pas d'*avoir touché la femme Métivier;*
« je devais toujours avoir cette maladie-là un
« jour; de l'avoir magnétisé n'a fait autre chose,
« pour mon bonheur, que de l'*avancer.* J'aurai
« encore des crises jusqu'à mardi, et mercredi
« peut-être un petit ressentiment; après quoi,
« *si elles réussissent bien* (*), *je me porterai*
« *toujours bien.*
　　　　　　　　　　　　　　　« *Signé* JOLY. »
Ce 19 novembre 1784.

____

(*) Je fis mon possible pour l'arrêter et l'empêcher d'écrire ces mots : *si elles réussissent bien,* sans pouvoir y parvenir.

De retour dans son état naturel, je lui montrai son écrit, afin de le tranquilliser un peu; mais c'était peine perdue.

Le samedi 20, son accès lui prit comme à l'ordinaire, vers huit heures, et dura une heure un quart; mon frère et moi imaginâmes de faire de la musique pendant le temps de son attaque; un petit signe qu'il nous fit, nous donna la certitude que cela lui faisait plaisir. Revenu de son accès, nous le vîmes se relever, ayant les yeux fermés et dans l'état magnétique. Lui ayant demandé s'il avait beaucoup souffert, il nous répondit qu'aussitôt que la musique avait commencé, il s'était endormi, et n'avait plus senti de mal. Mon projet était de le questionner sur son sort à venir, d'après la promesse qu'il m'en avait donnée à la suite de son premier accès. Cependant j'imaginai auparavant, pour le distraire et l'amuser, de chanter et de jouer encore de la harpe (ce qu'il nous avait dit lui avoir procuré tant de bien); mais ma surprise fut fort grande de le voir peu à peu ouvrir les yeux et rentrer dans l'état naturel : de sorte que cette fois-là il était entré et sorti de l'état magnétique par le secours seul de la musique, sans que mon frère ni moi l'eussions touché (12). Nous perdîmes par-là l'occasion de nous instruire de son état.

Le dimanche 21, pareil accès que la veille, à la même heure, dans laquelle il fallut lui faire prendre l'air deux fois, quoique la musique eût opéré en lui, comme la veille, l'état de somnambulisme dès la première fois qu'on l'avait rentré; au moyen de quoi il n'avait point eu la *conscience* de ses souffrances. Nous lui demandâmes ce jour-là ce qu'il pensait de son état, imaginant qu'il pourrait encore mieux nous satisfaire que la veille; mais il nous répondit qu'il ne pouvait rien *pressentir*; que plus il avançait, *moins il voyait clair* sur l'avenir; qu'enfin il avait de l'inquiétude, mais aucune sûreté ni pour ni contre sa guérison.

Le lendemain lundi, il lui prit un accès à dix heures et demie du matin, qui nous étonna tous, et qui fut apaisé de même par le secours de la musique; il dura trois quarts d'heure, après lesquels il nous dit (étant dans l'état magnétique) qu'il aurait encore deux crises dans la journée, et quatre le lendemain, et que la dernière serait si forte, qu'il ne savait pas s'il aurait la force de la supporter.

A quatre heures et demie arriva effectivement sa seconde crise, qui dura le même temps, à peu près, que la précédente, et qui ne fut pas plus douloureuse.

A huit heures et demie commença la troisième, dans laquelle il fallut le mettre à l'air deux fois : dans celle-ci, qui dura une heure et demie, la MUSIQUE ne fit pas sur lui l'effet accoutumé, de sorte qu'il eut le sentiment de ses souffrances.

Son accès fini, nous nous aperçûmes qu'il était devenu *muet :* je pris le parti de le magnétiser, bien sûr de ne pouvoir lui faire que du bien, et dans l'espérance d'avoir de lui-même, en le mettant dans l'état de somnambulisme, des renseignemens sur cet évènement singulier.

Une fois dans l'état magnétique, je lui demandai de me répondre, *par écrit,* aux questions que j'allais lui faire; il écrivit ce qui suit, en-réponse à mes demandes.

Demande. Que sentez-vous?

Réponse. J'ai perdu la parole, que je ne recouvrerai que demain à la première crise, qui sera à huit heures du matin.

D. Cela finira-t-il bien?

R. Je pense que cela ira bien.

D. Craignez-vous la journée de demain?

R. J'aurai quatre crises; la quatrième sera très-forte, mais j'espère qu'elle finira heureusement.

D. Vous n'en êtes donc pas sûr?

R. Je n'en sais trop rien.

D. La journée de demain passée, vous serez donc guéri?

R. Je suis très-sûr de me bien porter mercredi, et que je serai très-bien guéri.

D. Qu'est-ce qui vous a fait perdre la parole?

R. Je devais la perdre pendant douze heures, pour perfectionner ensuite les autres sens.

D. Rien n'a-t-il contrarié la crise que vous venez d'avoir?

R. Non, rien n'a pu la contrarier.

D. Où existe la cause qui vous empêche de parler?

R. Dans mon estomac.

D. Cela vous empêchera-t-il de souper et de dormir?

R. Non, cela ne mettra aucun obstacle à rien.

D. Vous ne serez donc pas inquiet?

R. Je n'ai pas lieu de l'être.

Signé JOLY.

Ce 22 novembre 1784.

Il eut encore, vers onze heures, un petit accès d'un quart d'heure, qui n'apporta en lui aucun changement; il ne s'était pas couché depuis le premier jour de sa maladie, tant il était tourmenté par les idées funestes qu'il s'était forgées.

Afin donc de lui procurer du repos, je le mis en crise magnétique, et le fis déshabiller et se coucher dans ma chambre, de crainte qu'il ne lui arrivât pendant la nuit quelqu'évènement imprévu; mais il ne lui arriva rien, et il dormit tranquillement toute la nuit.

Le lendemain, après l'avoir réveillé à sept heures et demie, je le trouvai dans l'état naturel, quoique toujours MUET comme la veille; il ne fut pas plutôt habillé, que son accès lui prit, *comme il l'avait annoncé;* il dura trois quarts d'heure, pendant lesquels il n'eut presque point le sentiment de ses souffrances.

Le recouvrement de sa parole se manifesta avant la fin de sa crise : au moment où nous nous y attendions le moins, il se mit à chanter avec nous, et à suivre les paroles de l'air que nous exécutions, ce qui nous amusa beaucoup.

A onze heures, il devint sourd; à onze heures et demie, son second accès lui prit, et dura une heure; après lequel nous le trouvâmes dans un état si complet de surdité, qu'il n'était pas possible de s'en faire entendre. Notre musique n'ayant pu faire sur lui aucune impression, il n'était point dans l'état magnétique au sortir de sa crise; de sorte que mon frère le magnétisa pour le mettre dans un état où nous pussions nous faire entendre de lui SANS LUI PARLER; nous pûmes donc alors lui faire des questions (*), auxquelles il répondit comme il suit :

« J'ai perdu *l'ouïe* comme j'ai perdu la pa-
« role, et je la recouvrerai à quatre heures et
« demie ou cinq heures, par une autre crise.

« Je ne serai plus privé d'aucune sensation.

« J'aurai encore deux ou trois crises aujour-
« d'hui.

« Après quoi je n'en aurai plus qu'un léger
« ressentiment demain. »

Lui ayant ensuite demandé (mentalement) la raison pour laquelle il perdait ainsi successivement l'usage de ses sens, il écrivit encore la réponse suivante :

« La raison pour laquelle j'ai été privé de
« *deux sensations* bien importantes, est très-
« simple : ayant eu la langue presque coupée
« dans ma jeunesse, et par conséquent devenu

(*) Ces questions ne lui étaient faites ni *par écrit* ni *vocalement;* mais *mentalement* et sans aucune expression des *muscles* du visage.

« presque *muet* quelque temps, quoique j'aie
« eu depuis la parole assez libre, elle avait
« néanmoins besoin d'être perfectionnée; c'est
« ce qui est arrivé dans une attaque de nerfs,
« qui, m'en ayant privé tout à fait pour douze
« heures, me l'a rendue au plus haut degré.

« Il en est de même des oreilles, qu'ayant eu
« *dures* pendant très-long-temps, et ensuite
« ayant été guéri par le moyen du magnétisme
« animal, j'ai conservé une certaine faiblesse
« qui a été effacée par cette attaque de nerfs
« qui m'en avait aussi privé pendant quelques
« heures.

« Il n'en n'est pas de même des autres sen-
« sations, qui, ayant toujours été très-bonnes,
« n'ont pas besoin par conséquent d'être per-
« fectionnées.

« *Signé* JOLY. »

Ce 23 novembre 1784.

A cinq heures, son troisième accès arriva. Il
dura trois quarts d'heure, et pendant cet intervalle le sens de l'ouïe lui revint; mais il nous
dit, une fois revenu à lui, qu'il sentait qu'il n'a-
vait plus de goût; il fallut le mettre dans l'état
magnétique pour en savoir la raison, et il écrivit ce qui suit :

(153)

« Après une troisième crise, à cinq heures du
« soir, ayant recouvré l'*ouïe*, je perdis le sens
« du *goût*, que je ne recouvrerai qu'à la *pre-*
« *mière crise*, qui sera je ne sais quand.

« Signé JOLY. »

Ce 23 novembre 1784.

Comme il *signait*, je vis qu'il traçait les lettres de son nom avec peine. « Savez-vous, me
« dit-il, monsieur, pourquoi je ne puis plus
« écrire ? c'est que je n'y vois plus goutte ; voilà
« qui est fini, je n'écrirai plus jamais comme
« cela, et le magnétisme ne me fera plus rien. »
Lui en ayant demandé la raison, il me dit :
« C'est que je suis bientôt totalement guéri ; et
« dans un état parfait de santé, on ne peut
« plus avoir *de crise magnétique.* » En effet,
nous essayâmes de le faire mouvoir comme de
coutume ; il ne répondait plus à nos gestes : s'il
marchait, c'était comme à tâtons, et il entendait la voix de toutes les personnes qui étaient
dans la chambre ; il fallut cependant lui ouvrir
les yeux comme à l'ordinaire.

A huit heures et demie, enfin, le quatrième
et dernier accès lui prit, qui dura jusqu'à onze
heures, pendant lequel il fallut lui faire prendre
l'air trois fois ; chacun de ses membres, dans

cet accès, éprouva une convulsion particulière ; il semblait que la nature travaillait à perfectionner chacun de ses organes. Revenu à lui, il nous dit qu'il n'avait pas du tout souffert : nous essayâmes de le mettre dans l'état magnétique ; ce fut en vain ; il plaisantait lui-même de nos tentatives, et disait qu'il avait plus besoin de souper que de dormir.

Le lendemain mercredi, il eut encore deux ressentimens dans la journée, d'un quart d'heure environ chacun, savoir : le premier à neuf heures et demie, et le second à quatre heures : dans la soirée, il vint au traitement magnétique, fit la *chaîne* avec les autres malades, et fut magnétisé lui-même sans éprouver autre chose que des bâillemens : il conservait cependant une sensibilité singulière aux extrémités des doigts des pieds et des mains, qui me faisait juger qu'il n'était pas entièrement quitte de ses ressentimens ; je m'étonnais d'ailleurs de ce qu'il n'avait point éprouvé de faiblesse après huit jours de si grandes souffrances, et après de si violens tiraillemens de nerfs.

Plusieurs exemples précédens me faisaient regarder ce passage comme nécessaire au recouvrement de sa santé. C'est aussi ce qui arriva à Joly, à dix heures du soir : comme il était en-

core à table, il lui prit une *défaillance générale*; autant ses nerfs avaient été tendus dans
ses crises passées, autant, dans cette dernière,
ils avaient perdu leur ressort : tout son corps
était sans vie et sans consistance; sa tête ne pouvait se soutenir sur ses épaules, et il ne pouvait articuler une seule syllabe. Je le fis étendre
sur un matelas devant le feu, et mon frère le
magnétisa : il sembla alors acquérir un peu plus
de forces, et les rassemblant, il put se faire entendre, quoiqu'avec une peine infinie; car il
était obligé de s'arrêter à chaque syllabe. D'a-
près ce qu'il nous dit, il nous fut aisé de juger
qu'il était dans l'état MAGNÉTIQUE ; il nous parla
de son état, nous dit qu'il n'y avait aucune inquiétude à avoir ; qu'il fallait le mettre dans son
lit, sans le déshabiller, et que le lendemain ses
forces commenceraient à revenir. Une fois dans
son lit, il nous répéta d'être tranquilles, et que
n'ayant besoin de rien, il priait qu'on le laissât
prendre du repos, qui seul était nécessaire à sa
situation.

Le lendemain jeudi, à huit heures du matin,
je le trouvai dans le même abattement que la
veille : il n'était plus dans l'état magnétique, car
les premiers mots qu'il put me dire avec beaucoup de peine, furent que ses nerfs étaient

brûlés, et qu'il craignait de rester toujours dans l'état où il était. Il avait froid, je le fis porter devant le feu, où je le magnétisai : il ne fut pas long-temps sans entrer dans l'état magnétique; sitôt qu'il y fut, il me dit que dans une heure il pourrait marcher un peu; que pour lui faire plus de bien, il fallait le porter dans la chambre du traitement, et le mettre au baquet. Je voulus auparavant lui faire prendre du bouillon chaud; mais il le refusa, et dit qu'il ne lui fallait que des nourritures froides jusqu'à l'entier rétablissement de ses forces, qui serait le dimanche suivant : en conséquence, je lui fis prendre du bouillon froid, qu'il but avec plaisir.

Une fois établi au traitement magnétique, il me répéta qu'il ne serait pas long-temps sans être beaucoup mieux et sans se réveiller.

En effet, au bout de trois quarts d'heure, il ouvrit les yeux, commença à remuer les bras et les jambes, et fut très-surpris de se trouver où il était: une demi-heure suffit pour lui rendre totalement l'usage de ses facultés, et quoiqu'encore faible, il put se lever et marcher à l'aide d'un bâton. Après son dîner, il eut encore un ressentiment de défaillance totale, qui ne dura qu'un quart d'heure, après lequel mon frère et moi essayâmes de lui faire éprouver les effets ordinaires du ma-

gnétisme animal. Mais au lieu de *sommeil apparent* dans lequel il tombait ordinairement
sans souffrance préliminaire, il se plaignit cette
fois-ci que nous lui faisions du mal, que nous
l'étouffions, et partout où notre main se portait, il disait qu'on *lui enlevait la peau.* Cependant, tout en se plaignant ainsi, il devint dans
un état approchant celui du somnambulisme,
puisque je pus le faire marcher jusqu'à la chambre du traitement et le mettre au baquet, sans
qu'il s'en soit ressouvenu depuis : mais en entrant au traitement, il me prévint qu'il allait se
réveiller sur le champ. En effet, je ne l'avais
pas encore placé devant *le fer,* qu'il ouvrit les
yeux, et se mit à rire de s'être encore endormi.
Il resta au baquet une demi-heure, après quoi,
s'y ennuyant beaucoup, il le quitta pour aller
se promener : ses forces ne faisaient pas beaucoup de progrès; il fut obligé de se soutenir avec
un bâton toute la journée.

Sur les huit heures du soir, je le fis toucher
par un malade en état de crise magnétique, qui
le trouva très-bien : cependant il s'arrêta quelque temps aux extrémités de ses pieds et de ses
mains; il me dit qu'il y avait encore quelques
petits restes à partir, qui ne s'effectueraient pas
sans un ressentiment un peu plus long que les

autres. Il finit sa consultation par dire qu'il fallait que Joly soupât de bonne heure, et s'allât coucher sur le champ. Si cette indication avait été suivie, nous n'eussions pas été témoins de l'adieu total de sa maladie, qui se fût fait très-tranquillement la nuit, sans que le malade s'en fût beaucoup aperçu ; mais étant, au lieu de cela, resté à table jusqu'à dix heures et demie, nous pûmes observer en lui un *phénomène* aussi intéressant qu'il était nouveau pour nous. Tout en mangeant encore, il commença à sentir un *petit froid* à l'extrémité de ses pieds, et peu à peu ce froid remonter les jambes, ensuite les cuisses ; il en avertit les personnes avec qui il était à table, et il continuait à manger, jusqu'à ce qu'enfin cet effet extraordinaire, descendant dans les bras, lui ôta la faculté de s'en servir. Peu à peu sa langue s'embarrasse, ensuite les yeux, et le voilà de nouveau dans une défaillance complète. On le porte ainsi devant le feu : il n'y est pas cinq minutes, que nous voyons ses yeux s'ouvrir ; ensuite il put nous parler et nous dire ce qui se passait en lui : *Voilà le froid qui quitte mes mains*, nous dit-il, *et remonte dans les épaules.* Une fois ses bras devenus libres, il suivit avec son doigt la dégradation de cette sensation, et la conduisit jusqu'au bout de ses pieds; alors il ne sentit plus rien, et se leva; nous le crûmes quitte de tout; mais après un petit moment, il nous dit que *le bout de ses pieds se refroidissait de nouveau*, et le voilà avec son doigt à nous indiquer le chemin que parcourait en montant cette sensation singulière. Une fois à l'estomac, il nous dit : *Voilà que cela passe dans les bras;* et peu à peu nous vîmes s'affaiblir graduellement sa main et ses doigts jusqu'au moment de perdre la parole : il nous instruisit de tout, et nous ajouta qu'il sentait cet effet s'étendre jusque par-dessus sa tête. La dégradation se fit très-promptement, et de même que la première fois; après quoi je l'envoyai se coucher, afin qu'en cas où il lui reprît de ces mêmes faiblesses, il pût se trouver dans une situation plus commode étant dans son lit. Il lui en a repris en effet plusieurs, et il n'a pu s'endormir qu'à deux heures du matin.

Le lendemain vendredi, il avait beaucoup plus de force que la veille, et ne sentait plus rien de douloureux dans ses extrémités; toute la journée se passa sans ressentimens, et le soir il se coucha de bonne heure. Une fois dans son lit, je le magnétisai, sans lui pouvoir produire d'autre effet qu'une petite douleur à l'estomac, qui s'apaisa sur le champ. Je le laissai cepen-

dant un peu assoupi, mais non dans l'état magnétique.

Le samedi matin, il me dit qu'il s'était réveillé un moment après mon départ de sa chambre, et s'était rendormi naturellement après;
qu'il n'avait éprouvé aucune faiblesse, et avait
fort bien dormi toute la nuit. Il descendit de sa
chambre sans bâton; ses forces avaient gagné
considérablement, sans cependant être totalement revenues.

Sur les quatre heures après midi, il eut encore une faiblesse qui dura si peu, que je n'eus
pas le temps d'en être témoin. Quand j'arrivai
à lui, je le trouvai dans l'état magnétique, ce
qui me surprit; j'en profitai pour lui demander
de ses nouvelles. Il me dit qu'il venait d'éprouver un dernier ressentiment, nécessaire encore
pour rappeler entièrement l'usage de ses forces:
il me proposa de m'en donner la preuve, en
me défiant de courir aussi fort que lui. J'acceptai volontiers le défi, pour me convaincre du
parfait rétablissement de sa santé. Il courut
(toujours en état de somnambulisme), et je me
vis dépasser avec plaisir. Il me dit ensuite qu'il
n'avait plus besoin de manger froid, et qu'il n'a-
vait plus aucun ménagement ni régime à suivre.
Une fois certain de son entier rétablissement,

je le remis dans l'état naturel : il ne fit qu'un somme de toute la nuit suivante.

Le dimanche, il fut à la grand'messe, sans y éprouver de sensibilité aux oreilles; il dansa, et fut de la plus grande gaîté toute la journée.

Le lundi, continuation de bonne santé, et le mardi il m'a QUITTÉ pour s'en retourner chez lui (13).

Certificat reçu depuis mon retour à Paris.

Je *soussigné* CERTIFIE, ainsi que mes amis et voisins que j'ai priés de signer le présent, que Henri-Joseph-Claude Joly, mon fils, est arrivé chez moi le 28 novembre, revenant de Buzancy, parfaitement guéri d'une maladie de nerfs dont il était attaqué, et que depuis ce temps il jouît de la santé et de l'embonpoint le plus satisfaisant.

Signé JOLY père, LAURAIN, CHERUY, VOVELET.

À Dormans, le 18 décembre 1784.

CONCLUSION.

Sɪ les preuves les plus multipliées, et les expériences répétées avec le même succès, ont pu jamais persuader les hommes de l'existence d'une chose nouvelle pour eux, dans quelle occasion en a-t-on plus rassemblé que dans les Mémoires qu'on vient de lire, et dans d'autres du même genre! Le mensonge, il est vrai, n'a que trop souvent pris le langage de la vérité, et n'a que trop su emprunter ses moyens pour faire recevoir des erreurs. Il est affreux d'imaginer que, dans une société policée, on soit quelquefois dans le cas de douter de la véracité d'un certificat.

Je sais bien qu'on peut se tromper, et souvent affirmer de *bonne foi* ce qu'avec plus de réflexion on n'eût jamais adopté : mais ce faux-fuyant, sauve-garde de l'honnête homme, ne fait encore trop souvent que prêter une arme de plus au mensonge. La vérité n'a donc véritablement de ressources que dans *le temps*, qui, tôt ou tard, la fait reconnaître ; et l'*expérience* a toujours prouvé que rarement ceux qui l'ont trouvée ont pu jouir de la reconnaissance de leurs contemporains.

Ce lieu commun, argument de tous les temps, ne devrait point cependant avoir de force dans la cause présente ; car enfin ce n'est plus aujourd'hui M. Mesmer seul qui veut faire recevoir sa doctrine, mais bien TROIS CENTS personnes de tous états, qui s'accordent ensemble sur l'utilité d'un moyen dont ils ont fait usage avec succès (14). Quelles raisons auraient la plupart de ces personnes à soutenir leur sentiment sur l'existence du magnétisme animal, si véritablement elles n'y voyaient pas une réalité manifeste ? Il serait aussi ridicule à moi d'imaginer retirer de la gloire de mes *hauts faits magnétiques*, qu'il le serait aux autres d'imaginer que je puisse prétendre en retirer de l'intérêt. Me supposera-t-on l'envie de me donner un relief ou de m'ériger en *savant?* Ces suppositions seraient bien gratuites, d'après ma profession de foi sur le magnétisme. Pour *sentir*, on n'a besoin ni d'*esprit* ni de *science*, et celle de M. Mesmer se sent mieux qu'elle ne s'exprime. C'est sur *nos sensations* qu'il est venu nous éclairer, et sa doctrine ne tend qu'à donner la conscience de toutes les vérités qui jusqu'à présent n'avaient parlé qu'à l'*esprit*.

Les savans, médecins et autres sauront sans doute mieux apprécier que les autres l'utilité de la DÉCOUVERTE de M. Mesmer.

Que de peines et de soins devra prendre un médecin magnétisant, pour obtenir des succès prompts et certains dans les maladies de toutes espèces qu'il aura à traiter! et combien alors ses connaissances en tout genre, en le rendant supérieur aux autres, lui deviendront utiles, quand se laissant guider par la NATURE, il en saura faire usage !

Il me reste à parler de l'usage du magnétisme et de la manière de l'administrer.

Mes idées, d'après les leçons de M. Mesmer, n'étant appuyées que sur le peu d'expériences que j'ai faites, je ne puis les croire déterminantes : puissent-elles seulement servir aux réflexions de gens plus instruits que moi, et les mettre sur la voix pour établir une base constante et régler leur opinion !

Je pense que l'*action magnétique* doit être *salutaire* à tous les hommes, à des degrés différens, et que jamais elle ne peut être *nuisible*. Quiconque est en état de *santé parfaite* ne

doit point être susceptible de *l'influence magnétique.*

Il est des maladies qui, quoique très-graves
et dangereuses, se refusent à *l'action magnétique* pendant un certain temps; ce qui quelquefois décourage et le magnétiseur et le magnétisé :
du reste, je croirais assez que telle maladie qui
résiste à l'action d'un magnétiseur, céderait
peut-être plus vite à l'empire d'un autre homme.
J'ai eu des malades chez moi sur qui je n'ai
jamais pu produire le moindre effet, malgré
le désir extrême qu'ils avaient d'en ressentir, et
je n'en attribue la cause qu'à mon peu d'analogie avec eux.

L'expérience apprendra peut-être que tel
homme sera plus propre à guérir certaines maladies que d'autres; peut être aussi les *tempéramens,* les *caractères,* les *climats,* les *pays,*
apporteront-ils des considérations dans le choix
des traitemens, par la raison que ces causes
peuvent constituer des analogies et des rapports plus directs dans les individus. C'est ainsi
qu'un homme, dans son pays, dans sa ville
et dans sa famille, produira graduellement
plus d'effets bienfaisans qu'il n'en obtiendrait
ailleurs. Je n'affirme pas ces assertions, que
je ne propose que comme de simples proba-

bilités, sur lesquelles l'observation nous éclairera.

Je crois qu'il doit être facile de procurer *le sommeil magnétique* dans presque toutes les *maladies aiguës*, et dans toutes les *chroniques* qui entraînent des souffrances habituelles. S'il en est ainsi, la NATURE donnerait à tous les hommes la faculté de se guérir eux-mêmes.

Quant à la manière d'administrer le *magnétisme animal*, je crois qu'il n'est pas de circonstances où l'on ne doive en espérer de bons effets; mais lorsque les malades sont susceptibles de tomber dans l'*état magnétique*, alors il peut être dangereux de s'arrêter trop tôt; parce que le magnétisme tendant à développer le germe des maladies prochaines, un effet commencé et non soutenu peut contrarier la nature sans ajouter à ses moyens. Le second accident arrivé à Joly autorise cette opinion. Au reste, on n'aura pas de meilleurs indicateurs sur cela, que les *êtres magnétiques* eux-mêmes; c'est en les consultant qu'on risquera moins de leur nuire, soit en ne les magnétisant pas assez, soit en prolongeant trop le temps de leur crise.

Une preuve certaine de la guérison radicale

d'un malade qui a passé par l'état magnétique,
sera toujours la cessation plus ou moins marquée de l'empire du magnétiseur sur lui.

Plusieurs personnes pratiquant le magnétisme ont (m'a-t-on dit) la faculté de reconnaître au *tact* le siége et la cause des maladies.
Je ne contrarie point ce fait, qui peut dépendre
d'une *sensation* particulière à leur organisation ;
mais pour moi, je n'ai jamais rien ressenti de
semblable, et je ne crois pas qu'il me soit possible d'y arriver, par la raison qu'il peut être facile d'apprendre à raisonner et à observer, mais
non point à *sentir*.

La seule *sensation* que j'éprouve en magnétisant, est relative à l'effet que je produis sur
un malade : s'il est susceptible des effets magnétiques, je sens une chaleur plus ou moins
légère dans la main, et un attrait plus ou moins
grand à continuer à magné iser. Il est des individus sur lesquels je pourrais presqu'affirmer
ne jamais rien produire, tandis que je suis surpris quelquefois de l'effet subit que je produis
sur d'autres.

Plus j'ai produit d'effets extraordinaires par
le moyen du magnétisme animal, et plus je
me suis persuadé qu'il y avait peu de danger à
craindre dans les abus qu'on pourrait en faire.

L'EMPIRE que l'on acquiert sur les individus susceptibles d'entrer dans l'état magnétique, ne s'exerce absolument que dans les choses qui concernent leur santé et leur bien-être; passé cela, on peut encore faire usage de *son pouvoir* dans les choses innocentes en elles-mêmes; telles que *faire marcher, changer de place, danser, chanter, porter quelque chose d'un endroit à l'autre, etc.;* enfin tout ce qu'on se permettrait indifféremment d'exiger d'un être quelconque dans l'*état naturel.* Mais il est des bornes où le pouvoir cesse, et je pourrais presque qu'assurer que ces bornes seront toujours pressenties par les magnétiseurs (15). Je questionnais un jour une femme en *état magnétique,* sur l'étendue de l'empire que je pouvais exercer sur elle : je venais (sans même lui parler) de la *forcer,* par plaisanterie, de me donner des coups avec un chasse-mouche qu'elle tenait à la main. « Eh bien, lui dis-je, puisque vous êtes *obligée* « de me battre, moi qui vous fais du bien, il « y a à parier que, si je le voulais absolument, « je pourrais de même faire de vous *tout ce que* « *je voudrais;* vous faire *déshabiller,* par exem- « ple, etc...... Non pas, monsieur, me dit-elle, « il n'en serait pas de même : ce que je viens de « faire ne me paraissait pas bien ; j'y ai résisté

« long-temps; mais comme c'était un badinage,
« à la fin j'ai cédé, puisque vous le *vouliez ab-*
« *solument* : mais quant à ce que vous venez de
« dire, jamais vous ne pourriez me *forcer* à
« quitter mes derniers habillemens : mes sou-
« liers, mon bonnet, tant qu'il vous plaira ;
« mais passé cela, vous n'obtiendriez rien. »

Une fille (c'était Catherine Montenecourt)
était présente à cette conversation, et, tout en
riant, se permettait de plaisanter, et de dire
que, dans l'état de *Geneviève*, on pourrait pousser les choses *aussi loin qu'on le voudrait;*
qu'enfin elle n'était nullement persuadée de
tout ce que cette femme venait de dire. J'eus
occasion de mettre, une demi-heure après,
cette même fille dans l'état magnétique, et aussitôt qu'elle y fut, je lui fis les mêmes questions qu'à Geneviève : ses réponses furent absolument les mêmes. Je lui rappelai ce qu'elle
venait de me dire dans l'état naturel..... « Ah!
« bien! me répondit - elle, *je ne vois pas de*
« *même à présent.* Mais enfin, lui dis-je, si je
« voulais absolument vous faire ôter vos habil-
« lemens, qu'en résulterait - il? *Je me réveil-*
« *lerais,* monsieur; cela *produirait chez moi le*
« *même effet que le coup que je me suis donné*
« *dans le côté* il y a quelques jours, et j'en se-

« rais *bien malade.* » J'avais réveillé Geneviève pendant cet entretien, et une fois dans l'état naturel, elle avait pris le rôle précédent de Catherine. Tous les malades témoins de cette double scène, eurent beau l'assurer qu'elle avait parlé comme elle, rien ne put la persuader.

Viélet, l'écrivain Viélet, qui, presque toujours, dans l'état magnétique, avait la plume à la main pour écrire des ordonnances, ou bien ses observations sur son état; Viélet, dis-je, un jour étant dans l'état de somnambulisme complet, je lui demandai si je ne serais pas le *maître* de lui faire faire un *blanc-seing* que je remplirais après à ma volonté. « Oui monsieur, me répondit-il. — Eh bien! je pourrais donc vous faire faire la donation de tout votre bien, sans que vous en sussiez rien ? — Cela ne serait pas possible, monsieur, parce qu'avant de signer je saurais votre intention, et ma signature alors ne ressemblerait sûrement pas à celle que je fais ordinairement. — Mais enfin, lui dis je, dès que ce serait votre nom, cela suffirait. — *Si cela devait suffire, en ce cas vous ne l'auriez pas.* » Étonné de son ton affirmatif, je continuai. « Mais enfin, si je *voulais absolument* votre signature, il faudrait bien que vous me la donnassiez, puisque j'ai un empire absolu sur vous. — Vous ne l'avez que jusqu'à un certain point ; et si vous pouviez exiger de moi une chose pareille, *vous me feriez beaucoup de mal, et je m'éveillerais.* »

Toutes les questions que j'ai pu faire dans ce genre, m'ont enfin confirmé dans l'idée que la pratique du magnétisme animal n'est qu'un moyen de plus dans la main de tous les honnêtes gens pour faire le plus de bien possible, et qu'entre des mains peu délicates, il n'en peut résulter *aucun abus*, soit que dans ce dernier cas on ne puisse parvenir à mettre les malades dans une dépendance absolue de soi, soit qu'en les y mettant on ne puisse les tromper qu'en risquant de nuire infiniment à leur santé, sans réussir dans ses vues. C'est ainsi que par la suite on dira peut-être une grande injure en disant d'un homme : *Il est bien malheureux, car il ne peut faire du bien à personne.*

Mon dessein n'étant pas par la suite de m'occuper du magnétisme d'une manière aussi ostensible que je l'ai fait jusqu'à présent, je désire bien ardemment de voir tous les élèves de M. Mesmer prospérer dans leurs tentatives, pousser plus loin que je n'ai fait les expériences magnétiques, et augmenter en sûreté dans le traitement des maladies.

Il y a encore beaucoup à faire avant d'arriver à la démonstration sentie de toutes les propositions de M. Mesmer. Mais si, par le peu de faits que j'ai rassemblés, je pouvais me permettre un conseil sur la manière de procéder, ce serait de dire à tous les magnétiseurs, que le moyen le plus sûr d'obtenir de *bonnes expériences*, est de *ne jamais chercher à en faire*; de travailler de bon cœur à guérir : voilà le seul but qu'on doit avoir, et la NATURE répondra toujours avec usure aux soins qu'on se donnera. Il ne m'est jamais venu dans la tête de vouloir faire apercevoir à mes *somnambules* ce qui se passait dans la *lune*, ni de leur faire deviner de leur chaumière de Buzancy ce qui se faisait sous les portiques des rois; j'aimais beaucoup mieux qu'ils se connussent eux-mêmes, et qu'ils m'indiquassent les moyens les plus prompts de les soulager : dès qu'ils en étaient venus à cette parfaite connaissance, j'étais sûr qu'ils étaient en état de juger sainement les autres, et j'obtenais chaque jour, sans m'en douter, des phénomènes qui venaient combler ma surprise. Il en est des somnambules entr'eux, comme de tous tant que nous sommes dans l'état naturel. Mieux l'on sait se juger et s'apprécier soi-même, et plus juste est l'opinion qu'on

prend des autres. Cette vérité morale est physiquement prouvée par les êtres magnétiques,
et l'on ne peut s'y tromper.

Ce n'est pas que je croie qu'on ne puisse par
la suite tirer de bien plus grandes lumières que
je n'ai fait des individus *somnambulistes;* mais
je crois pouvoir affirmer que, passé une certaine sphère d'activité, on ne pourra obtenir
d'eux aucune indication satisfaisante sur des
choses qui leur seront étrangères. C'est ainsi
qu'on verra peut-être des *êtres magnétiques*
indiquer des *sources,* se connaître aux maladies des *animaux,* des *végétaux,* etc. . . . . .
Mais si quelqu'un imaginait pouvoir, à l'aide
d'un *somnambule,* connaître la *façon de penser*
d'un autre homme, malgré lui, même de son
ennemi, il serait, je crois, dans l'erreur, et les
réponses qu'il obtiendrait seraient analogues à
sa façon de penser. Je sens bien que, s'il pouvait en être autrement, la sûreté particulière y
pourrait gagner; mais la *sûreté publique* en souffrirait nécessairement. Si j'eusse aperçu dans la
découverte de M. Mesmer un moyen quelconque de ravir furtivement le moindre secret
du plus honnête homme du monde, j'avoue
que j'eusse employé tout ce que j'ai de moyens
pour en arrêter la publicité, avec la même

ardeur que je mets aujourd'hui à la répandre,
bien sûr de l'avantage infini que l'humanité
entière en doit retirer, et de la gloire qui
en doit résulter pour son inventeur, auprès de
qui je n'ai d'autre mérite que de l'avoir bien
entendu.

NOTES (*).

---

(1) *Page* 5. Quand je dis que l'*électricité* ne peut être bonne à rien, j'entends seulement que ce mouvement n'ayant aucune analogie parfaite avec aucun corps de la nature, ne peut agir que comme stimulant. Les guérisons nombreuses de MM. *le Dru*, *Andry*, *Mauduit*, *Sans*, etc., ne détruisent point cette opinion; leurs succès n'ont été complets que sur les maladies nerveuses, dont la base tient à un organe si aisé à ébranler, que dans plusieurs maladies de ce genre le moindre mouvement interne peut rétablir l'*harmonie*. Au reste, je ne suis pas éloigné de croire que ce *rétablissement d'équilibre* ne peut même exister qu'un certain temps dans beaucoup de malades, parce que je ne vois, dans l'éle-

---

(*) On lit dans la première édition de la *Biographie des hommes vivans*, à l'article où il est fait mention de moi : « *Les notes à ses Mémoires sur le magnétisme, imprimés en 1784 et 1785, y ont été ajoutées par M. d'Espréminil.* Cette erreur, dans laquelle les éditeurs de cette première Biographie n'ont pu être induits que par le cas qu'ils ont fait de ces notes, me fait saisir l'occasion de leur réimpression, pour les revendiquer au profit de mon amour-propre.

tricité artificielle, qu'un effet passager qui ne laisse rien après lui pour entretenir et perfectionner le bien qu'il a opéré.

On pourrait comparer l'électricité, dans ses effets, à un *instrument incisif*, dont on se servirait pour débarrasser une plaie des corps étrangers qui nuiraient au rapprochement des chairs ; ce préliminaire peut être nécessaire ; mais si l'on continuait de frotter la plaie avec cet instrument, au lieu d'y appliquer les remèdes suppuratifs et dessiccatifs dont elle a besoin, on sent le peu de guérisons complètes qui s'ensuivraient, quoique cependant le premier moyen employé eût été salutaire. C'est ainsi qu'il faut considérer l'*électricité*; sans elle je suis très-sûr qu'on peut guérir toutes les maladies nerveuses : je crois aussi que, dans beaucoup de cas, on peut s'en aider préliminairement ; mais il faudra toujours consulter sur cela la NATURE elle-même, manifestée par des malades en *crises magnétiques*, qui sauront indiquer d'une manière affirmative et certaine le besoin que pourront avoir de ce moyen accessoire tels ou tels malades ; l'expérience apprendra peut-être bientôt que dans certaines maladies nerveuses, il serait dangereux de se faire électriser.

(2) *Page* 27. Je dis que tous les effets produits par le secours seul de la *volonté* sont physiques ; mais qu'est-ce que la *volonté* elle-même? Cette question, impénétrable jusqu'à présent aux lumières de la physique et de la physiologie, se résoudra peut-être par le secours du *magnétisme animal*. C'est par lui et par ses effets prodigieux que l'on apprendra à connaître l'énergie et la

puissance du VOULOIR. La découverte du *magnétisme animal*, par M. Mesmer, nous conduirait-elle à nous éclairer autant sur notre existence spirituelle que sur notre existence physique ? quelle double reconnaissance nous lui devrions ! Je ne décide rien, mais je me plais à croire qu'il en est du *matérialisme* à l'égard de l'âme, comme de la *médecine ordinaire* à l'égard du corps ; l'un peut quelquefois pallier le trouble que cause en nous le désordre de nos passions, comme l'autre ne fait souvent que pallier nos maux. En remontant aux causes premières de notre existence, *Dieu* et la *Nature*, quels avantages moraux et physiques nous en devons retirer !

(3) *Page* 13. Je considère *Bléton* comme étant habituellement dans une espèce de *crise magnétique* naturelle ; il ne découvre les sources que par la sensation qu'il éprouve à leur approche, comme s'en est assuré M. *Thouvenel* ; dès lors, il lui est impossible de s'y tromper : mais sitôt que son état de *crise* diminue, ses sensations analogues diminuent de même ; et il rentre dans la classe commune à tous les hommes. Si l'on se sert alors de lui pour découvrir les sources, il doit être sujet à se tromper, et c'est ainsi qu'on l'a vu plusieurs fois être en contradiction avec lui-même. La raison en est simple ; c'est qu'on ne peut se faire idée d'une *sensation* qui n'existe plus, encore moins se conduire d'après une *sensation passée*.

La même chose s'observe chez les *somnambules* qui atteignent au moment de la guérison ; leurs sensations perdent peu à peu leur subtilité ; et leurs indications sont beaucoup moins sûres que dans l'état de maladie plus ou moins grave.

J'ai été témoin, dans mon traitement magnétique, d'un fait qui pourra, par sa ressemblance, expliquer la conduite de Bléton.

Un paysan de *Carré-l'Étompe*, en Bourgogne, avait passé par l'état de *crise magnétique* pour arriver à la guérison parfaite d'une maladie très-grave; dans le temps de ses crises, il avait les sensations très-déliées, et tous les malades avaient une très-grande confiance en lui; il découvrait parfaitement la cause du mal, et il s'entendait assez bien à ordonner des remèdes simples et salutaires. Un jour, passant auprès d'un cabaret du village, je demandai la cause de la foule de monde que j'y voyais rassemblé; on me dit que c'étaient des malades qui venaient consulter *le Bourguignon*. J'imaginais d'après cela qu'il était apparemment *en crise magnétique :* je m'approche; mais quelle est ma surprise de le voir les yeux bien ouverts, toucher à droite et à gauche tous ces pauvres gens, et leur ordonner des remèdes à tort et à travers! Heureusement j'étais arrivé à temps pour désabuser tout le monde. Je déclare devant tous qu'il ne fallait ajouter aucune foi à ce qu'il avait pu dire dans cet état; que passé le temps de sa crise, il était aussi ignorant que moi et que tous les autres hommes dans la connaissance des maladies, et je mis mon rusé paysan dans une confusion extrême. Je lui fais les reproches les plus vifs de la tromperie qu'il venait de faire; il m'en demande pardon, et m'avoue que, persécuté par beaucoup de monde qui lui venait demander de leur répéter ce qu'il leur avait dit dans sa crise, il n'avait pas voulu rester court, d'autant qu'on lui promettait de le payer pour ses consultations. Voilà comme dans tout le mensonge est auprès de la vérité.

(4) *Page* 17. *Voyez* aussi les ouvrages sur l'électricité, de M. le comte *de Lacépède*. Les aperçus de cet estimable physicien sur la nature et les effets du fluide électrique sont presque tous réalisés par la DÉCOUVERTE de M. Mesmer.

(5) *Page* 18. Le fumier des animaux et toutes les sécrétions animales en général, si favorables à la végétation, ne produisent cet effet avantageux qu'en raison des émanations du *fluide vital*, qui s'en dégagent par la putréfaction. Cette opération, dans le règne végétal, est la même que celle du *phosphore* dans le règne minéral.

Pourquoi le charbon et la pierre calcaire sont-ils de si bons fondans de toutes les mines en général, si ce n'est à cause des émanations du *fluide animal* et *végétal* que ces deux substances contiennent en quantité, et qui, se dégageant par la combustion, vont se porter sur les substances métalliques pour en former des métaux d'autant plus parfaits, que les fondans employés sont plus surchargés de ce qu'on appelle du *phlogistique*, autrement dit du *fluide universel?*

L'entretien de la vie dans les animaux ne s'opérant immédiatement que par le secours du *règne végétal*, médiatement par le secours du *règne minéral*, ne prouve-t-il pas bien encore *un seul agent dans la nature?* De tous côtés l'on ne voit qu'un mouvement de

fluide universel, lequel, par ses différentes modifications, produit toutes les différences physiques.

(6) *Page* 32. Pour se faire une idée juste de l'état
de *somnambulisme magnétique*, il faut assimiler cet
état, dans le règne animal, à celui de l'aimant dans le
règne minéral. Les phénomènes que présente ce dernier
sont analogues à ceux qu'on doit obtenir d'un homme
dans l'état magnétique.

M. Mesmer a dit souvent à qui a voulu l'entendre,
qu'un homme dans l'état naturel avait des poles, un
équateur, et était aimanté naturellement; que le but
du magnétisme était de mettre cet *aimant animal* sur
son pivot, et qu'aussitôt l'on reconnaîtrait dans l'homme
les mêmes phénomènes que présente une barre de fer
aimantée, aussi sur son pivot : l'expérience prouve à la
lettre cette assertion.

L'homme dans l'état naturel, peut être comparé à
une aiguille de boussole qu'on ôterait de dessus la pointe
où elle est en équilibre; si vous la mettez à plat sur une
table, elle ne cessera sûrement pas pour cela d'être aimantée; mais tant que vous ne la replacerez pas sur
son pivot, elle ne vous donnera aucun signe de direction.

Il est vrai que l'aimant, dans quelles que circonstances
où vous le placiez, donnera toujours des signes certains
de *cohésion*, d'*attraction*, de *répulsion*, avec le fer ou
la limaille qu'on lui présentera, tandis que l'homme a
besoin (pour ainsi parler) d'être sur son pivot pour
présenter ces phénomènes : au reste, l'amitié, l'attrait
pour son pays, la sympathie, l'antipathie, etc..., pour-

raient bien n'être chez nous que le résultat de ces effets physiques, modérés et dirigés par notre moralité. Mais une fois qu'un homme aura été mis par un autre homme dans l'état de somnambulisme magnétique, il ne doit plus avoir de relation qu'avec son magnétiseur, et doit, *à la lettre*, présenter à son égard les mêmes phénomènes que manifeste une aiguille aimantée à l'égard d'une barre de fer quelconque : sans cette similitude d'effets, un homme n'est pas dans l'état complet de somnambulisme magnétique.

Les aimans minéraux, ainsi que l'électricité artificielle, peuvent bien avoir quelqu'action sur les corps animés, mais ce n'est jamais que comme stimulans ou comme accélérateurs du mouvement propre de ces corps. Leur effet ne doit être que passager; rarement utile, et souvent nuisible, s'ils sont trop forts ou trop multipliés. La raison en est simple : c'est que l'aimant minéral n'ayant aucune analogie directe avec notre système, ne peut que causer des émotions passagères, sans jamais communiquer son mouvement tonique; d'où il résulte, dans son application, les mêmes effets et le même danger que j'ai remarqué devoir exister dans le traitement par l'électricité artificielle.

(7) *Page* 35. Le rétablissement dans l'état naturel est la plus facile des *opérations magnétiques*. Pouvant nous considérer, ainsi que je l'ai déjà dit, comme des *machines électriques animales*, parfaites, douées au suprême degré des propriétés positives et négatives ; la seule difficulté consiste à monter cette machine, et à savoir en faire usage. Mais dès-lors qu'on est arrivé au

point de pouvoir *magnétiser en plus* (pour me servir des expressions d'usage), on doit aussitôt pouvoir *magnétiser en moins :* l'un est la suite de l'autre ; c'est la même manivelle qu'on tourne dans un autre sens.

Voyez la note sur la volonté, et réfléchissez sur ce que c'est que la volonté, sur la possibilité de n'en avoir que de bonnes ; considérez quels sont tous les accessoires qui peuvent nuire aux bonnes volontés.... ; après quoi vous en conclurez sûrement que c'est presque toujours la faute du magnétiseur, quand il ne fait aucun bien au magnétisé malade. Abstenez-vous surtout de jamais faire aucune question oiseuse à l'être que vous voulez soulager ; les questions font travailler l'imagination, et celle d'un malade doit toujours être en repos. Il doit vous importer fort peu qu'il sente du froid ou du chaud, qu'il s'endorme, ou qu'il ait des tressaillemens : *veuillez* seulement lui faire du bien, et tranquillisez-vous sur les évènemens, qui seront toujours d'autant plus heureux, que la pensée qui doit les déterminer approchera davantage de la pureté et de la bonté du principe dont elle émane nécessairement.

Ce n'est, je le répète, que l'expérience à la main, que l'on pourra faire sentir aux hommes le pouvoir de leur *volonté*, dont les inquiétudes, les chagrins, les maladies, les passions déréglées, et le malheur enfin, n'ont que trop arrêté et anéanti le ressort.

(8) *Page* 36. J'emploie souvent le mot *toucher* comme synonyme du mot *magnétiser*. Lorsqu'il est question d'un nouveau malade, c'est toujours sous cette seconde acception qu'il faut l'entendre.

Les procédés en ont été indiqués par M. Mesmer, à ses élèves, d'une manière assez précise pour n'avoir pas besoin d'en faire de nouveau l'explication. L'expérience que j'ai acquise me confirme dans l'idée que la *tête* et le *plexus solaire* sont les parties du corps humain qui reçoivent avec plus d'efficacité les *émanations magnétiques*. Les yeux surtout m'en paraissent plus susceptibles qu'aucun autre organe. C'est par un léger frottement sur les yeux que j'achève *le chargement magnétique*, d'où résulte le *somnambulisme ;* et c'est de même par un très-léger frottement sur ce même organe que j'opère le *déchargement* subit, d'où s'ensuit le réveil et l'état naturel.

L'attouchement immédiat, sans pression, est celui que je préfère ; quelquefois cependant il me semble que j'augmente, par un petit frottement, l'intensité de l'action magnétique : au reste, les données bien senties, chaque magnétiseur peut, sans inconvénient, mettre de légères différences dans sa manière de procéder.

(9) *Page* 42. Il est rare qu'une maladie chronique se guérisse sans le passage de crises violentes, soit convulsives ou autrement. Le secours qu'on doit attendre dü *magnétisme animal* alors, est d'ôter à un malade le *sentiment intime* de ses souffrances, en le mettant dans l'état *magnétique* une demi-heure avant ses accès ; ce dont on peut être toujours le maître, quand on suit les indications qu'il vous donne. La fille dont je viens de parler n'avait pas été totalement remise dans l'état de santé, ainsi que le récit de Lehoguais me l'avait fait croire ; tous ses accidens avaient bien cessé ; elle était

véritablement engraissée et ne souffrait plus : mais des révolutions nécessaires n'arrivaient pas, ou n'arrivaient que faiblement; c'est ce qu'il me fut aisé de savoir d'elle-même cet automne. La première fois qu'elle vint me trouver, et que je l'eus mise dans l'*état magnétique*, elle me prévint dès-lors, à plus de trois semaines de distance, de la nécessité qu'elle avait d'être magnétisée dans dans ce temps-là pour opérer chez elle sa guérison radicale. Le jour indiqué par elle, son service l'empêcha de me venir trouver, et je ne la vis que le lendemain. Sitôt qu'elle fut dans l'*état magnétique*, elle m'apprit que la veille au soir elle avait commencé à *voir*, et que pendant la nuit cela s'était arrêté; elle me dit qu'il était malheureux pour elle de n'avoir pas été *touchée* avant son époque, puisqu'alors elle se fût passée heureuse-ment et sans souffrances; au lieu qu'à présent elle allait souffrir beaucoup pendant plusieurs jours. Au bout d'un quart d'heure, en effet, il lui prit des étouffemens et des convulsions assez fortes, qui durèrent près de deux heures. Dans ses momens de calme, elle m'indiquait ce qu'il fallait lui faire et lui donner pour apaiser les coli-ques affreuses qu'elle ressentait. Pendant quatre jours, soir et matin, elle eut de semblables accès, toujours *pressentis* d'avance par elle, et devenant plus forts et plus longs en approchant du dernier, qui dura depuis huit heures et demie du matin jusqu'à près de deux heures, après lequel elle m'assura n'en devoir jamais plus ressentir de semblables, et qu'elle était totalement guérie. M'ayant prévenu ensuite qu'elle éprouverait des faiblesses les nuits suivantes, je lui en fis passer deux dans l'*état magnétique*. Lorsque je fus sûr enfin qu'il ne lui arriverait plus de révolutions d'aucune espèce ; je la laissai partir. J'ai su depuis que cette fille avait continué d'être dans un état certain de santé.

J'ajouterai, par rapport à cette malade, que jamais elle n'a eu l'*idée* de ses souffrances : sachant par elle le moment précis où ses accès devaient lui prendre, j'avais soin de la mettre dans l'*état magnétique* quelque temps auparavant ; ensuite je l'amenais ainsi tranquille dans une chambre disposée à la recevoir : ses accès finis, une femme chargée de veiller sur elle me la ramenait dans la première chambre où elle s'était endormie, et je l'y faisais revenir dans l'état naturel. Les spectacles affreux de matelas épars, ou de *chambre de crises*, ne lui ont jamais été présentés, et il lui fallait un effort de confiance pour croire tout ce que l'on pouvait lui raconter d'elle-même.

(10) *Page* 131. Il m'est arrivé un jour de renvoyer Catherine Montenecourt chez sa maîtresse dans l'*état magnétique* ; elle fit une lieue et demie sur son âne sans sortir de l'état de somnambulisme ; et une fois arrivée, elle mit son âne à l'écurie, fit la commission dont je l'avais chargée auprès de sa maîtresse, et après s'être assise dans le salon, elle frotta ses yeux et se réveilla. *Je lui avais* DICTÉ *sa conduite en partant*, et deux femmes qui l'accompagnèrent m'assurèrent qu'elle avait fait à la lettre tout ce que je lui avais prescrit. Une fois réveillée, son étonnement fut très-grand, comme on peut le croire, de se trouver ainsi transportée chez elle sans avoir idée du chemin qu'elle avait fait.

Je cite ce trait extraordinaire aujourd'hui, mais peu

important par lui-même par rapport au *magnétisme*, pour donner une idée de la PUISSANCE qu'on acquiert sur les *êtres magnétiques;* on peut *agir* sur eux DE LOIN comme de PRÈS; mais il est toujours imprudent d'user de ce *pouvoir,* à moins de prendre toutes les précautions que la prudence peut suggérer. La fille dont je viens de parler, par exemple, me dit le lendemain de son voyage (étant dans l'*état magnétique*), qu'elle avait eu peur de tomber dans le chemin, et que cela lui avait causé un révolution fâcheuse. Elle n'en avait pas eu de souvenir dans l'état naturel; mais l'effet contraire à sa santé n'en avait pas moins résulté. Je regarde donc comme dangereux de magnétiser *de loin,* soit pour faire entrer, rester dans l'état magnétique, soit pour en faire sortir, à moins d'être bien sûr que rien ne pourra déranger l'effet heureux qu'on veut produire.

Le printemps passé, il n'arriva aucun accident à une femme éloignée de moi d'une lieue, qui pendant quatre jours devenait par mon ORDRE dans l'état magnétique à l'*heure indiquée,* où un homme de son village arrivait chez elle pour se faire *toucher* une plaie qu'il avait à la jambe; je n'ai pas, j'espère, besoin d'ajouter que, pour agir ainsi de *loin,* il faut s'être mis d'avance *en communication* avec l'être sur lequel on veut opérer, et avoir de lui son consentement parfait : si l'on voulait magnétiser quelqu'un malgré lui, l'on ferait une action malhonnête, et si l'on pouvait y réussir, le magnétisme serait intolérable.

(11) *Page* 144. « J'ai l'honneur, monsieur, de vous envoyer ci-joint une reconnaissance de l'écrit du sieur

Joly; je le conserverai tout le temps que vous jugerez à propos, et j'en ferai l'usage qu'il vous plaira m'ordonner; je ne puis vous dissimuler combien j'ai été surpris à la lecture sur ce qu'il explique.

« J'ai l'honneur d'être, etc.

« *Signé* RIGAULT. »

A Soissons, ce 19 décembre 1784.

A cette lettre était joint le certificat ci-après :

Je soussigné, notaire royal à Soissons, reconnais qu'il m'a été cejourd'hui, deux heures après midi, remis un paquet cacheté en noir, à mon adresse; que l'ayant ouvert, il s'est trouvé une lettre du marquis de Puységur, datée de Buzancy, ledit jour 19, à laquelle était joint un écrit sur une demi-feuille de papier de compte, pliée en deux; la première datée du 18 novembre 1784, signé Joly, la date au-dessous, le 18 novembre 1784, lequel écrit je promets remettre à mondit seigneur marquis de Puységur, à sa première réquisition.

Signé RIGAULT.

A Soissons, le 19 novembre 1784:

(12) *Page* 146. Ce n'est point une nouveauté qu'a dite M. Mesmer, lorsqu'il a assuré que la *musique* était un moyen propre à renforcer l'agent de la nature ; de tout temps l'on a été d'accord sur l'effet que la musique pouvait produire sur les hommes.

Cet effet est plus ou moins grand, en raison de leur sensibilité, mais tous sont susceptibles de l'éprouver. S'il en existe qui avouent n'en avoir jamais ressenti d'émotion, je pourrais presqu'affirmer que c'est plutôt la faute des musiciens qu'ils ont entendus, que le défaut de leur organisation : car enfin tout être quelconque est sensible à sa manière, et la musique, surtout la musique chantée, n'est qu'une émanation de sensibilité. L'*amour*, la *tendresse*, la *gaîté*, la *tristesse*, tous les sentimens s'expriment avec des paroles et du *chant;* et ces deux moyens combinés doivent donc nécessairement plaire à tout le monde. Il est hors de doute que nos nerfs sont les organes de nos sensations. La musique, qui agit sur les nerfs immédiatement lorsqu'elle est unie avec l'agent de la nature, doit donc lui donner un renforcement qui ne peut être que favorable à l'effet bienfaisant qu'on veut obtenir. C'est ce qui est arrivé à Joly, et ce qui peut-être a contribué à diviser ses crises nerveuses en un nombre de périodes bien plus grand qu'il ne l'avait d'abord pressenti, et lui a laissé la force d'en soutenir la durée. On sentira facilement le risque qu'aurait couru ce jeune homme, si le mardi, au lieu de quatre accès éparpillés dans la journée, il les eût éprouvés rassemblés en un seul; il est à présumer qu'il y eût succombé, et n'aurait que trop vérifié ses funestes pressentimens. Cet exemple vient à l'appui des procédés de M. Mesmer. Les instrumens dont il joue prouvent assez les secours qu'il a senti pouvoir tirer de la musique, et le choix de son instrument prouve de même ses réflexions profondes. En effet, l'harmonica peut être considérée comme le rassemblement de petits plateaux électriques, dont le mouvement accumulé se manifeste par le son, lequel, combiné avec le mouvement animal, doit produire un magnétisme très-efficace. Ce ne sera pas dans le tumulte des baquets nombreux des grandes villes que l'on pourra tirer des secours bien avantageux de la musique. La plupart des malades, accoutumés à en entendre, ne l'écouteront qu'avec indifférence ou ennui. Le luxe des meilleures choses nuit au bonheur de les sentir et de les apprécier ; mais je suis cependant assuré que, dans tout état, un être assez malade pour ne pouvoir jouir ni des spectacles ni des agrémens de la société, sera susceptible encore d'être ému par une musique analogue à son caractère ; à plus forte raison lorsque cet être sera dans un état de spasme ou de convulsion qui, rendant passives toutes ses dispositions morales, n'en rendra son organisation physique que plus propre à être remuée par l'agent de la nature.

(13) *Page* 161. « J'ai été aussi surpris, monsieur, qu'honoré de votre lettre, datée du 13 décembre ; apparemment que mon fils ne savait pas bien votre adresse lors de ma réponse à celle du 28 novembre.

« Non, monsieur, je ne puis exprimer ma reconnaissance de toutes vos bontés ; je ne pouvais rien désirer de plus satisfaisant que de revoir mon fils, non seulément guéri de sa surdité et de ses hernies, mais même d'avoir échappé à une maladie que le magnétisme seul ne pouvait faire avorter : il est arrivé chez moi dans la santé la plus parfaite, et il est actuellement dans un embonpoint à ne le pas reconnaître.

« Je vous prie, monsieur, de vouloir bien ne pas borner là vos bontés pour un jeune homme pour qui il paraît que vous prenez tant de part. Si la guerre a lieu,

comme il y a toute apparence, et que vous fassiez quelques campagnes, vous pourriez lui faire avoir quelqu'emploi qui pût l'exempter de la milice, puisque le
bienfaisant magnétisme lui a retiré les raisons qu'il avait
à alléguer pour n'y pas être sujet.

« *Signé* JOLY père. »

De Dormans, ce 18 décembre 1784.

(14) *Page* 163. Au défaut de M. Mesmer, le meilleur moyen à prendre pour obtenir de bonnes expériences à Paris, serait, je crois, de choisir parmi ses
élèves deux hommes prudens et sages, portés par inclination et affection particulières à soulager l'humanité,
et assez indépendans des circonstances environnantes
pour pouvoir se livrer sans réserve à la pratique du magnétisme animal. Qu'alors il soit établi deux traitemens
particuliers, séparés entièrement l'un de l'autre, dont
chacun des deux élèves ait la direction entière et exclu-
sive; que l'on n'admette que de nouveaux malades, et
que le nombre n'excède pas vingt-cinq dans chaque traitement. Ces établissemens formés, qu'aucun magnétiseur ne se permette d'y venir opérer, à moins que le
chef du traitement n'y consente, et même ne l'en prie
instamment; car ce n'est qu'autant que les *émanations
magnétiques* partiront d'une unité de principe et d'intention, qu'on doit s'attendre à des effets constans et
toujours heureux. Il faut non seulement que l'aide d'un
magnétiseur se mette en harmonie physique avec le
chef par l'attouchement, mais il faut encore qu'il règne
entr'eux une harmonie morale et intérieure : les gestes

extérieurs ne produiraient rien, si les intentions n'étaient
pas d'accord entr'elles. C'est ainsi qu'il faudrait, pour
ainsi dire, que tous les aides magnétiseurs ne se regar-
dassent que comme des conducteurs passifs du chef, et
que tel qui aurait dirigé en maître un traitement pendant long-temps, se soumît volontairement à n'être que
secondaire chez un autre : je ne crois pas que sans cet
accord, on puisse jamais parvenir à de bons résultats.

M. Mesmer a dit tout cela; mais quel moyen surnaturel il lui aurait fallu pour contenir trois cents élèves,
la plupart doutant encore de sa doctrine! Que de con-
trariétés et de peines il a dû essuyer de la multiplicité
d'opinions en opposition avec la sienne! et combien le
tribut de reconnaissance que nous lui devons doit être
mêlé de regrets d'avoir été si long-temps sans l'entendre!

Mon frère, chez moi, voulait bien n'être que conducteur, ainsi que je viens de le dire : aussi faisait-il
le même bien, et opérait-il les mêmes effets que moi sur
mes malades : si je me trouvais chez lui, nous change-
rions de rôle, et les mêmes résultats, j'espère, s'ensuivraient.

Lorsqu'il voulait traiter les malades à mon baquet, il
venait m'en prévenir; si cela me convenait, je lui touchais
les pouces pendant quelques instans : étant ainsi en harmonie avec moi, j'étais sûr que mes malades n'y apercevraient aucune différence. S'il arrivait que ni mon frère
ni moi ne pussions aller soigner un malade dans l'état
magnétique, qui pourtant avait besoin de soins, il me
suffisait alors de toucher le premier venu, des dispositions duquel j'étais sûr, et ce dernier, sans même avoir
besoin de parler au malade, pouvait s'en approcher, le

toucher, et même s'en faire suivre, pour l'amener chez moi dans l'état de somnambulisme, aussi facilement que j'eusse pu le faire moi-même.

(15) *Page* 168. M. Mesmer dit, dans une de ses propositions, que le magnétisme animal présentera les mêmes phénomènes que ceux qui s'observent dans l'électricité. Rien n'est plus vrai; l'attraction, la répulsion, la communication par la chaîne, chargement et déchargement à volonté; tous ces différens effets sont aussi aisés à produire par le magnétisme animal que par l'électricité. Sitôt qu'un être quelconque est reconnu susceptible de devenir somnambule magnétique, on peut défier hardiment les gens les plus incrédules, en les rendant témoins de ces différens phénomènes. De bander les yeux à un être magnétique ne nuit en rien au succès des expériences, et l'on ne doit jamais s'y refuser pour affermir la croyance de ceux qu'on veut persuader.

Plusieurs personnes m'ont demandé à quel signe on peut reconnaître quand un malade est dans l'état de somnambulisme magnétique; rien n'est plus aisé que de s'en apercevoir : il ne doit d'abord avoir d'analogie avec aucun autre que celui qui l'a magnétisé, il ne doit répondre et n'obéir qu'à lui : l'approche de tout être animé, hormis le magnétiseur, doit lui être insupportable. Mais veut-on faire une expérience plus convaincante pour soi et pour les autres, placez votre être magnétique dans un coin de la chambre, et bandez-lui même les yeux, si vous voulez; il ne doit répondre qu'à vous. Comme je l'ai dit plus haut, faites-le questionner par une autre personne : s'il est bien dans l'état magné-

tique, il ne doit pas l'entendre ; alors touchez seulement
du bout du doigt la personne qui le questionne, il l'entendra sur le champ, et ne l'entendra plus sitôt que
vous aurez retiré votre doigt. Il n'y a pas un des malades cités dans ces Mémoires, que je n'eusse été dans
le cas de soumettre, tant qu'on l'aurait voulu, à cette
expérience, et toujours avec le même succès : plus un
être est malade, plus sa dépendance est absolue à l'é-
gard de son magnétiseur ; et à mesure qu'il guérit, elle
diminue, jusqu'à ce qu'enfin il entre en relation avec
tout le monde.

~~~~~~

ÉTAT

Des papiers qui attestent la guérison de différentes maladies par le moyen du magnétisme animal, déposés ès-mains de Me Rigault, notaire royal à Soissons, par M. le marquis de Puységur, seigneur vicomte de Buzancy, et dont il est fait mention dans cet ouvrage.

———

1° Certificat de la première guérison du sieur Joly.

2° Lettre de Belmont, du 28 août 1784.

3° Autre *idem*, du 10 septembre 1784.

4° Certificat de M. Caflish, prieur-curé d'Espiés.

5° Consultation pour Viélet, *signé* Duchasnoy.

6° Autre *idem*, *signé* Jumilther.

7° Autre *idem*, *signé* Dinot.

8° Autre *idem*, *signé* Petit, de Soissons.

9° Certificat de M. Mosnier, doyen de Bercy.

10° Certificat de M. le Dru, chirurgien.

11° Écrit du sieur Joly, du 16 octobre 1784.

12° Écrit du même, du 18 novembre 1784.

13° Écrit du même, sur deux feuilles, du 22 novembre 1784.

14° Écrit du sieur Joly, sur deux feuilles, du 23 novembre 1784.
~~~~~~

Idem, sur le revers, un écrit du même jour, à cinq heures du soir.

15º Écrit du sieur Viélet, sur lequel sont ces mots : *Je suis guéri*, etc., daté du 30 novembre 1784.

16º Certificat de mademoiselle Mignot, du 4 décembre 1784.

17º Certificat de M. Rougeaux, prieur-curé de Verdilly, et des autres habitans, du 20 novembre 1784.

Tous lesquels papiers je promets remettre à mondit sieur marquis de Puységur, à sa première réquisition. A Soissons, cejourd'hui 4 décembre 1784.

Signé RIGAULT.

18º Autre certificat dudit sieur Rougeaux, curé, du 2 décembre 1784.

Cette dernière pièce m'a été aussi déposée, que je promets rendre comme ci-dessus, à la première réquisition de mondit seigneur marquis de Puységur, lesdits jour et an.

SUPPLÉMENT.

——

PENDANT l'impression de mon ouvrage, il s'est passé un évènement qui me paraît de nature à vous intéresser. Je vais vous en faire d'abord le récit avec la dernière fidélité; après quoi je vous ferai observer les conséquences qui en résultent.

Le hasard a voulu que Victor, le premier malade dont il est question dans ces Mémoires, vînt à Paris pour y conduire un de ses frères. Il me vient trouver, me dit le sujet de son voyage, et m'annonce qu'il repart le lendemain. L'ayant questionné sur sa santé, il m'apprend que, huit à dix jours avant son départ de Buzancy, il avait fait une chute violente; que depuis il souffrait considérablement de la tête, et que tous les soirs il se sentait des mouvemens de fièvre. Son indisposition m'engage à le faire rester, espérant, à l'aide du magnétisme, pouvoir le guérir promptement.

Je le mets dès le soir même dans l'état magnétique; c'était vendredi 21 janvier. La fatigue de son voyage l'empêchait, me disait-il, de bien connaître son état; il aperçut cependant que son mal de tête ne se passerait pas sans saigner du nez et de la bouche; ce qui, me dit-il, ne lui était jamais arrivé.

Le lendemain, étant plus reposé, il me dit, dans l'état magnétique, qu'il fallait qu'il fût saigné du bras gauche, que c'était absolument nécessaire.

Revenu dans l'état naturel, l'idée de la saignée l'effrayait, parce que, disait-il, il ne l'avait jamais été qu'une fois dans sa vie, étant encore bien jeune.

Sitôt que je le remettais dans l'état magnétique, dirigé alors par son seul instinct, il me reparlait de la saignée, et finalement il m'indiqua le jour et l'heure où je devais appeler le chirurgien; ce fut le mardi 25, entre onze heures et midi.

Une fois la saignée faite au bras gauche, la tête, du même côté, ne lui faisait plus de mal; mais il continuait à sentir du mal au côté droit. Je le mis le soir dans l'état magnétique, et j'appris alors de lui que le reste de son mal se dissiperait de lui-même par un écoulement de sang et d'eau, qui sortirait par la bouche : il m'en indiqua le moment pour la nuit du 26 au 27; ce qui effectivement a eu lieu, comme je m'en suis assuré le matin du 27.

Je le croyais totalement guéri, et pour m'en assurer, je le mis dans l'état magnétique; c'était le jeudi matin 27 : mais alors il m'apprit qu'il lui restait encore du sang dans la tête, et que c'était par le nez qu'il devait en être débarrassé; il m'indiqua le samedi suivant 29 pour l'accomplissement de cette *pressensation*.

Pendant tout ce temps, j'avais invité secrètement plusieurs personnes à venir voir mon somnambule. Je l'avais mené deux fois chez M. Mesmer. Les différentes expériences auxquelles on le soumettait, servaient à l'affermissement de la croyance, sans nuire à sa santé, vu que tout se faisait de bonne foi et de mon plein consentement. Je regardais déjà sa guérison comme certaine, et mon intention n'était sûrement pas d'y donner aucune publicité.

Mais le jeudi soir, me trouvant à souper avec très-peu de monde chez madame de Montesson, à qui j'avais fait part plusieurs fois de quelques faits passés dans ma terre, et qui m'avait témoigné le désir le plus grand d'être témoin

d'une expérience, la conversation se porta sur
le magnétisme. « Je suis sûre de votre bonne
foi, me dit madame de Montesson ; mais ce
que vous me contez est si difficile à croire, que
jusqu'à ce que j'aie vu par moi même une partie de toutes ces merveilles-là, je penserai que
vous vous abusez, que vous vous trompez vous-
même. » Réfléchissant alors que j'avais sous la
main une occasion toute naturelle de satisfaire
madame de Montesson, je l'assurai que j'étais
dans le cas de lui montrer, dès le soir même,
la preuve de toutes mes assertions : elle y consent. Je vais chercher Victor, et le lui amène
dans l'état magnétique. Depuis onze heures du
soir jusqu'à une heure du matin, je lui fis voir
et exécuter elle-même toutes les expériences
magnétiques dont je l'avais souvent entretenue.
Madame la marquise de Montesson put se convaincre aussi par elle-même de tous ces effets.

A l'égard de M. le marquis de Valence, qui
voulut aussi répéter les mêmes expériences, je
ne fus pas long-temps à m'apercevoir que le
doute extrême où il était, apportait une telle
incertitude dans ses volontés et ses mouvemens,
que le sujet magnétique n'éprouvait que des
contradictions, sans aucune détermination po-
sitive : après avoir essayé plusieurs fois sans

succès, il me dit, avec un ménagement affecté, qu'apparemment il n'était pas propre à répéter les expériences magnétiques. Je fis mon possible pour lui inspirer une confiance dans ses moyens. Croyez pour un moment, lui disais-je, la chose possible, et agissez avec l'envie de vous en persuader; je ne vous demande ensuite qu'une volonté constante, point de geste, et vous verrez que cet être magnétique, totalement passif, répondra sans balancer à toutes vos indications; hormis tout ce qui blesserait sa conscience et la vôtre, il ne doit se refuser à rien. M. de Valence se refusait à répéter les expériences; je l'en presse de nouveau, en lui indiquant de mon mieux les moyens de réussir : il cède, et ses seconds essais ne le satisfont pas davantage. J'en suis bien fâché, lui dis-je, mais c'est votre faute : ces dames, pendant plus d'une heure, avaient réussi dans presque toutes leurs expériences; un peu plus de confiance en moi vous eût fait obtenir les mêmes résultats.

Quoi qu'il en soit, il me sembla que l'opinion de M. de Valence avait apporté des doutes dans l'esprit de ces dames; elles crurent s'être fait illusion elles-mêmes, et le rôle que je jouais devenait des plus désagréables. Monseigneur le duc d'Orléans était témoin de cette scène; et en changeant d'opinion sur mon compte, je devenais un homme méprisable, venu pour suborner la crédulité du plus honnête homme du monde. La délicatesse ne connaît pas de milieu; et tromper la bonne foi, de quelque côté qu'on l'envisage, est toujours une indigne action dont on ne devait pas me croire capable. J'avais l'âme ulcérée; et sentant trop tard mon inconséquence, je m'en allai, après avoir mis mon somnambule dans l'état naturel.

On lui avait fait des questions sur l'époque de sa guérison totale, auxquelles il avait répondu que, le samedi suivant, elle s'opérerait par un dernier saignement de nez, et que ce ne serait que le lendemain qu'il en pourrait assigner l'heure.

Madame de Montesson, avant de sortir, me dit que peut-être ce serait encore la nuit que s'opérerait cette prédiction. Je sentis vivement cette ironie; mais sans le faire paraître, je lui répondis que j'aurais l'honneur de l'en instruire le lendemain matin.

En effet, le lendemain vendredi 28, j'écrivis à madame de Montesson un billet dont je n'ai pas conservé de copie, dans lequel je lui mandais que Victor, qu'elle avait vu la veille, assurait que le lendemain *samedi*, entre *midi* et *une heure*, sa guérison aurait lieu; qu'il *sai-gnerait du nez, de la narine droite* seulement, sans qu'une goutte de sang sortît de la narine gauche; et qu'aussitôt cet écoulement de nez fini, il cracherait encore un peu de sang et d'eau; que si elle désirait être témoin de ce fait, je lui mènerais le lendemain mon malade. Sa réponse verbale fut de le lui mener à l'heure indiquée.

Le *samedi* je me rendis à onze heures et demie au rendez-vous donné la veille. Victor arriva un moment après : il me fut aisé de voir, à l'air dont on me recevait, que l'on n'avait nulle confiance en moi. Ma position était très-embarrassante, mais je m'étais trop avancé pour pouvoir reculer; d'ailleurs, sûr comme je l'étais de l'accomplissement de la prédiction, je devais m'attendre qu'à un fait de cette espèce on n'aurait plus de doutes à m'opposer.

Je mets donc Victor dans l'état magnétique, et j'attends en silence l'évènement annoncé. Lui-même alors répète qu'à midi et demi son saignement de nez aura lieu. Le froid le plus glacial était dans tous les maintiens; et à moins de me dire en face que j'étais un charlatan, on ne pouvait pas garder un silence plus mortifiant pour moi.

Je souffrais tout ce qu'on peut dire. Néanmoins je demande à madame de Montesson
quelles sont les objections qu'elle pourra faire
après l'évènement, afin de les lever, s'il est possible, d'avance; je lui dis que s'il y a dans la
maison un chirurgien, je consens que mon malade soit visité. Madame de Montesson m'indique M. Bertolet (*), son chirurgien ordinaire, et
la visite a lieu; le chirurgien dit d'abord qu'il
aperçoit de la *pommade dans le nez;* un moment après il en tire un peu d'ordure qu'il dit
être un corps graisseux; j'étais sur les épines
d'une enquête aussi injurieuse, au point de ne
pouvoir pas même rire de pitié de la décision
de ce chirurgien. Je force mon malade à tout
supporter; on lui fait ouvrir la bouche, et enfin, à l'exception *du corps graisseux,* on ne
découvre rien.

A midi et demi enfin, Victor annonce que
le sang va sortir; je le fais se coucher par terre;
on apporte une assiette; et après de très-légers
efforts, le sang sort par la narine indiquée;

(*) C'est le même qui, devenu depuis savant et célèbre chimiste, a été un des commissaires qui, nommés
par le roi pour examiner la découverte de Mesmer, en
ont nié la réalité.

j'entends dire autour de moi que ce sang était d'une singulière nature; que pour un abcès rendu, sa couleur était bien pure. Le chirurgien appuie cette opinion; et moi je réponds que je ne sais pas comment le sang devrait être; que probablement il ne peut être autrement qu'il n'est, puisque c'est la nature seule qui s'en débarrasse.

Après le saignement de nez, les crachats mélés de sang arrivent en petite quantité, comme le malade l'avait annoncé, et la prédiction a enfin son plein effet. De midi et demi à une henre, tout s'était terminé.

Il semblerait qu'après un tel fait, il n'y avait plus qu'à chercher la cause qui l'avait produit, et que sa réalité était bien constatée : mais point du tout, je vois régner la même méfiance; on met l'éloignement le plus grand à me questionner : enfin je demeure confondu de l'air embarrassé et peu satisfait de tous les témoins de cette scène. Peu à peu le salon se vide; madame de Montesson, occupée d'un dessin, ne me dit pas un mot, jette à peine les yeux sur moi; on eût dit enfin que je lui inspirais la pitié la plus grande. Je me disposais à me retirer avec toute la confusion apparente d'un joueur de gobelets maladroit qui a manqué ses tours,

quand madame de Montesson me dit que Victor, qui était toujours resté dans l'état magnétique, lui avait demandé un entretien secret.

Je me retire dans l'autre chambre, et je
n'eussse jamais rien su de cette conversation,
sans l'accident nouveau de Victor, dont je vais
faire le détail.

M. de Valence, le même qui avait si peu
réussi dans les expériences de curiosité du jeudi,
me demanda aussi un entretien secret avec Victor : j'y consentis d'autant plus volontiers, que
la vérité, qui me guidait, ne me laissait rien
craindre de toutes ces particularités. Cette seconde conversation fut plus longue, et une fois
terminée, je réveillai Victor, et sortis de la
chambre sans avoir aucun frais de complimens
à faire, car on eut, pour ainsi dire, l'air de ne
pas s'en apercevoir. Il me semble cependant
que, comme simple tour de gibecière, celui que
j'avais fait était de nature à mériter un petit ap-
plaudissement.

Quoi qu'il en soit, mon homme était guéri,
et c'était pour moi l'intérêt principal ; je ne le
revis pas de la journée : le lendemain dimanche,
lui ayant donné permission de courir dans Paris, je ne le revis pas non plus. Il devait partir
le lundi ; je le demandai inutilement toute la

matinée pour lui donner mes lettres, mes gens me dirent qu'on ne l'avait pas vu depuis la veille, que peut-être il s'était enivré, et n'avait pu rejoindre la maison; j'en étais fort inquiet. Enfin, à quatre heures après midi, je le retrouve en rentrant. Mais loin de voir Victor dans l'état de santé où je me le figurais, je vois un homme abattu, pouvant à peine parler, et tremblant de tous ses membres. Je le questionne sans pouvoir en rien tirer de satisfaisant, et j'en conclus qu'apparemment il est ivre : il me répond aux reproches que je lui fais, que le mal qu'il éprouve ne lui vient pas d'avoir bu; que son état est affreux, et que depuis le matin il souffre horriblement de tout son corps.

Je l'amène dans une chambre particulière, où je le magnétise, espérant, s'il est malade, m'éclaircir par lui-même de la vérité. Aussitôt qu'il est dans l'état magnétique, il m'apprend que, depuis le matin dix heures, tous ses sens étaient dans un mouvement violent; que si je n'ai pas pitié de lui, il ne peut revenir de l'état où il est; qu'il n'a plus sa tête; qu'enfin, depuis le matin, il avait couru tout Paris comme un fou, en pleurant et se désespérant. Quelle est la cause, lui demandai-je, de cet état horrible? — Vous en êtes cause en partie, me répondit-il;

que ne me mettiez-vous dans la situation où je suis, en sortant de chez madame de Montesson ? je vous aurais tout conté, et vous eussiez pu alors m'éviter les souffrances qu'il faut que j'endure à présent. — Explique-toi, Victor, que veux-tu dire ? — Vous savez bien les conversations que j'ai eues en particulier : comment n'avez-vous pas été curieux de savoir ce qui s'était passé ? — Je n'ai pas cru devoir m'en informer. — Pourquoi cela ? me répliqua-t-il ; vous savez bien que lorsqu'il y a des secrets, je ne vous les dis pas ; mais quand on m'a fait du mal, il faut que je vous le dise. — De quel mal veux-tu parler ? — Je me suis désolé toute la journée, parce que je ne savais pas d'où venaient mes souffrances, mais à présent j'en vois la cause : madame de Montesson ni personne de chez elle n'ont cru véritable ce qui m'est arrivé. Enfin il me raconta alors que dans les deux conversations particulières que l'on avait eues avec lui, on l'avait soupçonné de mentir, de s'être fait saigner exprès du nez, qu'on avait voulu lui faire ouvrir les yeux, qu'on avait employé pour cela toute sorte de moyens, qu'il avait eu beau assurer que dans l'état où il était il ne pouvait mentir, que rien n'était plus vrai que son cœur et ses paroles, qu'on n'en avait rien cru, et qu'on l'avait quitté en lui disant qu'il était bien malin, et beaucoup de choses de cette nature; qu'enfin tout le tourment qu'on lui avait fait essuyer était la seule cause de l'état où je le voyais.

En m'instruisant de ce qu'il ressentait, il me donnait une inquiétude d'autant plus grande, qu'il ne me laissait rien entrevoir des moyens de le soulager, ni du terme de ses souffrances. Je voulus qu'il se couchât; mais une fois dans son lit, il m'assura que cette position lui était pénible; que si je voulais lui permettre de passer la nuit sur un fauteuil dans ma chambre, il y serait mieux, et souffrirait moins qu'éloigné de moi. J'y répugnais un peu; je craignais qu'il ne fût devenu fou, et qu'il ne me réveillât d'une manière fâcheuse : néanmoins, enhardi par plusieurs faits précédens, je le laissai passer la nuit dans ma chambre, et je ne fus pas réveillé.

Le lendemain mardi, 1er février, il me dit qu'il n'avait pas reposé de la nuit; qu'il s'était promené plusieurs fois dans la chambre; que ses sens cependant n'étaient pas si troublés que la veille. Je lui demandai s'il voulait ouvrir les yeux; il me dit qu'aussitôt qu'il les ouvrirait, je le verrais dans un tremblement universel, et que, pour peu que je le laissasse ainsi, tout le bien que la nuit avait opéré se réduirait à rien; que ce qui pouvait lui être le plus favorable était de toujours rester en crise. Le nom des personnes qui l'avaient tourmenté lui revenait sans cesse, et il se désolait d'avoir été entre leurs mains.

A dix heures je lui ouvris les yeux, et l'état où je le vis tout à coup m'effraya singulièrement; tous ses membres tremblaient si fort, que voulant prendre un verre d'eau, il le répandit sans pouvoir l'approcher de ses lèvres; il voulait savoir la cause de l'état affreux où il se voyait, et je ne pouvais lui rien dire de satisfaisant. Pour obéir à ses indications, je le magnétisai sur le champ, et peu à peu son corps reprit son assiette ordinaire; il me dit ensuite de ne pas l'éveiller avant le lendemain matin.

Dans le courant de la journée, il pressentit sa guérison, et put me tranquilliser. Dans quatre jours, me dit-il, si je ne sors pas de votre chambre, je serai guéri : cela m'avance beaucoup de rester long-temps dans l'état où je suis. Il passa la nuit de même que la précédente, sur un fauteuil, sans vouloir se coucher.

Le lendemain matin, mercredi 2, il me confirma le bon effet de la nuit passée ainsi : il me dit de ne le tenir éveillé qu'une demi-heure, et de le remettre en crise ensuite; qu'aussitôt qu'il ouvrirait les yeux, il verrait tout tourner autour de lui, et que quand ce singulier effet cesserait, les tremblemens lui prendraient.

A dix heures et demie, je l'éveillai; ce qu'il avait annoncé lui-même arriva; il s'en étonnait, et se chagrinait de nouveau : heureusement je pouvais alors le tranquilliser, en lui annonçant que dans peu il serait bien rétabli.

Au bout d'une demi-heure, le tournoiement cessa, et les tremblemens lui prirent; je le mis alors en crise, et la tranquillité succéda. Il me dit, comme la veille, de le laisser jusqu'au lendemain dans cet état.

Dans le courant de la journée, il augmenta beaucoup ma tranquillité, en me disant qu'il pressentait que sa guérison s'avançait beaucoup, et qu'encore une nuit passée dans ma chambre, finirait sa maladie, dont il serait débarrassé le lendemain.

Il avait eu la fièvre la veille : il me dit qu'il l'aurait encore très-forte à trois heures après midi; ce qui a eu lieu véritablement.

Dans une autre conversation, il me dit qu'il croyait que, passé le lendemain, il serait si bien

portant, que je ne pourrais plus le mettre en crise. Ce n'est donc pas, lui dis-je, les contradictions qu'on vous a fait éprouver qui ont causé cette maladie, puisqu'elle était nécessaire à votre parfait rétablissement?

Si fait, me répondit-il, elles ont avancé en moi une maladie que je n'aurais eue que cet automne; jusque-là, quoique je me fusse bien porté, j'aurais toujours été sujet à tomber en crise, au lieu qu'à présent je pourrai faire la chaîne avec vos malades, aller à l'arbre; enfin ni vous, monsieur, ni d'autres, n'aurez le pouvoir de m'endormir. En ce cas, lui dis-je, bien loin d'être fâché de ce qui vous est arrivé, j'en suis charmé, puisque la fin en devient si heureuse. C'est un hasard, me répartit-il, que cela se passe ainsi; car si je fusse parti le lundi, comme vous me l'aviez ordonné, mon mal m'eût pris dans le chemin, et je serais sûrement mort ou devenu fou : on eût dit que le magnétisme en était la cause, et cependant ce n'eût été, monsieur, que votre faute. — C'est une instruction pour l'avenir : je ne ferai sûrement plus une pareille école. — Il est malheureux pour moi d'être votre sujet d'expérience; j'ai commencé chez vous le magnétisme et je le finis; mais, reprend-il, ne pensons plus à tout cela, je vais bien me porter, et mieux que jamais je n'ai fait : vous serez content et moi aussi; vous verrez demain si je ne vous dis pas vrai.

En rentrant le soir à minuit, je vois Victor debout dans ma chambre et les yeux ouverts : je m'en étonne; un de mes gens me dit qu'il s'était réveillé tout seul il y avait un quart d'heure; il voyait tout tourner comme le matin, et un moment après, les tremblemens lui reprirent, ce qui m'obligea de le remettre en crise.

Sitôt qu'il fut dans l'état magnétique, il me dit : Savez-vous, monsieur, pourquoi je me suis réveillé tout seul? — Non. — C'est que c'est un adieu que je fais au magnétisme; cela ne m'était jamais arrivé jusqu'à présent; mais comme je vais être bien guéri demain, et que je ne tomberai plus en crise, ma susceptibilité se perd peu à peu. — Voulez-vous aller vous coucher cette nuit? — Non pas, à moins que ce ne soit dans votre chambre, parce que je me réveillerai encore une fois tout seul, et il faudra que vous me remettiez comme je suis.

A une heure et demie, en effet, il se réveilla; après les mêmes symptômes que ci-dessus, je le remis dans l'état magnétique; et ayant fait apporter des matelas, je le fis se déshabiller et se coucher.

Il reposa fort bien toute la nuit.

Le lendemain il était fort gai. « A une heure après midi, me dit-il, il n'y aura plus de magnétisme pour Victor; vous vous fatigueriez bien inutilement à vouloir me mettre en crise, vous n'en pourriez venir à bout. »

Je le réveillai pourtant à dix heures, et j'observai chez lui les mêmes effets que la veille. Lorsque je voulus le remettre en crise, j'eus déjà plus de peine que de coutume; mais j'y parvins cependant complètement.

Quand il fut dans cet état, il me répéta qu'à une heure il serait guéri; que j'y fusse, ou que je n'y fusse pas, il se réveillerait tout seul, pour ne plus s'endormir de cette manière : il n'avait pas voulu manger depuis lundi; de légers bouillons et de l'eau fraîche avaient été sa nourriture. Il me demanda une soupe, m'avertit qu'à son réveil il aurait grand appétit, et qu'il fallait l'empêcher de trop manger, parce que cela lui ferait mal.

Toute la matinée il fut d'une gaîté singulière, et comptait les heures et les instans; à mesure qu'il avait avancé de l'époque de sa guérison, ses relations s'étaient étendues : le matin du jeudi il entendait tout le bruit de la rue.

Enfin, à une heure moins quelques minutes, quoique je m'attendisse à son réveil, je fus surpris du bruit que j'entendis; c'était Victor, qui, comme un éclair, s'élance de son fauteuil, et les yeux bien ouverts, ne fait qu'un saut jusqu'à la fenêtre. Le plus grand étonnement succède ensuite à son transport; et s'approchant d'une glace, il demeure stupéfait de la longueur de sa barbe. Je lui demande s'il ne se ressouvient pas de ce qui lui est arrivé, de ses différens réveils où il s'était vu tremblant. Il me répond qu'il n'a souvenir de rien de ce qui lui est arrivé depuis dix heures du matin du lundi, qu'il est sorti du cabaret; qu'il ne sait comment, ni qui l'a ramené à la maison. J'ai beau le remettre sur la voie, lui répéter ce qu'il m'avait dit dans ses momens de réveil, il n'avait idée de rien.

Sans la longueur de sa barbe, il n'aurait jamais pu croire qu'il y avait quatre jours qu'il n'avait pour ainsi dire pas vécu.

Son premier étonnement passé, il me demande la permission d'aller manger : j'eus soin de lui ordonner le régime pour toute la journée.

L'après-dîner, sans lui rien dire, je le fis venir pour essayer si effectivement je ne pourrais plus lui faire éprouver les effets du magnétisme. Il était si accoutumé à tomber en crise, que je ne pouvais me flatter de la vérité de sa prédiction ; mais au bout d'un quart d'heure de joie pour moi, et d'ennui pour lui, je le vois les yeux bien ouverts, et fort surpris lui-même de ne rien ressentir. Ma satisfaction était extrême. J'ai encore essayé le soir, sans plus de succès, ou, pour mieux dire, c'en était un véritable que de ne rien produire sur lui.

Aujourd'hui vendredi 4, j'ai tenté tout aussi vainement mon pouvoir magnétique, et à midi je l'ai fait repartir pour Buzancy, avec une santé aussi parfaite que je pourrais la désirer à moi-même.

Cet évènement vous fournira, monsieur, plusieurs conséquences que vous ferez tourner à votre profit personnel, et à celui de la *science magnétique*.

Vous avez pu voir par mon récit, que l'effet du magnétisme est d'être toujours *agissant* sur un individu malade, ou qui porte le germe prochain d'une maladie : effet qui cesse avec le rétablissement de la santé parfaite. C'est ce que prouve l'exemple de Victor, qui, étant resté soumis à l'action magnétique tant qu'il portait en lui quelque dérangement, est devenu insensible au moment de sa parfaite *guérison*.

D'où nous pouvons conclure avec sûreté qu'il n'y a pas de guérison parfaite chez tout sujet qui demeure susceptible de *crise* ou de *somnambulisme*, et que le magnétiseur ne doit l'abandonner qu'après l'avoir conduit à l'insensibilité. Sans cette condition, toute guérison apparente doit laisser craindre quelque rechute ou quelques suites fâcheuses. Cette observation déjà faite sur les cures de Joly et de Viélet, acquiert une nouvelle force par celle de Victor.

En second lieu, l'histoire de Victor doit être une leçon pour tout magnétiseur de ne point tenter des expériences indiscrètement, et sans s'être assuré de tous les moyens possibles de les faire réussir et d'en constater la sincérité.

Quand vous voudrez présenter à quelqu'un les phénomènes du somnambulisme magnétique, ayez soin que les personnes auxquelles vous communiquerez cette superbe expérience, aient déjà par elles-mêmes quelque notion préliminaire du somnambulisme, afin de ne point offrir tout d'un coup à leur incrédulité un prodige trop difficile à concevoir.

Environnez-vous de toutes les précautions qui peuvent conduire à la conviction, et mettre les spectateurs à portée de s'assurer par eux-mêmes de la vérité du fait. Plus l'incrédulité

que vous aurez à vaincre sera forte et déterminée, plus le succès sera satisfaisant : mais en
même temps n'exposez pas cette *expérience* à
des contradictions et des tentatives rebutantes,
qui ne visent qu'à la faire avorter.

Avec de pareilles dispositions, il n'y a pas
d'expérience physique qu'on ne parvienne à
rendre illusoire; et le physicien le plus habile
sera réduit à la confusion, s'il opère devant des
personnes qui, au lieu d'être attentives à ses
opérations, s'occupent à briser ses machines et
ses instrumens. Telle a été ma position; tout
avait réussi à souhait devant monseigneur le
duc d'Orléans et mesdames de Montesson.

Arrive le marquis de Valence, qui, sans avoir
la moindre idée de ce qui s'était passé, ne peut
croire ce qu'on lui raconte, et dédaigne même
de se rendre témoin d'un phénomène qui semble résister à la raison.

C'est avec une espèce de violence et le sou-
rire de la pitié qu'il hasarde d'user de la machine que je lui confie; et son incrédulité le
rendant maladroit, il finit par fatiguer l'instrument, sans en tirer aucun profit.

Un autre inconvénient attaché à de pareilles
rencontres, c'est que non seulement l'incrédule
trouve dans son mauvais succès une raison nou-

(218)

velle de douter, mais que même il fait fléchir la croyance de ceux qui, ayant été témoins des succès les plus heureux, craignent d'avoir été trop faciles et de s'être laissé abuser par une apparence trompeuse ; c'est encore ce que vous avez pu voir par l'exemple des personnes que je vous ai citées, qui, revenant sur leurs pas, ont partagé l'incrédulité du marquis de Valence.

Ne vous pressez pas de vouloir *prouver* : le magnétisme est assuré aujourd'hui sur une base si solide, qu'il se *prouvera* de lui-même, par une suite de faits amenés naturellement, et à l'évidence desquels les esprits se rendront tôt ou tard. Le temps fera mieux que tous vos efforts : au lieu de vous occuper à faire des expériences pour autrui, employez vos momens à en faire à vous-même. Que votre science se perfectionne dans la solitude et dans le secret, de manière à paraître avec tous ses avantages, quand elle trouvera l'occasion favorable de se produire au grand jour.

Le marquis de Puységur.

Croyez et veuillez.

A. Paris, ce 4 février 1785.

FIN DE LA PREMIÈRE PARTIE.

MÉMOIRES

POUR SERVIR

A L'HISTOIRE ET A L'ÉTABLISSEMENT

DU MAGNÉTISME ANIMAL.

Spiritus intus alit; totamque infusa per artus
Mens agitat molem, et magno se corpore miscet.
VIRG., *AEneid.*, lib. VI.

—

DEUXIÈME PARTIE.

AVANT-PROPOS.

—

En physique, un fait prouve plus que tous les raisonnemens possibles; c'est là, je pense, un axiome que personne ne peut contredire. Les effets produits par le *magnétisme animal* sont physiques : ce n'est donc que par la multiplicité des faits et des expériences répétées, toujours avec le même succès, qu'on peut prétendre convaincre le public de l'existence de l'*agent* qu'on lui annonce.

La plus séduisante *théorie* sur le magnétisme animal, si elle n'est pas appuyée de faits qui en constatent la vérité, ne sera reçue qu'avec indifférence, ou sera regardée comme un système nouveau, contre lequel on se tiendra toujours en garde; car à des raisonnemens on peut toujours opposer des raisonnemens, et l'indécision est pour l'ordinaire la suite des combats d'opinions. Mais qu'opposer à des faits qui, s'ils ont été constatés avec soin, peuvent se re-

produire à chaque instant? La prévention a beau
les nier d'abord, il faut que tôt ou tard elle cède
à l'évidence. La vérité ne peut perdre ses droits,
et la confusion est toujours le partage de ceux
qui, par mauvaise foi, ne la veulent pas reconnaître.

La pratique du magnétisme animal est bien
nouvelle; nous n'avons jusqu'à présent qu'une
petite quantité de faits qui en constatent l'utilité. Que notre but soit donc de multiplier ces
faits; que le public, avant de recevoir une théorie du magnétisme, apprenne que de tous côtés
les mêmes phénomènes se présentent; que ce
n'est pas seulement quelques individus privilé-
giés qui opèrent, mais que tous les hommes,
de quelqu'état et condition qu'ils soient, sont
plus ou moins capables de les opérer, par la
seule raison qu'ils ont tous les mêmes liaisons
avec la nature, et les mêmes droits au maintien
de leur existence.

Une chose bien importante encore pour faciliter la croyance universelle, serait de mettre
la plus grande uniformité dans nos opérations;
car alors elle aurait aussi lieu dans nos résul-

táts. Nous sommes bien loin de cet accord si nécessaire et si désirable. Il est pourtant vrai qu'il n'y a qu'une manière de faire le mieux possible ; peut-être, au reste, ne l'avons-nous pas encore découverte : je suis tenté de le croire, et c'est ce qui me fait appuyer davantage sur la nécessité d'accumuler des faits, avant que d'entreprendre d'établir une théorie définitive.

Depuis l'impression de mes premiers Mémoires sur le magnétisme animal, j'ai vu, par les nouvelles cures que j'ai eu la satisfaction d'opérer, combien j'étais loin alors des connaissances que j'ai acquises depuis.

Plus je vais en avant, plus j'aperçois mes fautes premières, et plus je me persuade qu'il y a beaucoup à acquérir encore.

Je suivrai, au reste, dans ces nouveaux Mémoires, la marche que j'ai déjà tenue : quand je dirai que je crois que telle chose existe, ou que tel effet se produit par tel moyen, je n'affirmerai pas qu'il ne puisse se reproduire par d'autres procédés ; et me contentant simplement de narrer les faits tels qu'ils se sont passés chez moi, je rendrai compte des procédés que j'ai employés pour les obtenir.

De la comparaison des résultats produits par différens magnétiseurs, doit s'établir nécessairement la meilleure pratique des procédés ; et c'est en nous rendant compte, les uns aux autres, de nos différentes cures magnétiques, que nous parviendrons peu à peu à pouvoir former des matériaux solides pour l'établissement d'une doctrine réelle de magnétisme animal.

Beaucoup de personnes, convaincues de l'existence du magnétisme animal, après avoir lu mes premiers Mémoires, ont prétendu que je n'avais pas assez expliqué les moyens que j'employais pour procurer aux malades le *somnambulisme magnétique* : cela peut être ; n'écrivant pas pour le public, j'ai dû croire être entendu à demi-mot par les magnétiseurs.

En présentant d'ailleurs *la volonté* comme le principe *moteur* du magnétisme, il fallait plus de faits encore que je n'en avais, pour oser me livrer à la démonstration de cette vérité.

La connaissance de l'*agent magnétique* était sans contredit le premier pas à faire ; ce n'était que par ses effets qu'on pouvait la prendre , puisque cet agent, par sa nature, n'est ni visible ni palpable à aucun de nos sens.

Mais une fois cet agent reconnu, il est plus facile d'entrer dans tous les détails des moyens à prendre pour le mettre en jeu. Je ne prétends écrire au reste que pour les magnétiseurs. Aujourd'hui que les faits ont été multipliés, que dans plusieurs traitemens magnétiques il s'est rencontré les mêmes phénomènes qu'à Buzancy, même état magnétique, même somnambulisme, même pressensation dans les maladies, etc. ; aujourd'hui, dis-je, que je ne puis penser qu'on doute encore de l'existence d'un moyen quelconque produisant ces effets singuliers , je pourrai mettre plus de clarté dans mes explications : mon seul désir est de voir tous les partisans du magnétisme animal aussi persuadés que je le suis de l'existence et des effets utiles de cet agent.

Je sens très-bien en même temps, par mon expérience propre, que l'on ne peut acquérir cette conviction intime que par des succès. Je serais donc trop heureux si, par tous les éclaircissemens dont je suis capable, je parvenais à donner à chacun d'eux la confiance qu'ils doivent prendre dans leurs moyens : ce serait un grand pas de fait; car une fois persuadé de son pouvoir pour produire un effet quelconque, il n'est plus question que de vouloir l'employer; chose très facile assurément, et que chacun sera libre d'exercer dans tous les temps.

Afin de faire des applications plus précises et plus justes aux différens genres de maladies que j'ai eu à traiter, je commencerai d'abord par le récit historique des cures opérées par le passage du somnambulisme, et je les ferai suivre des réflexions que les différentes particularités de la maladie me dicteront.

Cette marche, en ôtant la monotonie de la lecture, me facilitera les moyens de ne rien omettre de tout ce que je croirai utile au développement des procédés que j'emploie.

Cette deuxième partie a été publiée en 1785.

MÉMOIRES

POUR SERVIR

A L'HISTOIRE ET A L'ÉTABLISSEMENT

DU MAGNÉTISME ANIMAL.

DEUXIÈME PARTIE.

ON a trop entendu parler des phénomènes que présentait à Paris, l'hiver dernier, le somnambulisme de la nommée *Madeleine*, et l'opinion que l'on a prise de l'état singulier de cette fille a été trop erronée, pour pouvoir me dispenser de donner quelques détails des faits dont tant de personnes ont été témoins.

Mon récit pourra bien ne pas satisfaire le public prévenu ; mais, encore une fois, je ne prétends en aucune manière le convaincre : mon seul but est de m'entretenir avec les personnes aussi convaincues que moi de l'existence et des propriétés du magnétisme animal.

Madeleine avait à Buzancy, l'automne dernier, suivi le traitement magnétique pendant trois semaines : comme je n'avais pas vu alors s'opérer en elle de changement avantageux, désespérant de la pouvoir guérir, je l'avais renvoyée dans son pays.

J'étais loin d'imaginer que quatre mois après cette fille servirait à des expériences ostensibles à Paris, puisque, de tous les malades cités dans mes Mémoires, c'était sans contredit celle qui présentait les phénomènes les moins satisfaisans : point de sensations distinctes sur son état, aucune pressensation, n'entendant rien aux maladies des autres, et une intelligence très-bornée dans ses crises ; mais considérée comme *aimant animal*, il était impossible d'en voir un plus parfait.

Après avoir donc fait part à quelques-uns de mes amis des différens évènemens arrivés à mon traitement de Buzancy, plusieurs désirant voir quelques effets analogues à ceux que je citais, je me déterminai à faire venir cette fille, à laquelle, sans cela, je n'eusse probablement plus songé.

Mon projet était qu'ils fussent seuls spectateurs de mes expériences, prévoyant bien que, malgré l'opinion que je pouvais me flatter de mériter, l'espèce de merveilleux que présentent les *crises magnétiques* effaroucherait plus les esprits qu'il ne les disposerait à la croyance.

Malheureusement on sut que M. *Sœffer*, médecin, était venu chez moi, et qu'il convenait avoir vu un fait extraordinaire dont il ne pouvait douter.

Bientôt M. le bailli de *Suffren* répandit le même bruit de sa croyance.

Deux autorités aussi fortes venant à se répandre dans le monde, quantité de personnes voulurent être aussi témoins des mêmes phénomènes. Je me refusai d'abord à toutes les demandes qui me furent faites ; mais enfin, obligé de céder, je me vis forcé d'ouvrir ma porte : ma maison devint bientôt un lieu public où l'on arrivait avec les dispositions qu'on eût apportées chez un joueur de gobelets ; car la plupart, j'ose le dire, apportaient chez moi plus de dispositions à douter de tout ce qu'ils verraient, qu'ils n'en apportaient à examiner avec soin la cause de l'effet singulier qui leur était annoncé.

Bientôt il se répandit dans Paris que je prétendais faire deviner à Madeleine la pensée de chacun (1) : c'était là du moins l'interprétation erronée qu'on donnait légèrement à la *mobilité magnétique* de cette fille. Cette supposition absurde passant de bouche en bouche, on vint chez moi avec des doutes plus fondés; et tout le temps se passait à chercher plutôt les moyens de faire tomber la somnambule en défaut, que de jouir de bonne foi de la singularité de sa position.

Les premiers témoins de mes expériences croyaient, d'après ma parole d'honneur, que Madeleine n'y voyait pas, ou que, si elle y voyait, ce n'était que comme voient les somnambules : ce qui n'est pas plus concevable. Sur la fin on trancha le mot, on dit qu'elle y voyait. Je mis un bandeau sur ses yeux; on prétendit qu'elle voyait par-dessus le bandeau.

Enfin, il arriva ce que j'avais très-bien pressenti; c'est que l'opinion des mécréans l'emporta sur le petit nombre de gens qui, croyant à ma probité, croyaient au somnambulisme de Madeleine. Les journaux s'égayèrent.

Un d'eux rapporta une expérience faite, disait-il, par une dame de haute considération, et pleine de lumières, qui confondit la somnambule (et apparemment moi aussi, chez qui cela se passait).

L'histoire rapportée ne m'est pas connue,

mais cependant peut fort bien être arrivée. Je crois autant que la dame en question n'a pas réussi dans son expérience, que le journaliste à qui elle a fait part de ses conclusions.

Si, au lieu de la multitude, je n'eusse reçu chez moi, comme je le désirais, qu'une certaine quantité de gens disposés à examiner, sans prévention, les effets que je leur annonçais; si, conduits par eux, il était venu peu à peu quelques médecins, puis un petit nombre de gens éclairés, à qui j'eusse pu faire observer pendant huit ou quinze jours de suite les mêmes phénomènes, à qui j'eusse pu indiquer les moyens de les produire eux-mêmes, soit en mettant Madeleine dans l'état de somnambulisme, soit en l'en retirant, soit en nous servant ensemble de différens moyens de renforcemens, à l'aide *du verre, de l'aimant, de la réflection des glaces, etc.,* qui, par leurs effets secondaires, présentent des caractères d'évidence plus frappans encore que ceux du simple somnambulisme magnétique; alors il s'en fût suivi une conviction raisonnée dans tous les esprits. Les personnes simplement curieuses, arrivant ensuite, persuadées de l'existence réelle des effets magnétiques, n'eussent plus contredit, contrarié toutes les données; et le magnétisme animal

eût pris dès-lors tout l'empire qu'il faudra toujours finir par lui donner.

Quoique les choses n'aient point eu alors le
cours que je m'en étais promis, le sort du magnétisme animal n'en est pas moins assuré.
Une vérité est toujours une vérité, et tôt ou
tard son flambeau perce les nuages de l'erreur,
de l'ignorance ou de l'envie. Si la science du
magnétisme animal n'était qu'un système, je
sentirais toute mon insuffisance à le faire adop-
ter. Un système n'est souvent que le fruit d'une
imagination exaltée, dont le succès ne tient
qu'au plus ou moins d'éloquence de son auteur : mais ici c'est une pratique à la portée
des hommes les plus bornés; tous ont la puissance de l'exercer, par cela seul qu'ils sont
hommes.

Il en est heureusement déjà plusieurs qui,
ayant le courage de braver le ridicule momentané que l'on jette sur le magnétisme animal,
s'en servent avec succès pour soulager leurs
semblables. Peu à peu il s'en trouvera d'autres
qui marcheront sur leurs traces. La conviction
générale n'est pas près de s'étendre, je le sais
bien; peut-être est-ce l'affaire de plus d'un
siècle : mais enfin, la doctrine du *magnétisme
animal*, ce secret si simple et si merveilleux,

ne peut plus à présent se perdre; il est entre les mains de trop de gens désintéressés, pour que le charlatanisme puisse jamais venir en altérer la pureté, et par-là le faire bannir de la société.

Quant à Madeleine, pour se faire une juste idée de l'effet singulier que le magnétisme animal produisait en elle, il faut se rappeler ce que j'ai déjà dit de l'état complet de somnambulisme magnétique (*). Le malade, dans cet état, entre dans un *rapport si intime avec son magnétiseur*, qu'on pourrait presque dire qu'il en fait partie. Lors donc que, par la *simple volonté*, l'on parvient à faire mouvoir un être magnétique, il ne se passe alors rien de plus étonnant que dans l'opération ordinaire de nos gestes. Je veux prendre un papier sur une table, j'ordonne à mon bras et à ma main de le prendre. Comme le rapport est des plus intimes entre mon principe moteur, qui est *ma volonté*, et ma main, l'effet de *ma volonté* se manifeste d'une manière si momentanée, que je n'ai pas besoin de réflexion pour l'opérer. On a beau dire qu'un tel effet est machinal; cette expression est vide de sens : qu'on réflechisse un mo-

---

(*) *Voyez* la note 6, page 180 de cet ouvrage.

ment, et l'on verra que la marche ordinaire, pour nous déterminer à un mouvement quelconque, est de penser d'abord à la chose que nous voulons faire ou saisir; ensuite de *vouloir* l'exécuter ou nous en emparer; et en troisième lieu, d'agir en conséquence de cette volonté.

Si nous ne faisions usage de nos facultés que pour satisfaire uniquement nos besoins physiques, ne différant point en cela de tous les animaux, il faudrait ne reconnaître en nous que le même instinct qui les gouverne; alors nous aurions raison d'appeler machinales toutes nos actions : mais à combien d'objets se porte la pensée de l'homme! La satisfaction de ses besoins proprement dits physiques est, pour ainsi dire, la moindre de ses occupations : car je ne considère pas comme besoin le désir de s'enrichir, d'obtenir des grâces, de briller ou de s'illustrer parmi ses contemporains. Toutes ces affections nous font différer, par leur essence, de la nature uniforme et asservie des brutes, puisqu'elles tendent à la satisfaction de notre orgueil, de notre ambition, et enfin de toutes les passions inséparables de l'espèce humaine, et qui certes n'existent pas dans les animaux.

Si donc nous apercevons en nous des principes très-différens du reste des êtres vivans; si dans mille occasions nous distinguons en nous ce passage si bien fait pour nous enorgueillir, de la *pensée*, puis de la *volonté*, et enfin de l'action qu'elle détermine, nous devons par gradation descendre jusqu'aux moindres de nos mouvemens, et reconnaître que dans toute action hors de nous, ces trois opérations se manifestent d'une manière très-distincte. Un emploi dans l'armée, par exemple, me ferait plaisir à obtenir; je pourrais y servir le roi d'une manière convenable à mon zèle et à mon ambition : je pense à cet emploi, et me nourris de l'idée de l'obtenir. Aussitôt je me détermine à partir pour le solliciter, et enfin je pars : certainement, dans cet exemple, il est aisé d'apercevoir le passage de la *pensée à la volonté*, et de la *volonté à l'action qu'elle détermine*.

Je distingue en moi le même passage dans l'action la plus ordinaire et la plus commune : je vois un livre sur une table; aussitôt *ma pensée* s'en occupe, *ma volonté* est ensuite de le prendre, et aussitôt je m'en saisis. Ces trois opérations, il est vrai, sont si instantanées, qu'il faut un peu de réflexion pour apprendre à les distinguer; mais elles n'existent pas moins

dans l'action de prendre ce livre que dans l'exemple précédent.

Si par hasard je me fusse trouvé sur les lieux
où le poste que j'eusse désiré d'occuper se fût
trouvé vacant; si j'eusse pu m'en emparer sur
le champ, je l'eusse fait certainement. *Pensée,
volonté, action* n'eussent plus alors fait en moi
qu'un seul sentiment, comme de prendre un
livre. On ne peut nier cependant que ce passage
n'eût bien certainement existé en moi (2).

Après cet épisode, beaucoup trop long peut-
être pour le sujet principal qui l'a fait naître,
revenons à Madeleine, et nous verrons que ce
phénomène, si extraordinaire, de la faire obéir
d'après la *volonté*, ce tour de force si surpre-
nant, si incroyable, mais pourtant très-simple
et très-vrai, n'a rien de plus merveilleux que
l'opération particulière de notre volonté sur
nous mêmes.

Il est vrai que pour comprendre, ou du moins
pour croire à la réalité d'un tel fait, il faut l'a-
voir vu, en avoir été témoin plusieurs fois, et
l'avoir répété même avec succès : aucun raisonnement ne peut le persuader sans l'aide de l'expérience; mais cette difficulté ne détruit en rien
son existence.

Quel est l'académicien, quelque savant qu'il

puisse être, qui, par les seules ressources de ses lumières et de son esprit, par toute la clarté de sa logique, oserait se flatter de pouvoir persuader à des êtres pensans et se croyant un peu instruits, mais sans aucune notion de l'électricité, qu'il est un moyen tout simple de donner une commotion à cent mille personnes à la fois ? Assurément M. l'académicien passerait pour un fou, on lui rirait au nez, on le persifflerait même, ce qui est bien pis.

Ce qu'il aurait annoncé n'en serait pas moins vrai pourtant. Venez, dirait-il à tout le monde, venez vous mettre à la chaîne, vous éprouverez par vous-mêmes ce que je vous annonce. *Bon !* lui répondrait-on, *nous avons un peu trop d'esprit et de science pour aller nous amuser à essayer une chose que nous avons jugée impossible ; c'est déjà preuve de faiblesse que d'essayer à sentir un effet qu'on doit croire imaginaire.*

L'académicien ne pouvant trouver, dans la classe instruite, des témoins non récusables de ses expériences, se verrait contraint à compléter sa *chaîne* de gens simples et de bonne foi, ou de quelques-uns de ses amis en fort petit nombre. Ceux-là ne pourraient alors s'empêcher de crier très-haut qu'ils ont ressenti

la commotion annoncée..... *Quel aveugle pou-*
voir a l'imagination ! s'écriraient, comme par
échos, toutes les FACULTÉS SAVANTES : *ces gens-*
là croient de bonne foi ressentir quelque chose ;
nous sommes cependant très-sûrs qu'il n'y a
rien du tout. Nous avons été témoins de cette
fameuse chaîne, et nous n'avons rien vu ; nous
avons parlé à l'inventeur, cet homme ne nous
a pas satisfaits, ses raisonnemens ne prouvent
rien. Un homme de bon sens, et non prévenu, leur dirait peut-être alors : Mais, messieurs, pourquoi n'avez-vous pas voulu essayer
vous-mêmes ? que ne vous mettiez-vous en
chaîne ? *Non pas,* auraient-ils reparti ; *ne sa-*
vons-nous pas bien qu'on n'est pas le maître de
son imagination ? Nous n'aurions qu'à nous
imaginer ressentir aussi cette fameuse commo-
tion ! Que conclure de-là ? Il n'y a rien ; donc
tout ce que l'on y ressent n'est qu'imaginaire.

Voilà, à peu de chose près, un précis des
argumens les plus forts que messieurs les physiciens d'autrefois ont sûrement dû faire contre l'électricité ; car il fallait en appeler aux
sensations à l'égard de ce phénomène, comme
aujourd'hui à l'égard du magnétisme animal ;
et une fois convaincu, il fallait avouer qu'on
apprenait quelque *chose de nouveau.* Triste

nécessité, j'en conviens, pour la vanité de certaines gens ; mais aussi à quoi bon avoir de la
vanité ? Elle ne peut servir qu'à se préparer
des humiliations. La preuve s'en présente dans
la circonstance actuelle ; car enfin, de deux
choses l'une : ou les commissaires, accadémi-
ciens et autres, avoueront aujourd'hui qu'ils se
sont trompés totalement dans le jugement
qu'ils ont porté sur le magnétisme animal ,
dont ils se trouvent enfin forcés de reconnaître
l'existence, et donneront à la postérité la preuve
la plus convaincante de la prévention qui a
dicté leur premier rapport ; ou bien , en se
refusant avec la même insouciance au moyen
de se convaincre de cette importante vérité ,
en négligeant de la recueillir, ils se dévoueront
nécessairement à l'improbation future , et lais-
seront l'idée la plus désavantageuse de leurs
connaissances en physique.

Ils ne se fussent certainement point exposés
à une alternative aussi embarrassante, s'ils eussent modestement réfléchi que, quelque savant
qu'on puisse être, il reste toujours aux hommes des lumières à acquérir.

Les sociétés savantes s'occupent cependant
aujourd'hui avec ardeur à des recherches sur
l'électricité et sur l'aimant : témoin l'académie

de Munich, qui vient de couronner dernière-
ment un Mémoire satisfaisant sur l'analogie
qui existe entre ces deux effets de la nature.
Ce premier pas, assurément, n'était pas difficile à faire dans la circonstance présente; mais
enfin, comme nouveauté académique, il était
tout simple de décerner une couronne à son
auteur.

Ce nouveau jour, au reste, sur l'électricité,
n'a point encore éclairé les académies sur la
cause première de ce phénomène; peut-être
un jour les nouvelles lumières que la pratique
multipliée du magnétisme animal pourra donner, achèveront-elles de débrouiller leurs idées
sur cette importante matière : en attendant,
moi, qui ne suis ni savant ni associé à une
compagnie savante, je continuerai de hasarder
mes idées sur les causes de l'électricité et de
l'aimant : aussi, si par hasard je me trompe,
si quelqu'un vient par la suite à me le prouver,
je ne serais point du tout humilié d'en convenir; mais jusque là, je considérerai l'*électricité*, le *magnétisme minéral* et le *magnétisme
animal*, non comme l'effet d'une circulation
de fluide, mais comme un effet très-simple
de mouvement. Puisse cet aperçu servir de
canevas à l'éloquence de quelqu'autre acadé-

micien, et lui valoir encore une seconde couronne, pour prix de la nouveauté dont il en-
richira son corps !

Si l'on convient généralement que ce n'est
que par les effets en physique que l'on peut
parvenir à s'éclairer sur les causes, pourquoi,
lorsque l'on aperçoit des effets analogues, ne
pas être tenté de leur supposer la même cause ?
Or voici, suivant moi, plusieurs effets qui
ont une analogie bien marquée. Après avoir
placé vingt-cinq billes à la suite les unes des
autres, si je frappe la première, aussitôt je
vois la dernière s'échapper, ce qui me persuade que le mouvement que j'ai communiqué, s'est continué d'une manière instantanée
dans toute la chaîne formée par mes billes.

Avec une machine électrique, je vois, après
le plus petit mouvement de rotation donné au
plateau, un effet quelconque se propager jusqu'à l'extrémité de toutes espèces de conducteurs isolés, de telle étendue qu'ils puissent être ;
alors je me dis : ceci est encore un mouvement.

Avec un marteau je frappe une barre d'acier
à l'un de ses bouts ; aussitôt il se manifeste un
effet quelconque au bout opposé, et la barre
devient aimantée. Donc, dis-je encore, ceci
est un effet du mouvement.

16

Lorsque je magnétise un malade, je produis en lui un effet qui s'empare de toutes ses facultés physiques, et se propage jusqu'aux extrémités de son corps. Je vois encore dans ceci un effet du mouvement.

La *cristallisation*, la *végétation*, l'*animalisation* ne me présentent pas plus de difficulté à expliquer ; dans toute la nature enfin, je ne vois que des effets de mouvement, les uns subits, comme dans l'électricité, le magnétisme, le choc des billes, etc. ; et les autres progressifs, comme dans la cristallisation, la végétation, l'animalisation, etc.

C'est la multiplicité de noms donnés à toutes les causes secondes, qui a seule entretenu l'obscurité où l'on est resté sur l'unité de la cause universelle de tous les phénomènes de la nature. Si donc l'on convenait une fois *que le premier mouvement donné à l'univers est la cause de toutes les modifications physiques*, un seul mot pourrait donner à comprendre l'idée de ce principe.

Parmi toutes les synonymies du mot *mouvement*, celui d'*électricité* me paraît, à moi, celui qu'il faudrait choisir, par la raison que c'est le moins entendu jusqu'à cette heure, et par conséquent celui qui ne laisserait point dans l'esprit d'autre acception que celle qu'on lui donnerait; on est déjà d'ailleurs accoutumé à l'appliquer aux trois règnes de la nature. On dit l'*électricité animale*, l'*électricité végétale* et l'*électricité minérale*. Il ne s'agit donc plus que d'appliquer le sens convenable à ces expressions. Ce sera la première fois, peut-être, que la connaissance parfaite d'une chose ne se sera manifestée aux hommes qu'après celle du nom qui la désigne le mieux.

J'ai avancé dans mes premiers Mémoires, une assertion sur l'inutilité et quelquefois le danger de l'électricité artificielle, autrement dite aérienne, qu'on obtient à l'aide des machines électriques; j'ai affirmé qu'elle ne pouvait être employée avec efficacité au soulagement des maux de l'humanité : comme aujourd'hui j'ai encore plus de raison d'être confirmé dans cette opinion, c'est dans toute la plénitude de ma conviction intime, que je le répète à tous ceux qui me liront.

J'en dirai autant de l'application de l'aimant minéral.

C'est avec une peine infinie que j'ai entendu parler du projet d'employer cet hiver les aïmants chargés de M. l'abbé le Noble.

Ce *mouvement* (cette électricité, pour mieux

dire) n'a aucun rapport direct avec notre organisation ; il n'est susceptible que de produire des effets destructeurs sur notre machine. Je plains de tout mon cœur les malheureux individus que l'on soumettra aux expériences annoncées; s'ils ne se guérissent pas, ce sera le moindre de leurs maux. Heureux seront-ils encore, si, à la suite de leurs traitemens, ils ne conservent pas un ébranlement dans leur système nerveux, qu'aucun moyen ne pourra rétablir (3)!

Je ne serais pas étonné cependant que, dans la quantité de malades traités par le moyen de l'aimant minéral, il ne s'en trouvât quelques-uns de soulagés et même de guéris; mais ce ne sera point, à coup sûr, par la vertu des aimants minéraux.

Ce que je veux dire ici pourra paraître énigmatique à plusieurs personnes, mais sera parfaitement compris, à ce que j'espère, par tous les magnétiseurs un peu instruits. C'est de cette manière que j'entends très bien comment un mal de dents peut se guérir à l'aide d'une petite barre d'aimant; aussi conseillerai-je très-fort à tout le monde d'en faire usage dans ce cas, *avec toute la dévotion possible.*

Tout moyen *hors de nous* enfin, toute *élec-*

tricité étrangère à notre système ne peut nous être favorable.

Un coup de bâton, une commotion électrique, une accélération de notre mouvement propre par l'aimant minéral ou par l'électricité aérienne; tous ces moyens, par eux-mêmes, me paraissent également nuisibles. Je suis très-convaincu que toutes les facultés savantes ne sont pas éloignées d'en être persuadées; mais, pour en convenir, il faudrait trouver un faux-fuyant pour leur amour-propre, qui pût laisser croire au public que ce n'est point à un étranger, à M. Mesmer enfin, qu'elles doivent les premiers aperçus sur cette importante matière. La tâche est difficile, j'en conviens, si même elle n'est pas impossible; aussi ne faut-il pas s'attendre à voir la génération actuelle jouir de tous les avantages que peut et doit procurer l'application du *magnétisme*, ou *électricité animale*.

~~~~~~

TRAITEMENT

D'UNE FIÈVRE INFLAMMATOIRE.

Le nommé *Denis*, mon garçon de cuisine, avait eu des mouvemens de fièvre depuis deux ou trois jours, lorsqu'il se décida à prendre *médecine* sans en rien dire à personne.

Le dimanche 27 mars, il eut l'indiscrétion de faire son ouvrage toute la journée; et le soir, accablé par la fièvre et un mal de tête violent, il fut obligé de s'aliter : la nuit fut orageuse. Un palefrenier couché dans la même chambre que lui, me dit qu'il avait eu le transport : le sang lui était sorti par la bouche et par le nez, au point que ses draps en étaient tout tachés.

Ce ne fut que le lendemain matin 28 que j'appris sa maladie : j'allai aussitôt le voir, et me mis à le magnétiser. Je ne fus pas cinq minutes les mains posées sur lui, que je m'aperçus que j'augmentais beaucoup ses souffrances. Il se plaignait surtout de douleurs de tête très-for-
~~~~~~

tes et d'une oppression considérable : il avait, disait-il, une barre qui le ceignait au-dessous des côtes ; sa respiration était gênée, et bientôt les doigts de ses mains se contractèrent au point qu'il ne pouvait les étendre. Au milieu de toutes ses douleurs, il parlait sans suite et avait des vertiges. En approchant mon pouce de son nez, je m'aperçus que l'émanation magnétique lui déplaisait beaucoup ; ma main, à un pied de son estomac, lui faisait un poids qu'il cherchait à soulever avec sa couverture ; enfin, il me présenta toutes les indications les plus sûres qu'il était alors dans une crise magnétique.

Je le quittai pour ordonner qu'on lui fît une boisson rafraîchissante ; et au bout d'un quart d'heure, étant remonté chez lui, je le trouvai calme et hors de crise. Il me dit qu'il avait souffert toute la nuit horriblement, que jamais il n'avait été si malade, et qu'il croyait n'en pas revenir. Je me mis à le magnétiser de nouveau, et bientôt tous les symptômes détaillés ci-dessus reparurent.

Lorsque je le crus en *état magnétique*, je lui ordonnai de se lever, afin de me suivre dans ma chambre : il y consentit avec grande peine ; mais en posant ses pieds à terre, ses yeux s'ou-

vrirent encore ; et reprenant sa connaissance,
il voulut sur le champ se recoucher ; il me fallut
le presser de nouveau de se lever. Enfin, avec
l'aide de quelqu'un, je le fis habiller et me suivre. Je ne croyais pas sa maladie aussi considérable qu'il me le faisait ; et j'imaginais pouvoir
le soulager avec le secours de quelques crises
magnétiques. Une fois assis au coin de mon feu,
je le magnétisai pour la troisième fois, et pro-
duisis sur lui les effets violens de souffrances
dont j'ai parlé.

En l'abandonnant, au bout d'un quart d'heure,
la tranquillité succéda bientôt : il me dit que
ses yeux lui faisaient mal, qu'il y avait des or-
dures qui le gênaient : c'était le signe de l'approche de son réveil. Je les lui frottai un moment, et il redevint dans l'état naturel. Son
pouls était serré, sa peau brûlante ; le mal
de tête était tout aussi fort ; et dans l'accablement où il était, il me demanda à se coucher.

Je lui fis dresser un lit dans une chambre attenante à la mienne, afin de pouvoir le soigner
plus à mon aise.

Trois ou quatre fois dans la journée, je lui
procurai des crises magnétiques, pendant lesquelles il souffrait des maux inouïs. Sa bouche

contractée ne lui laissait qu'avec peine un passage à une respiration des plus gênées; ses mains et ses pieds étaient crispés; il ne savait enfin à quelle partie de son corps arrêter l'idée de ses souffrances; ses plaintes étaient déchirantes; et malgré ma confiance dans le moyen que j'employais, je ne pouvais me livrer à l'espoir consolant de le guérir.

La nuit du lundi au mardi fut très-agitée; et la fièvre brûlante qui l'accablait ne lui laissa aucun repos.

Le lundi matin, ses crises me présentèrent les mêmes symptômes, et me portèrent le même effroi que la veille.

Sa boisson était de la tisane ordinaire, faite avec du chiendent et de la réglisse : chaque fois que je lui en donnais à boire un verre, dans le temps de ses crises, il me disait que cela lui faisait monter des sueurs à la tête. Il avait la bouche brûlante et sèche; et c'était avec un plaisir extrême qu'il buvait l'eau ou la tisane magnétisée que je lui donnais. Il la trouvait, disait-il, sucrée (effet que j'ai souvent remarqué avoir lieu à l'approche de la guérison des malades).

Enfin, après une crise que je lui occasionnai vers trois heures et demie, je le vis tomber dans un accablement très-grand, et bientôt après il se manifesta chez lui une sueur des plus abondantes. Les gouttes lui sortaient grosses comme des pois de chaque partie du corps. Je donnai ordre qu'à son réveil on le changeât de tout. Malgré cette forte évacuation, deux crises que je lui occasionnai dans la soirée, produisirent chez lui les mêmes symptômes que ci-dessus.

La nuit fut plus calme, et il put dormir un peu.

Le lendemain mercredi, à neuf heures du matin, je le trouvai bien moins accablé que la veille; il me dit qu'il allait mieux, et qu'il ne croyait plus mourir, comme il l'avait d'abord pensé.

Après lui avoir occasionné une crise, et l'en avoir retiré, je le fis lever : il était très-faible; mais son pouls était modéré, et ses yeux n'étaient plus apesantis; il put passer toute la journée dans un fauteuil.

Chaque fois que je le magnétisais, ses souffrances se renouvelaient; hormis cela, il n'était que faible et ne souffrait plus du tout. Je lui demandai, dans une de ses crises, s'il voulait prendre autre chose que de l'eau. Il me dit de lui donner un bouillon à deux heures : ce que je fis.

Avant la fin du jour, il avait déjà repris de la gaîté, et même se sentait des dispositions d'appétit.

Dans sa dernière crise du soir, il commença à me témoigner sa reconnaissance. Il ne parlait qu'avec peine, parce que sa respiration était toujours gênée; mais enfin je pus lui faire un petit interrogatoire. — Cela va-t-il bien? — Oui,.. Je serai guéri demain. — Voulez-vous manger? — Non; il ne me faut qu'un bouillon ce soir. — Pourquoi avez-vous toujours les doigts crispés et contractés quand je vous touche? — C'est... que j'ai encore un peu de mal... et le travail... de mon sang... fait cet effet-là... ça se combat... avec la fièvre... il faut... que cela sorte par les ongles. — Quelle maladie avez-vous là? — Je vous le dirai... demain au soir. — Pourquoi ne pouvez-vous pas me le dire aujourd'hui? — Parce que je ne le saurai que demain... et je ne vous dirai pas le mal que j'ai... car je n'en aurai plus... mais bien... ce que j'ai risqué. — Ce que j'ai fait vous a-t-il fait du bien? — Vous m'avez guéri...; sans vous... je serais peut-être mort à présent. Suerez-vous encore? — Non... je ne suerai-plus; voilà qui est fini, etc.

Un moment après cette conversation, il me

dit qu'il avait une ordure dans l'œil : je compris ce que cela voulait dire, et je le remis dans l'état naturel; puis, à son grand regret, je ne lui ordonnai qu'un bouillon pour son souper.

Il dormit assez bien la nuit suivante.

Le lendemain jeudi, je n'eus pas de peine à le faire lever : il avait l'œil excellent, de l'appétit et des couleurs très-fraîches. Je ne crois pas même qu'il eût encore de la fièvre; du moins il n'en avait aucun symptôme : ses habillemens, devenus trop larges, et sa faiblesse, étaient les seuls indices de sa maladie passée.

Sur les onze heures, pourtant, je le magnétisai, tout en doutant que je pusse produire quelqu'effet. Mais au bout d'un demi-quart d'heure je m'aperçus qu'il fermait les yeux, et peu à peu les symptômes de ses crises ordinaires reparurent avec moins de violence. Dans cette crise, il me dit que je pouvais lui donner à dîner de la soupe et du bœuf en petite quantité. Il m'ajouta que le soir à huit heures, il me raconterait l'histoire de sa maladie. Je voulus qu'il écrivît qu'il était guéri. Sa vision n'était pas complète, et il ne voyait pas ce qu'il écrivait. Cependant, lui ayant donné une plume, il écrivit tout de travers : « Monsieur, j'ai l'honneur de vous remercier. » Allons, lui dis-je, signez , Denis. — Je ne signe pas ce nom-là, me répondit-il. — Comment, est-ce que vous avez un autre nom? — Je signe *Ducrost*. Et il signa Ducrost. Sa signature, à son réveil, le fit beaucoup rire. Sans ce témoignage, il n'aurait pas voulu croire que c'était son écriture, parce que, disait-il, il écrivait mieux que cela ordinairement.

A huit heures du soir, je le remis en crise avec plus de peine et de temps que les autres fois ; les mêmes agitations le prirent, mais se modérèrent plutôt. Quand il fut tranquille, je lui rappelai la promesse qu'il m'avait faite de m'éclairer sur sa maladie, et nous eûmes la conversation suivante : Quelle a été votre maladie? — Le plus fort de mon mal était dans le cerveau ; vous avez vu le sang que j'avais rendu dans la nuit, qui en était la preuve ; mon cerveau était enflammé, et la fièvre l'était aussi.— Est-ce le magnétisme qui vous a guéri? — Oui ; sans vous l'on m'aurait saigné lundi matin ; puis après l'on m'aurait fait prendre un bouillon : eh bien ! monsieur, je serais mort certainement le lendemain. — Pourquoi cela? — Parce que la saignée m'eût ôté les forces et les moyens de suer. — La sueur vous était donc nécessaire? — Il n'y avait que la sueur qui pût me guérir; et après celle que vous m'avez fait avoir mardi, il n'y a plus eu de danger pour moi.

Mais si l'on ne vous avait pas saigné ni magnétisé, qu'en serait-il arrivé? — J'aurais conservé la fièvre six semaines, et j'aurais été bien malade et bien près de mourir.

J'ai oublié de dire que, dans le courant de la journée, se sentant beaucoup d'appétit, il avait souvent parlé et désiré de manger. Sur quoi les femmes que je traitais avec lui, lui avaient dit que, dans ses crises, il commandait lui-même ses repas. S'il en est ainsi, avait-il répondu en riant, la première fois que je serai magnétisé, j'aurai soin de m'ordonner un gigot, et autres propos semblables. Les discours de la journée lui revinrent à l'esprit dans sa crise du soir; de sorte que, lorsque je lui demandai s'il pouvait manger quelque chose à son souper, il me répondit : Non, monsieur, mon estomac est encore trop faible. Ils ont parlé toute la journée de gigot : est-ce qu'il y a du bon sens de proposer un gigot à un homme malade? C'est une bêtise que cela; il ne me faut qu'un bouillon ce soir, et pas davantage; sans quoi l'on risquerait de me donner une indigestion.

— Je continuai. Avez-vous besoin d'être encore magnétisé ? — Encore demain matin; mais vous aurez de la peine à me faire ressentir quelque chose; il ne faudra pas vous impatienter, car cela sera long. — Et demain au soir, faudra-t-il vous toucher ? — Cela ne sera pas nécessaire. — Comment ? est-ce que vous ne tomberez jamais en crise ? — A moins qu'il ne me vienne une autre maladie ; mais pour à présent que je ne sens plus de mal, vous ne pouvez pas m'en donner. Et il finit en me remerciant beaucoup de la peine que j'avais prise auprès de lui.

Après cette conversation, l'ordure dans les yeux se fit sentir ; je l'éveillai ; et après lui avoir recommandé de ne prendre qu'un bouillon, je lui dis qu'il pouvait aller recoucher dans son lit cette nuit. Il dormit parfaitement bien.

Le lendemain vendredi, je le fis monter chez moi, et commençai à le magnétiser : il y avait plus d'un gros quart d'heure que je travaillais fort inutilement, quand enfin je lui vis clignoter les yeux, et entrer paisiblement dans l'état de somnambulisme. Il n'avait plus aucune douleur, plus d'éréthisme d'aucune espèce, seulement un léger mal de tête qui passa avec sa crise. Enfin il était, à l'exception des yeux fermés, comme dans l'état naturel. Il me dit qu'il était totalement guéri , et qu'à l'avenir je pourrais me dispenser de le toucher, parce qu'il n'aurait plus de crise. Je lui demandai s'il avait un régime à suivre. Non , me répondit-il, je n'ai pas à présent plus d'appétit qu'il ne faut, et vous pouvez me laisser à ma discrétion , parce que je n'en prendrai pas trop : je suis à présent comme si je n'avais pas été malade. — Avez-vous besoin d'être purgé? — Non; ce que vous m'avez donné m'a assez purgé. — Je ne vous ai donné que de l'eau. — Cela suffit, car j'ai ressenti beaucoup d'effet dans le corps. — Je voulus voir sa langue, qui en effet était des plus vermeilles. Je lui fis ensuite écrire, avec assez de peine, car il ne voyait plus rien :

« Je certifie que je suis radicalement guéri , « et que je puis manger de tout ce que l'on « voudra.

« Signé Ducrost. »

Paris, ce 1er avril 1785.

Après cette confirmation, je le menai dans une autre chambre, où il se réveilla fort gaî-ment, et à sa grande surprise. Il est depuis parfaitement bien portant, et sans le moindre ressentiment de sa maladie passée.

Voilà donc une maladie qu'on peut appeler une fièvre inflammatoire dans toutes les for-

mes, guérie radicalement, et sans convalescence, en quatre jours. Le malade a 21 ans,
est naturellement fort coloré, et est doué d'un
tempérament très-sanguin.

Ce sera dans les maladies vives que le magnétisme animal exercera son empire salutaire
avec plus d'efficacité, de promptitude et d'évidence. J'ai peu traité de maladies de ce genre;
mais aucune n'a résisté long-temps aux effets
du magnétisme.

Victor était au deuxième jour d'une fluxion
de poitrine, et Denis au commencement d'une
fièvre inflammatoire : on a vu avec quelle célé-
rité leurs santés se sont rétablies. Il est à remarquer qu'aucun des deux, dans leurs momens de somnambulisme magnétique, ne m'a
demandé la moindre drogue pour le cours de
son traitement, et que ni l'un ni l'autre n'a eu
de convalescence : le dernier jour de leur crise
a été le dernier de leur maladie. C'est là, je
crois, la marche que devront prendre toutes
les cures de maladies vives accidentelles, sur
des individus sains et bien constitués.

Je considère toute maladie de ce genre
comme la manifestation d'un symptôme critique de la nature, pour opérer la destruction
d'une cause morbifique quelconque.

Toutes les fois qu'un malade a la fièvre, j'en augure favorablement ; je pense qu'il n'est besoin que d'ajouter à sa force, pour aider la nature à se débarrasser de l'obstacle qui la gêne.

Au commencement d'une maladie vive, les forces d'un malade ne sont point atténuées. Si donc on parvient chez lui à augmenter le symptôme critique, on ne lui occasionne qu'une crise passagère, qu'il est presque toujours en état de supporter ; et les deux efforts réunis du magnétiseur et du magnétisé, anéantissant en peu de temps l'effort destructeur de la maladie, ne laissent, après leur effet, aucune trace de faiblesse ni de langueur.

La marche des maladies chroniques est très-différente : la nature, souvent épuisée par le mal et les remèdes, n'a plus la même activité, les symptômes critiques sont rares, ou très-difficiles à reconnaître, surtout pour les observateurs peu exercés dans le traitement des maladies. Le magnétiseur, dans ce cas, a donc tout à faire, puisqu'il n'est point aidé par la nature : d'où il suit des difficultés sans nombre dans le cours de son traitement. C'est alors qu'il faut réfléchir sur sa position ; voir si l'on est dans le cas de sacrifier son temps, de prodiguer ses soins et ses peines aussi long-temps

que peut l'exiger la suite d'une pareille cure ,
afin de ne jamais abandonner son malade avant
sa guérison : car, sans cette résolution , je le
répéterai sans cesse , il vaudrait mieux ne pas
commencer à le magnétiser.

Une maladie vive n'entraîne point les mêmes
inconvéniens; sa marche est si rapide, les succès que l'on obtient sont si prompts, qu'on
peut, sans s'armer de beaucoup de constance ,
en entreprendre la guérison.

Malheureusement pour le bonheur des hommes actuellement existans, les expériences
dans ce genre, qui seraient les plus convain-
cantes en faveur de l'application du magnétisme animal, seront encore rares bien long-
temps.

Qui osera le premier, dans les commencemens d'une maladie aiguë, dont le nom seul
fait frémir un malade devant qui on le pro-
nonce; qui osera, dis-je, dans les commencemens d'une fièvre putride ou maligne, etc.,
se confier pour tout refuge aux soins d'un magnétiseur, à la science duquel on n'ajoute aucune foi ?

Avouons-le, cette confiance ne peut raisonnablement s'exiger : je sens que moi-même, à
la place de tous ceux qui ne connaissent les

effets du magnétisme que par des ouï-dires,
je me conduirais comme eux, et que rien dans
le monde ne me ferait abandonner ma confiance
ancienne dans la médecine ordinaire.

Je suppose même encore que, dans le commencement d'une maladie dangereuse, par une
espèce de confiance ou par condescendance,
on vienne à se laisser persuader qu'il est nécessaire de se faire magnétiser ; ce que l'on aura
de parens ou d'amis ne viendront-ils pas tous,
guidés par l'amitié et l'intérêt qu'ils portent au
malade, pour l'en dissuader par les raisons les
plus déterminantes ?

Ne trouvons donc pas les hommes si injustes
de ne vouloir ni croire ni se confier au magnétisme, qu'ils ne connaissent pas. Un moyen
nouveau de curation ne peut être que difficile-
ment admis, et il faut plus d'une génération
pour amener les hommes à y croire.

Je dis même plus : autant les médecins igna-
res et de mauvaise foi doivent faire leurs efforts
pour anéantir une découverte qui, en dévoi-
lant leur incapacité, compromet leur existence, autant les médecins honnêtes et instruits, accoutumés à connaître les effets,
souvent funestes, de la crédulité aveugle des
hommes, doivent aussi rejeter un moyen que,

ne connaissant pas, ils rangent par habitude dans la classe de tous les empirismes, contre lesquels leur sagesse les fait lutter sans cesse.

C'est entre les mains des magnétiseurs instruits qu'est déposé aujourd'hui le bonheur des hommes à venir ; c'est par la sagesse et la modération de leurs propos, autant que par leurs succès prompts et certains dans le traitement des maladies, qu'ils parviendront peu à peu à persuader les médecins de la vérité et des bons effets du magnétisme. La confiance dans les magnétiseurs doit précéder la confiance au magnétisme ; puisque ce dernier ne peut avoir d'efficacité qu'autant qu'il sera prudemment et sûrement administré.

***

SUITE DES EXPÉRIENCES DE BUZANCY.

LE séjour de Madeleine à Paris n'ayant produit aucun bien à sa santé, je projetais, à mon retour à Buzancy, de la soigner avec plus de constance, et de chercher quelques nouveaux moyens à pouvoir ajouter à ceux que j'avais employés jusqu'alors avec elle ; car le somnambulisme magnétique, dans lequel elle entrait

fort aisément, n'avait point du tout avancé **sa**
guérison : c'était la seule, comme je l'ai déjà
dit, de tous les malades devenus somnambules
que j'avais traités jusqu'alors, qui n'avait rien
connu à sa situation, et qui, n'ayant jamais eu
le moindre pressentiment, n'avait par conséquent pu m'indiquer aucun remède ou moyen
pour la soulager. Ses attaques d'épilepsie étaient
bien devenues moins fortes et moins fréquentes ; mais enfin elles existaient toujours.

Dès le lendemain de mon arrivée à Buzancy,
le 18 avril, j'ai essayé sur Madeleine en somnambulisme différens *renforcemens magnéti-*
ques, comme de mettre plusieurs personnes
entr'elle et moi, et de l'actionner ainsi au travers de leurs corps. Quelquefois je faisais prendre une *bouteille* à la personne le plus près
d'elle, et je la lui faisais diriger sur l'estomac.
Cette fille souffrait alors beaucoup; elle ressentait des coliques très-fortes, que le bruit
qui se passait dans ses entrailles manifestait
assez. Lorsque ses plaintes devenaient trop répétées, je cessais mon action.

Pendant plus d'un mois, j'ai eu la persévé-
rance de la magnétiser ainsi de toutes les manières possibles ; j'espérais pouvoir par-là déterminer une crise favorable, et changer enfin

l'état stationnaire de la maladie : mais tous mes efforts ont été superflus.

Lorsqu'elle avait ainsi souffert quelquefois pendant plus d'une heure de suite, je la voyais, à la fin de mon opération, se relever et s'asseoir aussi tranquillement que si je ne lui eusse rien fait du tout. Lassé enfin de l'inutilité de mes soins, j'ai pris le parti de renvoyer définitivement cette fille chez elle, avec la triste certitude de ne l'avoir pas guérie.

Quoi qu'il en soit de tous les efforts que j'ai tentés inutilement pour être utile à cette malheureuse créature, mes essais n'ont pas été perdus pour mon instruction. J'avais bien eu jusqu'alors l'idée la plus avantageuse *du verre*, comme le meilleur conducteur magnétique possible; mais j'ignorais jusqu'à quel point il peut servir de renforcement dans la suite d'un traitement.

Lorsque je voulais doubler et tripler même mon action sur Madeleine, je prenais quelquefois deux ou trois de mes gens, à qui je donnais à chacun une bouteille vide, que je leur faisais diriger sur cette fille, souvent à une distance fort considérable. Étant ainsi assaillie de tous les côtés, elle ne savait où se mettre : ses deux mains se portaient alternativement aux quatre endroits de son corps qui servaient de but aux bouteilles, et l'effet qui se passait en elle alors était incroyablement augmenté. Combien de fois, depuis, je me suis servi victorieusement de ce moyen dans beaucoup d'autres occasions !

Le besoin que j'avais de mes gens pour m'aider dans la suite du traitement de Madeleine, joint à la fatigue que m'aurait occasionnée la conduite suivie de quantité d'autres malades que j'avais reçus chez moi, m'engagea, dans ce temps, à montrer à deux d'entr'eux les moyens de m'aider avec plus d'utilité. Le pouvoir qu'ils se reconnaissaient, en magnétisant d'abord avec moi, les surprenait beaucoup et les amusait de même : mais lorsque peu à peu je les fis magnétiser tout seuls, leur ardeur et leur zèle augmentèrent beaucoup.

Bientôt je pus confier à *Ribault* et à *Clément* la conduite entière de plusieurs malades; et l'on verra, dans la suite des cures que je rapporte, combien ils m'ont secondé utilement.

Avant de parler des nouvelles cures qui se sont effectuées à Buzancy, je veux parler encore des propriétés du verre. Cette substance est d'une si grande utilité dans l'usage du magnétisme animal, qu'il est bon, en s'en servant, de pouvoir se rendre raison des phénomènes qu'elle produit.

Le verre, comme on le sait, est, dans les corps non organisés, un de ceux qui sert le plus à manifester le phénomène de l'électricité; ce qui revient à dire que ce corps est plus susceptible qu'un autre *de retenir en lui et à sa surface le fluide universel dans un plus grand mouvement;* car c'est là, à proprement parler, ce que l'on doit entendre par le mot d'*électricité.*

J'engage beaucoup à peser sur cette définition de l'*électricité.* Il est nécessaire de s'entendre sur le sens des mots dont on se sert, pour pouvoir bien expliquer ses idées. Je suppose, par exemple, un verre rempli d'eau que l'on poserait tranquillement sur une table : dans cet état, je pourrais dire qu'il n'y a *nul mouvement* dans cette eau, *ou nulle électricité;* mais si, après avoir mis le doigt dans le verre, je le tourne avec précaution, pour ne pas répandre l'eau par-dessus les bords, je produirai dès-lors un *mouvement* marqué dans le fluide, qui n'existait pas auparavant. Eh bien! ce *mouvement* est précisément ce que j'entends par le mot *électricité;* et le repos qui se produit dans l'eau, après en avoir retiré mon doigt, est ce

qui correspond au déchargement de l'électricité, qui lui-même, à proprement parler, n'est
qu'un rétablissement de l'équilibre.

Étendons plus loin la comparaison, et nous
verrons que partout où nous procurons un mouvement quelconque, il s'y passe le même effet
que dans le verre d'eau, et qu'il y est tout aussi
passager.

Je frappe, par exemple, sur une cloche.
Qu'arrive-t-il alors, si ce n'est un mouvement
plus grand du fluide universel, que, par le
choc, je détermine dans l'intérieur du métal,
lequel mouvement se manifeste à nos oreilles
par le son, et à notre toucher par le frémissement de la cloche ? Mais peu à peu, de même
que dans le verre d'eau, le fluide universel tend
à reprendre sa tranquillité ordinaire, qui n'a
pu être troublée sans déranger l'équilibre général : alors le bruit et le frémissement cessent,
et la cloche se retrouve dans le même état où
elle était précédemment.

C'est encore ici l'explication parfaite de l'é-
lectricité. Tant que la cloche était en vibration, on aurait pu dire qu'elle était électrisée.
Si l'on en eût alors approché la main, comme
d'un conducteur électrique, il n'en fût pas
pour cela sorti d'étincelles, mais on eût éprouvé

un frissonnement au bout des doigts, et le son n'aurait cessé entièrement, qu'autant que, par l'attouchement, on eût déchargé la cloche de toute son électricité, ou, pour parler en d'autres termes, lorsque l'on aurait rétabli l'équilibre dans le fluide universel.

Les exemples que j'ai déjà donnés dans ce genre, page 241, me dispensent d'en donner davantage à présent : mais voyons ce qui se passe dans les expériences ordinaires de l'électricité. Avec un plateau de verre, je détermine un plus grand mouvement du fluide universel dans l'intérieur de mon conducteur : plus mon plateau est grand, plus le mouvement que je procure est considérable, plus, par conséquent, le tourbillon qu'il forme s'étend à une plus grande distance autour du conducteur. Ne voilà-t-il pas absolument le même effet que dans l'exemple ci-dessus de la cloche en vibration ? Lorsque mon conducteur est ainsi chargé, ou, pour mieux s'exprimer, lorsqu'il a reçu la quantité de mouvement dont il est susceptible, si j'en approche la main, je fais aussitôt cesser le mouvement ou la vibration du conducteur. Il est vrai qu'au lieu d'un frémissement au bout des doigts, c'est une petite commotion que je ressens, et qu'il se manifeste une étincelle : mais ce déchargement soi-disant d'électricité, n'en est pas moins, comme ci-dessus, un effet tout simple de *repos et d'équilibre du fluide universel.*

Le mot d'*électricité* une fois bien entendu de la manière que je viens de l'expliquer, revenons au verre.

Si ce corps manifeste aussi aisément le phénomène de l'électricité, autrement dit, s'il est susceptible de retenir aussi long-temps le fluide universel dans un grand mouvement à sa surface, n'en devons-nous pas conclure qu'il n'a cette faculté qu'en raison de ce que, même dans le repos, le fluide universel circule plus vivement en lui que dans tout autre corps ? C'est cette dernière propriété qui, suivant moi, constitue le verre corps électrique. Plus il y a de mouvement ou de ton de mouvement dans un corps, plus on peut dire qu'il est électrique, et susceptible par conséquent de manifester le phénomène de l'électricité.

Un homme est plus *électrique* qu'un arbre, celui-ci l'est plus qu'un tube de verre, ce dernier plus qu'une barre d'aimant, et ainsi de suite.

Le verre, malgré ses propriétés électriques (4), ne pourrait jamais de lui-même avoir aucune influence sur notre système nerveux. Son ton de mouvement n'ayant pas l'accélération nécessaire, n'est ni assez ténu ni assez pénétrant pour s'assimiler à notre organisation : mais sitôt qu'il est magnétisé, son électricité se trouve en analogie avec la nôtre, et alors il devient un conducteur magnétique animal d'autant meilleur, qu'en vertu de son mouvement propre, il entretient en lui plus long-temps l'accélération qu'il a reçue.

Après le verre, il est une autre substance qui dénote à l'expérience encore une plus grande force ou impulsion de mouvement; ce sont les nerfs dont je veux parler. On sait qu'un plateau qui en est formé, produit une électricité plus active encore que le verre. C'est donc aussi la preuve d'un mouvement intrinsèque du fluide universel dans les nerfs, plus grand que dans tout autre corps, et de la susceptibilité qu'ils ont à pouvoir en accumuler davantage à leur surface.

On peut donc dire avec fondement que les nerfs sont électriques, et qu'aucun corps dans la nature ne manifeste cette propriété à un aussi haut degré. Voilà, si je ne me trompe, la véritable clef des phénomènes physiques que présente le magnétisme animal.

Le seul effet, pour ainsi dire *créateur*, que nous ayons le pouvoir de produire, c'est celui d'accélérer le mouvement dans les corps, en les frappant d'une manière quelconque. C'est par des chocs et des frottemens que nous produisons le son, que nous obtenons du feu, d'où dérive la flamme, et par suite la lumière. C'est de même par une accélération de mouvement que nous imitons deux des phénomènes les plus étonnans de la nature, ceux de l'aimant et de l'électricité aérienne, désignés sous le nom d'*éclairs* et de *tonnerre*. Le seul règne où nous n'ayons pas, jusqu'ici, exercé notre puissance accélératrice, est le règne animal ; tandis que de même, par un effet de mouvement sur le système nerveux, nous pouvons produire quantité de phénomènes utiles et nouveaux sur les êtres organisés. Mais non ; contens et satisfaits de notre supériorité sur toute la nature morte, nous avons borné là nos jouissances, sans songer à ébaucher la mine la plus abondante en phénomènes.

L'homme à la tête de tout son règne ; cet être, dont l'essence est encore un problême pour la plus grande partie de ses semblables, l'homme, dis-je, comme chef immédiat de toute la nature animalisée, doit, dans son *or-*

(271)

ganisation matérielle, être aussi susceptible d'accélération de mouvement que tout le reste de la nature : ses nerfs, *électriques* au suprême degré, sont les canaux susceptibles de recevoir et propager cette accélération prodigieuse de mouvement : il ne faut que *vouloir* user d'une partie de notre puissance *physique* et *naturelle*, pour mettre en jeu cette propriété.

La cause première du *mouvement général* est, je crois, inexplicable ; nous savons seulement qu'il en existe une, et cela doit nous suffire.

D'après cette donnée incontestable, il est clair que ce mouvement vivifie toute la nature ; mais la manière dont il agit dans le règne animal et végétal, est différente de celle dont il agit dans le règne minéral. Dans ce dernier, il ne paraît pas exister de mouvement du centre à la circonférence ; tout y est le produit de diverses modifications, juxta-position ou agrégation de parties, tel enfin que le phénomène de la *cristallisation* nous en donne l'aperçu ; au lieu que dans les autres règnes il existe véritablement une source de vie, un foyer particulier, d'où part l'expansion de mouvement ; et c'est ce qu'on désigne en général sous le nom de *principe vital*.

Dans le règne végétal, le principe vital peut se reconnaître aisément. On sait qu'il existe dans le germe des plantes, et que c'est de ce foyer, comme centre, que partent toutes les extensions de mouvement qui font naître, croître, et se fortifier toutes les productions végétales.

Dans le règne animal, le *principe vital* est aussi contenu dans un germe ; et c'est aussi de lui qu'émanent toutes les extensions de mouvement favorables à la vie et à l'entretien des animaux.

Le principe vital est donc le foyer expansateur du mouvement dans tous les corps organisés ; et les *fibres* dans les végétaux, de même que les *nerfs* dans les animaux, sont les conducteurs passifs de ce mouvement, ou *électricité naturelle*. Tant que le principe vital dans un corps est suffisamment fourni d'électricité, on sent qu'il communique, au corps qui le renferme, toute la force et la vie dont il est susceptible, et qu'aucun moyen quelconque ne peut ni l'augmenter ni le renforcer : mais si, par quelque cause seconde, le principe vital vient à s'appauvrir, on sent qu'il en doit résulter un désordre apparent dans une des parties de ce corps ; c'est alors que se manifeste la maladie.

Si l'on ne parvient pas, par des remèdes convenables, ou autres moyens quelconques, à rendre au *principe vital* la quantité d'*électricité* dont il a besoin pour alimenter toutes ses branches, l'équilibre dans tout le système animé se rompra totalement, et la mort s'ensuivra.

La maladie dans les hommes, strictement parlant, ne vient uniquement que de ce défaut d'équilibre ou de circulation de l'électricité animale. Pour rétablir cet équilibre, il n'y a que deux manières de s'y prendre ; l'une en débarrassant la partie malade des obstacles qui nuisent à la circulation de l'*électricité animale*, et l'autre en agissant immédiatement sur le *principe vital*, pour le renforcer et lui donner les moyens de chasser lui-même les obstacles qui nuisent à son cours. Le premier moyen est celui que la médecine ordinaire emploie le plus souvent : les remèdes intérieurs, pour la plupart, n'agissent que sur les obstacles ; et s'il en est quelques-uns dont l'action s'étende jusque sur le principe vital, ce n'est que dans des cas particuliers et accidentellement.

Le second moyen est rempli par les magnétiseurs. Le principe vital étant un foyer d'électricité, ne peut être renforcé que par une électricité qui lui soit analogue, et c'est ce qui arrive dans l'application du magnétisme animal. D'un principe vital bien organisé, s'échappe, par les nerfs, une électricité animale, active et pénétrante, dirigée sur les nerfs d'un malade : ceux-ci s'en emparent avec une avidité extrême, et vont porter cette action, à leur tour, sur leur principe vital, qui a besoin d'être renforcé. Si le malade n'est pas exténué, si la longueur de sa maladie ou les mauvais remèdes n'ont pas trop appauvri son principe vital, alors celui-ci a la force de réactionner l'effet qu'il a reçu, et d'encore en encore, en plus ou moins de temps, la circulation d'électricité (ainsi établie) finit par maîtriser et chasser totalement l'obstacle qui gênait son cours, et la santé se manifeste en même temps que l'*équilibre électrique* s'établit entre le magnétiseur et le magnétisé (5).

Tous les corps ayant vie sont susceptibles de se communiquer ainsi leur électricité. Si les arbres et les végétaux croissent d'une manière plus active étant rapprochés les uns des autres, que lorsqu'ils sont isolés, ce n'est qu'en raison de la circulation d'*électricité végétale* qui s'établit entr'eux.

Il en est de même des animaux en troupe et vivant en liberté. Cette loi animale s'étend même jusque sur les hommes libres, vivant de chasse au milieu des bois ; leur force et leur activité sont incomparablement plus fortes que celles des hommes rassemblés, comme eux, en société, mais vivant sous des toits et dans toutes les entraves sociales.

Cette circulation de mouvement, dans l'ordre brut et naturel des choses, est, comme on le voit, absolument passive, et dépendante uniquement de la *première impulsion génératrice du mouvement universel* : tout ce qui est matière en doit aveuglément ressentir les influences, et ne doit point avoir la puissance d'en changer les règles.

L'homme seul paraît contrarier cette loi générale. Loin d'y obéir aveuglément, comme le reste de la nature, nous le voyons sans cesse, par ses mouvemens désordonnés, déranger l'équilibre universel ; aussi avait-il besoin, physiquement parlant, d'un moyen qui pût balancer les mauvais effets de sa moralité sur son organisation ; et c'est aussi ce dont il jouit au suprême degré. C'est dans sa sensibilité à la vue des maux de ses semblables ; c'est dans son chagrin à la perte de ses amis, que je vois se manifester dans l'homme des facultés bien supérieures à celles du reste des êtres animés.

Quel autre être dans la nature, excepté l'homme, est susceptible de cette sensibilité aux maux de ses semblables? Nous n'en connaissons pas. Depuis le ver de terre jusqu'au chien, si digne, par son aimable instinct, de notre attachement, nous voyons tous les animaux, passé le temps de leurs besoins productifs, être indifférens les uns pour les autres, s'abandonner dans leurs maladies, et quelques-uns d'entr'eux dévorer même les restes de leurs semblables. L'homme seul possède cette sensibilité si désirable : si, loin de chercher à l'étouffer en lui, il se laissait aller à ses douces impulsions, il se reconnaîtrait sans cesse le pouvoir de renforcer *son principe vital à sa volonté*, et de réparer, par son action, celui de ses semblables.

C'est ici qu'il faut s'arrêter sur les explications physiques du pouvoir des hommes. Quelle est la nature de *cette volonté*, seul agent de l'action artificielle de son *principe vital?* N'est-ce pas ici le joint de deux essences que l'on ne peut ni voir ni apprécier? En remontant jusqu'au *principe vital,* je peux bien comprendre encore qu'il est le dernier échelon de *la matière,* et *l'électricité* m'en donne une espèce d'aperçu (6); mais par-delà le dernier échelon de la matière, que peut-il y avoir encore? La *volonté* existe cependant; son action sur le principe vital est manifeste : mais quelle est sa nature? Si son principe est au-delà de la matière, il faut absolument reconnaître en nous l'existence d'un principe immatériel, émanant de la source et du principe créateur de l'univers.

Le plus grand argument des matérialistes tombe nécessairement, s'il est prouvé que l'homme est doué d'une *volonté libre*, capable d'agir à son gré sur la matière. « Un corps, « disent les partisans du matérialisme, ne peut « recevoir d'impulsion que par le choc d'un « corps : si donc ce que l'on appelle *esprit* ou « *âme* peut produire une action sur la matière, « il faut en conclure que cette âme elle-même « est matière. » Ce raisonnement sans doute est spécieux; mais on peut y répondre aujourd'hui d'une manière victorieuse. Si tout est matière dans l'homme, il ne doit point exister de liberté dans ses actes. La matière, de quelque ténuité qu'on la suppose, est soumise à des règles invariables qu'elle ne peut pas contrarier. Si donc l'homme a le pouvoir de contrarier ces règles, de se rendre, pour ainsi dire, le maître des modifications de la matière, il faut qu'il possède en lui plus que de la matière; car enfin, elle ne peut pas être en même temps active et passive, ni devenir alternativement cause et effet.

Mais de quelle nature est, demandera-t-on, ce *principe immatériel* existant dans l'homme? Ici s'arrêtent toutes mes recherches. Content de reconnaître ce *principe*, et de le voir se manifester par ma *volonté*, je me garde bien de lui assigner un nom et de le classer dans mes idées : toutes les dénominations que je lui donnerais, ne pourraient jamais exprimer le sentiment que j'ai de son existence.

La communication bien directe de la *volonté* sur le principe vital n'est donc plus un doute pour nous; et ce que j'ai dit touchant l'électricité, explique clairement le reste des phénomènes que présente l'application du magnétisme animal.

Si l'homme donc, comme nous l'avons vu lorsqu'il est en parfaite santé, possède en lui la source la plus féconde de mouvemens, et les meilleurs conducteurs possibles pour porter son *électricité bienfaisante* sur ses semblables, c'est donc de lui seul qu'il faut attendre les plus grands secours dans les maladies; c'est par le moyen de son *électricité nerveuse* qu'il peut agir victorieusement sur elles; et la science de mettre en jeu cette électricité, est, à proprement parler, celle désignée sous le nom de *magnétisme animal*.

 Quand, dans mes premiers Mémoires, j'ai dit que nous pouvions nous considérer comme des machines électriques parfaites, voilà ce que je désirais faire entendre, et ce que sûrement beaucoup de magnétiseurs ont très-bien compris. Ceux qui savent se rendre ainsi raison des effets qu'ils produisent, satisfont doublement leur cœur et leur esprit; mais on sent que, pour bien magnétiser, il n'est pas absolument nécessaire d'entendre tout ce que je viens de dire. L'homme borné qui se persuadera pouvoir soulager son semblable, et qui le désirera ardemment, pourra, soutenu par une foi bien ardente dans ses moyens, produire autant d'effets que le physicien le plus habile. Ceci explique à merveille beaucoup de pratiques du peuple, en apparence superstitieuses, mais quelquefois fort efficaces dans de certaines maladies. Qui n'a pas entendu parler de l'art de guérir par le secret ou par des paroles jointes à un attouchement quelconque? Certain paysan croit avoir le pouvoir de guérir les entorses, un autre les fièvres continues, un autre les fièvres intermittentes :

leur foi, ainsi circonscrite à une seule espèce de maladie, les empêche d'outre-passer leur prétendu pouvoir. On s'imagine bien qu'ils manquent fort souvent les cures qu'ils entreprennent ; mais enfin ils en font quelquefois de véritablement merveilleuses, et cela doit être, d'après le plus ou moins d'empêchement que le fluide universel trouve à se remettre dans l'équilibre où il tend continuellement. Il ne faut quelquefois à la maladie la plus grave en apparence, que la plus petite *commotion électrique animale* pour en arrêter tous les symptômes fâcheux.

Quoi qu'il en soit, lorsque l'on comprend bien la cause des effets surprenans et salutaires que procure la *puissance électrique* ou *magnétique animale*, on en conclut tout naturellement que l'imagination confiante du magnétisé ne doit pas y ajouter beaucoup, mais bien celle du magnétiseur. Car enfin, soit qu'on se rende compte ou non de la réalité de ses moyens, il faut que, d'une façon ou de l'autre, on croie fermement avoir la puissance de produire un effet pour se mettre en devoir de l'exercer : mais dès-lors qu'on a acquis cette foi aveugle ou raisonnée, les mêmes résultats doivent s'ensuivre.

Le seul *magnétisme* efficace étant celui qui part directement de nous, on sent que celui de tout autre corps ne peut nous être d'aucune utilité bien marquée ; mais il n'en est pas ainsi lorsque nous assimilons, pour ainsi dire, ces divers corps à nous-mêmes, lorsqu'enfin nous les rendons conducteurs de notre électricité.

Tout corps quelconque peut également nous servir de conducteur ; mais il en est entr'eux de plus ou moins puissans : or, la règle la plus sûre pour reconnaître les meilleurs conducteurs, c'est de chercher à distinguer ceux dans lesquels il y a le plus de mouvement ou d'électricité. De cette classe sont certainement les animaux, puis les arbres dans le règne végétal ; et dans le règne minéral, le *verre* et l'*aimant*. L'électricité de ces divers corps est certainement moins forte que celle que nous possédons ; ce qui fait que nous pouvons agir en plus à leur égard.

Lors donc que je magnétise un arbre, par exemple, je lui communique mon *ton de mouvement*, et je le mets en équilibre avec moi, comme le plateau électrique met un conducteur métallique en équilibre pour un moment avec lui. Tant que cet équilibre durera entre l'arbre et moi, il devra résulter, à son approche, les mêmes effets à peu près que ceux que je produirais moi-même : c'est aussi ce que l'expérience prouve à la lettre. L'arbre de Buzancy a le pouvoir de mettre et d'ôter de crise magnétique tous les êtres sur lesquels j'ai déjà produit cet effet : c'est une conséquence très-simple de ce que je viens d'établir. Comme ensuite cet équilibre de l'arbre avec moi dépend absolument de *ma volonté*, il doit subsister autant et si long-temps que *je voudrai* l'entretenir ; ce qui, de ma part, n'exige pas de grands efforts, vu l'état passif où il est à mon égard, et l'espèce d'analogie qui existe naturellement entre son électricité végétale et la mienne (7).

Je pourrais en dire autant du verre et de l'aimant, et, par suite, de tous les autres corps dont on pourrait se servir comme conducteurs du magnétisme animal, et dont l'influence serait plus ou moins active, en raison du plus ou moins d'analogie de leur électricité avec la nôtre.

Je ne pousserai pas plus loin mes raisonnemens sur les causes des effets magnétiques ; je sens qu'il est impossible de résoudre aujourd'hui mille difficultés qui se présentent à mon esprit. Dans cinquante ans peut-être, mes réflexions seront déjà surannées. Mais enfin, il faut bien faire un premier pas ; c'est la marche de toutes les connaissances : il faut que de nouveaux phénomènes amènent de nouvelles idées. L'art de la guerre, la physique et la poésie ont eu des règles avant d'avoir acquis le degré de perfection où nous les voyons aujourd'hui. Puissent seulement mes recherches, fort bornées, mettre sur la voie d'en faire de plus profondes, donner du magnétisme animal l'idée juste et relevée qu'on en doit prendre, et le faire entrevoir comme la source d'un progrès rapide dans toutes les connaissances humaines !

TRAITEMENT DE MAUX DE POITRINE ET DE FAIBLESSE D'ESTOMAC.

LE nommé Louis Quentin, âgé de 23 ans, de la paroisse de Buzancy, vint me trouver le mardi 3 mai, pour me prier de lui faire passer un mal de dents dont il souffrait depuis trois semaines. Il ne me disait point qu'il eût d'autres incommodités, de sorte que je ne m'occupai qu'à magnétiser sa tête et ses dents ; mais à mon grand étonnement, je vois cet homme pâlir au bout de cinq minutes : il me dit de le laisser tran-

quille, parce que je lui occasionnais des maux
de cœur, des faiblesses, et des picotemens dans
les membres.

Me doutant bien alors qu'il fallait qu'il eût
autre chose qu'un mal de dents, pour ressentir
des effets aussi prompts et aussi marqués du
magnétisme, je l'engageai à se laisser faire ;
mais comme sa douleur de dents était passée,
il ne le voulut pas absolument, et je fus obligé
de l'abandonner. Peu à peu ses maux de cœur
et ses étourdissemens diminuèrent ; et lorsqu'ils
furent totalement dissipés, le mal de dents lui
reprit avec une violence extrême. Il fallut bien
alors qu'il se laissât magnétiser de nouveau.

Je ne m'en tins pas alors seulement à la tête,
je posai une de mes mains sur sa poitrine, en la
descendant graduellement jusque sur le ventre ;
peu à peu les rages de dents disparurent ; et en
même temps que les maux de cœur, les étouffemens, et les inquiétudes dans les membres se
firent ressentir de nouveau. Il me disait encore
de le laisser ; mais je ne l'écoutai plus, et continuai à l'actionner de toute ma force. Je lui occasionnai des spasmes, des commencemens de
crises dont il se réveillait promptement. Il eut
un étouffement violent, mes mains le brûlaient,
il les trouvait d'une pesanteur excessive ; et

comme il conservait en partie sa connaissance, il souffrait véritablement beaucoup. Je le laissai au bout d'une demi-heure, et le renvoyai chez lui, avec injonction de venir me retrouver dans l'après-midi.

Il vint sur les six heures du soir ; et pour cette fois il tomba, après un quart d'heure de souffrances, dans l'état de somnambulisme magnétique. Bientôt il se mit à parler sans suite : il voulait travailler, aller à Soissons. En le calmant (8), il reprenait sa raison ; mais ses souffrances la lui faisaient perdre bientôt. Au bout d'une demi-heure il devint plus tranquille, et put me rendre compte de son état. « J'ai, me dit-il, une crasse de poussière sur l'estomac, mêlée avec de la bile recuite ; les maux de cœur que je ressens tous les matins, viennent du besoin que j'ai de rendre tout cela par le haut ; mais comme je ne peux pas vomir, tout est là, sur mon estomac, comme une croûte épaisse qui va m'occasionner une forte maladie. — Que faut-il vous donner dans ce moment-ci, pour vous soulager ? — Demain il me faut prendre un vomitif, et je vous dirai après ce qui s'ensuivra. Une demi-heure après, il m'assura que le vomitif du lendemain ferait d'autant plus d'effet, qu'il sentait que les humeurs se détachaient dans son estomac. C'est, me disait-il, comme un pot qui bout là-dedans, et ça me travaille depuis les pieds jusqu'à la tête. La fièvre lui prit, qui, suivant son indication, devait durer une heure environ ; ce qui effectivement eut lieu.

Vers neuf heures du soir, quoiqu'il fût d'une faiblesse extrême, je le reconduisis chez lui dans l'état magnétique ; et après l'avoir bien fait se réchauffer, je le fis coucher. Il souffrait toujours et se plaignait beaucoup. Une fois dans son lit, il me pria de le retirer de cet état-là, qui l'affaiblissait trop ; et je lui ouvris les yeux. Il était neuf heures un quart du soir.

Son étonnement, à son réveil, de se trouver dans son lit, sans se ressouvenir de rien depuis qu'il était venu me trouver à six heures du soir, fut si grand, qu'il en resta stupéfait et interdit. Il était honteux de voir qu'il était tombé en crise ; il n'en voulait rien croire, et demandait à sa femme si c'était vrai qu'on l'avait fait boire, ajoutant qu'il n'y avait rien de plus fâcheux que ce qui lui arrivait là ; qu'il ressemblait à un ivrogne : il en avait les larmes aux yeux, et ne savait quelle contenance faire. Plusieurs personnes qui se trouvaient avec moi dans sa chambre, avaient beau chercher à le calmer, en lui disant que c'était pour lui un bonheur d'être

tombé en crise, puisqu'il avait dit en leur présence, que, sans le magnétisme, il eût fait une
maladie terrible, dont peut-être il serait mort,
tandis qu'en peu de jours il allait être totalement
guéri, il n'écoutait personne, tant il avait honte
d'avoir perdu connaissance pendant quelques
heures. « C'est bon pour des filles et des enfans,
« répétait-il sans cesse, de tomber en crise; mais
« un homme fort comme moi, cela n'est pas
« possible. » Le fait est que, depuis l'année passée, il n'avait fait que rire et plaisanter du magnétisme, n'avait pas cru du tout aux effets du
somnambulisme, et s'en était souvent moqué
hautement; de sorte que son petit amour-propre était fort blessé d'être obligé de se rétracter.
Cet exemple pourra bien se répéter souvent par
la suite. Combien je connais de gens qui seraient encore plus honteux que Quentin, si pareille aventure leur arrivait! ce que cependant,
malgré toute leur incrédulité, je leur souhaite,
à la première occasion, de tout mon cœur.

Il passa la nuit fort tranquillement, et dormit
mieux que de coutume. Le lendemain, il prit, à
cinq heures du matin, quinze grains d'ipécacuanha, qui le firent vomir quatre fois.

A onze heures, je le mis en crise sans lui
faire éprouver les mêmes maux de cœur et les

mêmes effets que la veille; quoique souffrant, il me parla de son état. Le vomitif n'avait fait que dégager les premières voies; il m'en demanda un second pour le lendemain, qui enleverait le reste de son embarras.

Croyez-vous, lui demandai-je, être tout à fait débarrassé demain? — Non, me répondit-il, il me restera encore de la bile; mais mon estomac et ma poitrine sont trop faibles pour pouvoir prendre un troisième vomitif. La bile partirait bien, mais il viendrait du sang avec, et cela me ferait plus de mal que de bien. Au bout d'une heure de crise, il me dit que les humeurs chez lui étaient dans un grand mouvement, et que l'état où il était les préparait à s'évacuer le lendemain avec abondance. Quel vomitif vous faut-il demain? — Un grain d'émétique dans un verre d'eau; cela serait trop fort pour moi dans un autre temps; mais demain, c'est ce qu'il me faut, parce que la bile noire qui faisait croûte sur mon estomac, est bien délayée, et ne demande qu'à sortir.

Il me parla ensuite du métier qu'il faisait, lequel était contraire à sa santé : il me dit que de sa vie il ne pouvait se bien porter tant qu'il le continuerait. Quel est donc votre métier? — C'est celui de cribleur de blé; je passe toutes les

journées dans la poussière; j'en avale et j'en res-
pire continuellement; cela forme des embarras
dans ma poitrine et des crasses sur mon estomac; j'ai des maux de cœur perpétuels : il faudrait, pour me bien porter, que je me fisse vomir tous les quinze jours, et vous sentez bien
que c'est impossible à faire; les remèdes abré-
geraient mes jours d'une autre manière. Je lui
conseillai de quitter ce métier, qui, quoique
lucratif en lui-même, lui deviendrait onéreux
par les dépenses que lui occasionneraient ses
maladies. Il en convint, et me promit de l'a-
bandonner.

Quand je l'eus remis dans l'état naturel, au
bout de deux heures, il se sentit très-faible, mais
sans souffrances. Il avait eu la fièvre une heure
environ pendant le temps de sa crise.

Sur les six heures du soir, je le mis en crise
une troisième fois, pendant laquelle il souffrit
les mêmes maux que dans les crises précédentes;
il eut la fièvre pendant deux heures : il me confirma le bon effet de l'émétique qu'il prendrait
le lendemain, et me dit que c'était la dernière
fois que je pourrais le mettre dans l'état où il
était, parce qu'après sa purgation il ne serait
plus malade.

Comme il savait écrire, je voulus avoir de

lui-même un témoignage plus sûr que toutes nos paroles qu'il ne croyait guère, de l'état dans lequel il était tombé, et en même temps une preuve de son rétablissement : il y voyait très-clair *à la manière des somnambules*, et il écrivit ce qui suit :

« Je serai guéri demain d'une grande ma-
« ladie qui aurait duré six semaines, et qui
« sera passée en trois jours (9).

« Louis Quentin. »

Ce 4 mai 1785.

Sur les huit heures et demie, je le remenai chez lui dans l'état de somnambulisme ; et m'ayant dit à neuf heures qu'il s'affaiblissait trop, je le réveillai. Comme je lui avais demandé auparavant ce qu'il fallait lui donner pour souper, et qu'il ne s'était ordonné qu'un bouillon à l'oseille, je lui dictai son ordonnance à son réveil ; ce qu'il eut de la peine à croire, disant qu'avec la faim qu'il avait, il était impossible qu'il se fût imposé une diète aussi austère. Au reste, il n'était pas plus crédule que la veille ; et sans son écrit, qu'il ne put récuser, je crois qu'il eût pu continuer par la suite à soutenir son premier avis : mais son écrit le terrassa tout à fait. « Voilà ce qui me con-

« damne, disait-il ; puisque j'ai écrit cela, il faut
« bien que je croie aussi tout ce que vous me
« dites. »

Le lendemain, le grain d'émétique lui fit un
effet considérable ; il rendit des quantités énor-
mes de bile verte et noirâtre. Le soir, il fut très-
faible, et le lendemain il se réveilla sans mal de
cœur, ce qui ne lui était pas arrivé depuis long-
temps.

Le dimanche suivant, il prit une médecine,
d'après son ordonnance, qui le fit beaucoup évacuer ; après quoi il ne devait plus se ressentir
de rien. Mais le lundi matin, on vint réveiller
un de mes aides magnétiseurs, pour lui dire
que Quentin souffrait beaucoup de l'estomac,
et avait des faiblesses continuelles. Clément y
fut ; et après l'avoir magnétisé et mis en crise,
il sut de lui que le samedi après midi, ayant été
goûter avec d'autres ouvriers, il avait un peu
trop mangé, et qu'il en avait eu une espèce d'indigestion ; que la médecine du dimanche n'avait
pas fait, d'après cela, tout l'effet qu'elle devait
faire. A huit heures et demie, il était encore
dans l'état magnétique ; de sorte que je pus entendre son ordonnance pour la journée et le lendemain. « Il faudra, dit-il, me donner une soupe
« légère à mon dîner ; une heure après, me faire

« prendre du petit-lait jusqu'à quatre heures, et
« ensuite du bouillon aux herbes, le plus amer
« que l'on pourra ; demain, au lever du soleil,
« je prendrai un demi-grain d'émétique dans un
« verre d'eau ; l'effet en sera passé à six heures
« et demie, et à sept on me mettra en crise, pour
« dire adieu au magnétisme. »

Il n'est pas nécessaire de répéter qu'à son réveil, il eut bien de la peine à croire tout ce qu'on
lui rapporta de ses paroles ; le bouillon amer lui
déplaisait par-dessus toutes choses.

Néanmoins, après avoir suivi son ordonnance
à la lettre, et après être resté une demi-heure
dans l'état magnétique, il se réveilla tout seul
à sept heures et demie, et depuis il jouit d'une
très-bonne santé.

Comme il m'avait prévenu qu'en continuant
son métier de cribleur de blé, il courait le risque de retomber souvent malade, je l'ai engagé
à changer d'état ; c'est à quoi j'ai eu beaucoup
de peine à le déterminer : aujourd'hui il est
garçon jardinier, et depuis huit mois qu'il est
guéri, il n'a ressenti aucun symptôme de sa maladie passée.

On a vu, dans le détail ci-dessus, l'espèce de
honte et de chagrin qu'éprouva Quentin, lorsqu'il s'aperçut, la première fois, qu'il était tombé

dans l'état de somnambulisme magnétique ; il ne pouvait se le persuader, malgré la quantité d'exemples qu'il avait eus d'un pareil effet sur beaucoup d'autres paysans de son village et des environs. « C'est bon pour des enfans, pour des « femmes, disait-il, de tomber en crise ; mais « moi ! un homme fort comme moi ! » Cet aveu si marqué de son incrédulité fut, je l'assure, une excellente leçon pour moi. Comment, me suis-je dit, ai-je pu être assez inconsidéré, *assez fou même* pour m'imaginer pouvoir persuader des personnes instruites ou prétendant l'être ; des médecins, des académiciens, et quantité d'autres gens prévenus ou indifférens, et par-dessus tout cela n'ayant aucune raison déterminante de confiance en moi ; tandis que je n'ai pas pu seulement persuader les paysans de mon village ? Aujourd'hui même encore, il en est parmi eux qui se moquent de leurs camarades somnambulés. Cependant, malgré toute leur prévention, à mesure que quelques-uns d'entr'eux tombent malades, ils n'en viennent pas moins me trouver ; mais si par hasard ils deviennent dans l'état magnétique, ils en restent tout aussi confondus et humiliés que l'était Quentin. Enfin, je suis certain que jusqu'à ce que, dans chaque maison du village de Buzancy, il y ait eu un individu somnambule, il y restera encore des incrédules aux effets du magnétisme animal.

Cet exemple doit, ce me semble, calmer le zèle un peu trop ardent, et rendre plus indulgens sur l'incrédulité de la multitude, certains magnétiseurs qui s'efforcent en vain de la persuader.

———

CURE DE MAUX D'ESTOMAC DEPUIS UN MOIS.

LE nommé *Jean-Hubert Thuillier*, maître d'école du village, est venu me trouver le matin du samedi 6 mai, se disant souffrant depuis huit jours de l'estomac, au point de ne pouvoir ni travailler ni chanter à l'église.

Je le fis toucher par Clément, qui lui causa beaucoup d'émotion : le malade trouva sa main pesante sur l'estomac. L'émanation magnétique lui parut désagréable, ainsi que l'eau qu'on lui donna à boire. Au bout d'une demi-heure, il prétendit sentir son mal descendre dans le ventre, après quoi il s'en alla.

Sur les sept heures du soir, Clément n'y étant pas pour suivre sa cure, je le magnétisai moi-même, et au bout d'un quart d'heure je le mis en crise magnétique. Il nous raconta alors l'histoire de sa maladie, qui, nous dit-il, ne serait

pas longue, car tout son mal était descendu
dans le ventre, et était tout prêt à en sortir.
Quelle espèce d'humeur, lui demandai-je, avez-
vous à rendre? — C'est, me répondit-il, de la
bile d'une singulière couleur; elle est jaune et
rouge : je n'ai jamais rien vu comme cela. Toujours dans l'état magnétique, il continua de
nous dire qu'il était bien aise de se voir guéri
sans être tombé en crise, parce qu'on se mo-
quait beaucoup de cela dans le village, et qu'il
aurait été bien fâché que cela lui fût arrivé. —
Comment! est-ce que vous seriez fâché qu'on
vous le dît après?—Oui, monsieur, bien fâché,
car ils se moqueraient tous de moi; et puis demain dimanche, à la grand'messe, j'aurais peur
d'y tomber au milieu de l'église; cela m'inquiéterait beaucoup. — Mais vous êtes en crise dans
ce moment-ci; est-ce que vous ne vous en aper-
cevez pas? — Pensez que non, que je n'y suis
pas. On a les yeux fermés quand on est en crise,
on n'y voit goutte; au lieu que moi j'y vois très-
clair (*) : ah! j'avais assez peur d'y tomber; mais
à présent je vois bien qu'il n'est pas nécessaire
de tomber en crise pour être guéri. Je suivis
avec lui une conversation assez longue, qui

____

(*) Remarquez qu'il avait toujours les yeux fermés.

m'amusa d'autant plus, que sa maladie ne m'inquiétait guère. Néanmoins, pour ne pas lui causer de distraction à la grand'messe du lendemain, je le réveillai sans le tirer de sa place ; et une fois dans l'état naturel, je le confirmai dans l'idée qu'il avait de n'être pas tombé en crise.

Une chose l'inquiétait cependant ; c'est qu'il n'avait aucun souvenir d'être sorti de sa maison pour me venir trouver. Il se rappelait bien qu'à six heures et demie sa femme lui avait dit d'aller au château ; mais il ne savait pas comment il y était venu : depuis le moment de sa détermination à venir se faire magnétiser, jusqu'à celui de son réveil, il n'avait mémoire de rien ; aussi se trouva-t-il fort étonné d'être dans ma chambre. Cependant, il était si loin de croire être tombé en crise, qu'il s'en alla sans que cette idée lui vînt à l'esprit.

Le lendemain, dans la matinée, il fut rencontré dans une maison du village par quelqu'un qui l'avait vu la veille en crise. Il se félicitait d'avoir été guéri aussi vîte, et cela sans avoir fermé les yeux comme les autres. Il raconta qu'il avait rendu une très-grande quantité de bile jaunâtre. La personne qui l'entendait, lui demandait s'il n'y en avait pas eu de rougeâtre aussi. Il resta assez surpris, et avoua que c'était vrai ; mais qu'il n'osait pas faire tous ces détails, et qu'il était bien étonné qu'on sût cela.

Après la grand'messe, il revint pour se faire magnétiser ; mais, à ma grande surprise, après m'être donné beaucoup de peine, je ne pus parvenir qu'à lui occasionner un peu de chaleur. Je ne crus pas alors avoir de ménagemens à garder avec lui ; et en lui racontant beaucoup de détails qu'il m'avait faits la veille, je le laissai persuadé qu'il était devenu, comme bien d'autres, dans l'état magnétique, et je lui conseillai de n'en pas être honteux. Il s'est depuis très-bien porté, et a voulu me donner le certificat ci-joint :

« Je soussigné, Jean-Hubert Thuillier, clerc « laïque de la paroisse de Buzancy, certifie avoir « été guéri d'une bile recuite sur l'estomac, qui, « depuis un mois, m'empêchait de pouvoir souf-« frir aucune nourriture ; laquelle guérison s'est « opérée chez moi, après être resté deux jours « au traitement du magnétisme.

« JEAN-HUBERT THUILLIER. »

A Buzancy, ce 9 juin 1785.

J'ai remarqué dans plusieurs malades devenus

somnambules magnétiques, le même phénomène que m'a présenté le sieur Thuillier; je
veux parler de cet oubli total d'un temps quelconque, plus ou moins long, avant le moment
de tomber en crise. Cet effet ne m'a jamais
paru avoir lieu que la première fois qu'on tombe
dans l'état magnétique. Thuillier se ressouvenait
à merveille, une fois réveillé, de tout ce qu'il
avait fait dans la journée; d'avoir tenu son école
le matin, après dîner avoir été dans les champs,
être revenu mettre son âne à l'écurie, et avoir
dit à sa femme qu'il fallait qu'il se rendît au château à six heures; *depuis lors*, me disait-il, *je
ne me souviens de rien; je ne sais pas où j'ai
passé pour venir ici* : de sorte donc qu'on
pourrait conclure que, dès le moment que
Thuillier s'était déterminé à venir se faire magnétiser, il était entré déjà dans le commencement de l'action qui devait se terminer par le
somnambulisme.

Quentin, avant lui, m'avait présenté la même
singularité la première fois qu'il était tombé en
crise magnétique. Quant au maître d'école de
mon village, j'avoue que j'ai été un peu fâché de
ne le pouvoir plus rendre somnambule une seconde fois. Je n'avais pas voulu, par condescendance pour lui, le faire écrire dans sa crise,

de crainte de lui donner de l'inquiétude à son réveil; et cependant j'aurais été charmé d'avoir de sa main une preuve écrite qui, pour le reste des paysans, eût été plus convaincante que toutes celles qu'ils avaient eues jusqu'alors.

———

TRAITEMENT D'OBSTRUCTION ET DE DÉPÔT FIXÉ DANS LE CORPS, SAIGNEMENS DE NEZ HABITUELS, DOULEUR VAGUE DANS LA TÊTE ET DANS LE COU, ET FAIBLESSE UNIVERSELLE DEPUIS HUIT ANS.

LE nommé *Henri Caron*, ancien postillon de la poste de Vivrai, âgé de vingt-neuf ans, de la paroisse de Baune, proche Neuilly-Saint-Front, est venu le jour de l'Ascension pour me consulter. Catherine Montenecourt étant en état magnétique, le toucha; et après avoir reconnu et détaillé son mal, elle me dit que ce malade ne serait pas huit jours au traitement sans être guéri radicalement.

Cet homme, fort content de cette consultation, s'en retourna chez lui pour arranger ses affaires, et ne revint que huit jours après, qui était le mercredi 12 mai.

J'étais ce jour-là à l'arbre de la fontaine, et je

l'y magnétisai. Dès cette première fois, il s'en-
dormit, se plaignit du mal que je lui faisais, et
fut fort sensible aux émanations magnétiques.
Depuis lors, jusqu'à sa parfaite guérison, le
froid m'empêcha de revenir à mon arbre, et je
le traitai dans une chambre avec les autres malades que j'avais alors.

La maladie de Caron avait huit à neuf ans
d'ancienneté; il avait reçu alors un coup de pied
de cheval dans le creux de l'estomac; un dépôt
s'y était formé, et pendant cinq mois il n'avait
pu sortir de son lit. Au bout de ce temps, l'abcès avait crevé intérieurement; sa poitrine s'é-
tait remplie, et il avait rendu, sans efforts, une
quantité considérable de pus par la bouche. Il
lui fut donné, dans ce temps, une médecine
qui arrêta les vomissemens et fixa l'humeur
dans le corps. Depuis ce temps, il n'avait point
d'appétit, ne pouvait travailler qu'avec peine à
la terre, ayant été obligé de quitter le métier de
postillon, et il sentait des douleurs habituelles
et très-fortes au-dessous des côtes et à la chute
de l'estomac; son ventre était dur; on y découvrait une obstruction bien caractérisée, que
l'on ne pouvait toucher sans le faire beaucoup
souffrir. Depuis cinq ans, un nouveau mal
le tourmentait doublement; il lui avait pris

des saignemens de nez très-fréquens, avec des douleurs de tête habituelles, et il prétendait avoir des rhumatismes dans les oreilles et dans le cou.

Dès le lendemain de son arrivée, cet homme devint en crise magnétique complète, et me présenta tous les caractères les plus marqués du somnambulisme. L'émanation magnétique partant de ma main seule, à une certaine distance, le faisait beaucoup souffrir, de quelque côté que je l'actionnasse, et tout l'effet s'en portait à son obstruction. Lorsque je me servais d'une bouteille de verre, il souffrait davantage, et disait que son mal bouillonnait dans son corps, et cherchait à se détacher.

Deux fois par jour je le mettais ou le faisais mettre en crise, et il m'apprenait chaque fois l'effet salutaire que l'on produisait en lui.

Dès le deuxième jour, il découvrit la cause de son mal de tête et de ses saignemens de nez. Je vois dans ma tête, me disait-il, mais pour dans mon corps je n'y vois rien du tout. Je sens bien que mon mal veut descendre; mais je ne le vois pas. — Quelle est donc la cause, lui demandai-je, de vos saignemens de nez? — Je ne l'avais pas su jusqu'à présent, me répondit-il, monsieur, non plus que celle de mes douleurs de tête. Ce ne sont pas des rhumatismes, comme je vous l'ai dit, au moins, mais c'est de l'humeur de mon corps qui a remonté dans ma tête; cette humeur-là s'est tournée en eau; j'ai comme une boule d'eau dans la tête, qui échauffe de temps en temps le cerveau, et m'occasionne des saignemens de nez. — Et vos douleurs dans les oreilles et dans le cou? — C'est aussi causé par cette boule d'eau. — Croyez-vous que le magnétisme vous en guérisse? — Oui, monsieur; l'humeur de ma tête partira en même temps que celle de mon corps : tous les jours je vais déjà rendre de l'eau par les yeux et par le nez. — Et quand serez-vous guéri? — Je n'en sais rien, car je ne vois pas mon corps.

Il fallut donc m'aider encore de ma somnambule ordinaire, et je mis Catherine en consultation avec lui. Elle lui ordonna une médecine pour le lundi, après m'avoir assuré que Caron serait guéri dans les huit jours, comme elle l'avait annoncé la première fois. Elle tomba d'accord avec lui sur la cause de ses maux de tête, et m'ajouta qu'il ne fallait pas s'attendre que cet homme vît jamais l'intérieur de son corps.

Je me servais de bouteilles pour renforcer l'action magnétique que je portais sur le siége

du mal de ce malade. Il en éprouvait beaucoup
de souffrances ; mais il les supportait patiem-
ment, vu l'effet avantageux qu'il en éprouvait.
Son abcès bouillonnait et se fondait petit à petit ; puis, à la fin de chaque crise, il lui semblait,
dans son état naturel, que son mal était descendu.

La première médecine lui avait déjà fait rendre une forte partie de son humeur. Catherine
étant dans l'état magnétique le mardi soir, lui en
ordonna une seconde pour le mercredi 19 mai.
« Le reste du dépôt, dit-elle, est prêt à partir ;
« deux jours de plus de magnétisme l'en débar-
« rasseraient bien tout à fait ; mais puisqu'on
« peut le débarrasser plutôt, autant vaut-il le
« faire : une médecine demain va le guérir radi-
« calement. » Puis s'adressant à Caron lui-même,
qui alors était dans l'état naturel, elle le prévint, en riant, de ne pas s'effrayer de ce qu'il
rendrait le lendemain ; que cela lui paraîtrait
bien extraordinaire, mais que ce serait tout simplement la poche de son dépôt qui sortirait à la
fin de l'effet de sa médecine.

Le mercredi, Caron prit donc médecine, et je
ne le revis que vers six heures du soir ; il avait
tant évacué toute la journée, qu'il était un peu
faible. Sa première parole fut de me dire : Ah !

mademoiselle Catherine avait bien raison hier de me dire de ne pas m'effrayer : si je n'avais pas su ce que c'était, j'aurais cru que mes boyaux étaient déchirés, et que j'en avais rendu une partie, etc.

...... Je suis bien soulagé, m'ajouta-t-il; je crois, monsieur, que me voilà guéri. —Voyons, lui dis-je, nous allons savoir cela bien vite : si vous ne tombez plus en crise, c'en sera la preuve. Clément le magnétisa, et l'y fit pourtant tomber, quoiqu'avec plus de peine qu'à l'ordinaire.

Vers huit heures du soir, lorsque je le questionnai sur sa santé, il m'apprit sa guérison radicale. « Je n'ai plus rien dans le corps ni « dans la tête, me dit-il. A neuf heures et de- « mie, je me réveillerai avec la colique; ce sera « le reste de ma médecine qui partira, et puis « après je n'aurai plus qu'à vous remercier; « demain je ne pourrai plus tomber en crise. » Je m'apprêtais à le voir se réveiller tout seul à l'heure qu'il m'avait indiquée, et je ne comptais pas lui faire d'autres questions, quand, de lui-même, il se mit à me parler de la sorte : Monsieur, j'ai une grâce à vous demander. — Quelle est-elle, Caron? si je puis, je vous l'accorderai. — Ce n'est qu'autant que cela ne nuira

pas à la conclusion de ce que vous faites. —
Qu'est-ce encore? — J'aurais envie de partir demain matin pour Notre-Dame-de-Liesse, afin
d'aller y remercier Dieu de ma guérison, et le
prier pour vous, pour M. Ribault, M. Clément
et mademoiselle Catherine, qui tous m'ont fait
du bien. Mais dites-moi bien franchement si
vous approuvez mon dessein; car si cela nuisait,
me répéta-t-il, *à la conclusion de ce que vous
faites, je n'irais pas.* — Vous pouvez, lui répondis-je, faire sur cela ce qui vous convient :
bien loin de nuire à la conclusion de ce que j'ai
fait pour vous, je pense que vous n'avez rien
de mieux à faire que de remercier Dieu de votre
guérison. Vous le pouvez, à ce que je pense,
aussi bien chez vous que partout ailleurs; mais
puisque votre dessein est d'aller à Notre-Dame-
de-Liesse, vous en êtes le maître, et nous ac-
ceptons tous l'offre que vous nous avez faite.
— Eh bien! je partirai demain à la pointe du
jour. Il y a quatorze lieues d'ici à Notre-Dame-
de-Liesse. Depuis huit ans, je ne pouvais faire
une lieue sans être oppressé et sans m'arrêter
pour souffrir ou pour saigner du nez; au lieu
de cela, demain je ferai le chemin bien à mon
aise dans la journée. Après-demain matin, je
ferai mes prières, et vous me recevrez ici sa -

medi matin, en passant pour m'en retourner á mon village. L'on pense bien que la première idée qui me vint tout de suite, fut que cet honnête paysan avait depuis long-temps la résolution d'aller à Notre-Dame-de-Liesse, et que dans ce moment il lui prenait un ressouvenir de sa dévotion; ce qui me fit lui demander si, dans son état ordinaire, il avait eu le même projet de pélerinage. « Je n'en sais rien, me répondit-il, « mais je crois que oui, puisque je l'ai à présent; « cependant, de crainte que je ne l'oublie, je « vous prie bien, sitôt que j'aurai les yeux ou- « verts, de me le rappeler, et de me répéter tout « ce que je viens de vous dire. » Je le lui promis, et le laissai tranquille.

A neuf heures et demie, il me demanda de l'aider à se réveiller; ce que je fis. Sitôt qu'il eut les yeux ouverts, sa première parole fut qu'il avait la colique, et qu'il me priait de le laisser s'en aller. Je lui annonçai sa guérison radicale, et lui dis que cette colique allait bientôt se passer, pour après cela ne plus souffrir du tout. Mais, lui demandai je, ne devez-vous pas aller quelque part demain? — Oui, monsieur, s'il plaît à Dieu, puisque je suis guéri; je compte partir demain matin pour Baune. — Quoi, vous n'avez pas le projet d'aller quelque part aupa-

ravant? — Non pas que je sache. — Mais cher-
chez bien dans votre tête, si vous n'avez pas un
endroit à aller auparavant que de retourner chez
vous. — Ah! oui, monsieur, c'est vrai; je compte
passer par Essonne, qui n'est qu'à une lieue de
chez nous. — Ce n'est pas encore cela. — Je ne
sais, me dit-il, ce que vous voulez me dire, car
je n'ai pas d'autre projet que de m'en retourner
chez nous, et de travailler, si je le puis, pour
gagner ma vie.

Je n'en pus tirer autre chose : cet homme
n'avait plus la moindre idée de ce qu'il venait
de me dire il n'y avait pas une demi-heure. Je
fus obligé de lui répéter ses propres paroles,
et de lui dire qu'il s'était envoyé lui-même à
Notre-Dame-de-Liesse; qu'il fallait qu'il partît
le lendemain dès la pointe du jour, et s'en allât
remercier Dieu de sa guérison, ainsi que le
prier pour les personnes qui lui avaient fait du
bien. Il demeura fort étonné et interdit de cette
nouvelle; mais ensuite il me dit qu'il lui suffisait que je l'assurasse qu'il avait résolu ce pèle-
rinage dans sa crise, pour qu'il l'exécutât avec
plaisir, et qu'il partirait le lendemain. Sa colique le tourmentait beaucoup, et je le laissai
sortir.

Le lendemain jeudi, il partit donc comme il

me l'avait promis; et le samedi suivant, à dix heures du matin, je le vis entrer dans ma chambre avec sa cocarde et sa plume de pélerin. Il avait fait le voyage de Notre-Dame-de-Liesse le plus lestement du monde; plus de saignemens de nez, plus d'oppression; sa joie et son bonheur de se sentir aussi leste ne peuvent se rendre. Avant de me quitter, il voulut me donner ses ornemens de pélerin, « parce que, me dit-il, ils « vont croire dans mon pays que c'est à Notre- « Dame-de-Liesse que j'ai été guéri; j'aurai beau « leur assurer que non, ils ne me croiront pas. » Je l'assurai qu'il m'était fort égal qu'on attribuât sa guérison à son pélerinage; qu'il pouvait garder ses plumets, et laisser croire tout ce que l'on voudrait; que, quant à moi, il me suffisait de le voir parfaitement rétabli. Je lui souhaitai continuation de bonne santé; et après avoir embrassé de bon cœur tous ses médecins, il est parti, bien résolu de faire encore les huit lieues qu'il y a d'ici chez lui dans la journée; ce que je ne doute pas qu'il n'ait fait très-aisément. Je n'en ai pas entendu parler depuis.

La maladie de Caron était, sans contredit, du genre de celles qu'on peut appeler *chroniques,* puisqu'elle datait de huit ans d'ancienneté; la guérison s'en est opérée cependant dans le court

espace de huit jours. J'attribue cette promptitude à l'état de souffrance habituelle où était
cet homme : la nature chez lui ne s'était pas
encore amortie; elle faisait continuellement des
efforts pour se débarrasser de ses obstacles. Il est
à croire que ce combat n'aurait pas duré long-
temps encore, et se serait terminé au désavan-
tage du malade.

Un état de langueur, de malaise universel,
de faiblesse totale, est ordinairement la suite
de pareilles maladies longues et douloureuses,
que les moyens ordinaires de la médecine n'ont
pu soulager. Dans ce dernier cas, l'on aurait tort
de s'attendre à des succès aussi prompts par le
magnétisme, que ceux que j'ai obtenus à l'égard
de Caron.

Cet homme était d'une sensibilité singulière
aux effets du magnétisme. Je ne pouvais rien
toucher de ce qui l'approchait qu'il ne s'en aperçût sur le champ ; ses mouchoirs, ses vêtemens
lui semblaient dès-lors insupportables; il s'en
débarrassait comme de choses qui lui auraient
exhalé une odeur empestée. Si je touchais le
siége sur lequel il était assis, il était obligé de
s'en éloigner sur le champ. Cette susceptibilité
est toujours un très-bon signe pour la promptitude des cures; et si l'on ne se permettait pas

d'abuser quelquefois de l'état singulier de pareils individus pour satisfaire une vaine curiosité, et faire ce qu'on appelle *des expériences*, on obtiendrait plus souvent des guérisons promptes et assurées, qui, pour de bons magnétiseurs, doivent toujours être les seuls résultats désirables.

———

TRAITEMENT D'UNE OBSTRUCTION A LA RÉGION DE L'ESTOMAC.

LE nommé *Charles-François Amé*, âgé de quatorze ans, de la paroisse de Chacrise, manœuvre-maçon de son métier, est venu le 4 mai, sur les deux heures après-midi, se faire magnétiser pour un mal de dents qu'il ressentait depuis midi. J'étais à table; de sorte que Ribault entreprit de le guérir, et le magnétisa. Au bout d'un quart d'heure, il vint me dire que ce petit garçon était tombé en crise entre ses mains. Nous jugeâmes qu'il fallait qu'il eût d'autres maux que celui qu'il nous avait déclaré. Pendant le temps que Ribault dîna, il me le laissa entre les mains. Ce petit malade ne ressentait plus de maux de dents, et était très-faible. Sur la question que je lui fis où était le siége de son mal, il me répondit qu'il y avait un an, qu'en portant des pierres sur son estomac, il s'était donné un effort, et que depuis six mois, il s'y était amassé de l'humeur; ce qui lui occasionnait des maux d'estomac habituels. Croyez-vous guérir bientôt? lui demandai-je. — Oui, monsieur, me répondit-il en me prenant la main; après-demain, à quatre heures et demie du soir, je serai guéri. La suite de ses indications fut qu'il ne fallait le magnétiser que deux fois; savoir : le lendemain à dix heures et demie, après être resté attaché à l'arbre depuis sept heures du matin, et une seconde fois le surlendemain. Il demanda, au bout de trois quarts d'heure, que Ribault vînt le sortir de sa crise; ce qui fut fait.

Le lendemain vendredi, il fut se mettre à l'arbre à l'heure indiquée par lui, et à dix heures et demie, Ribault l'y mit en crise en moins de deux minutes. Sitôt qu'il y fut, il recommanda bien qu'on ne l'y laissât pas plus d'une demi-heure; il ne fallait pas le quitter un seul instant, indiquant lui-même les endroits où il était bon de le magnétiser, soit en frottant, soit en actionnant une partie ou l'autre de son corps. Il ordonna qu'à neuf heures et demie précises on le magnétisât une seconde fois, et

le samedi à sept heures du matin (*); qu'à onze
heures trois quarts, le samedi, son mal de dents
lui reprendrait; qu'alors il fallait qu'on le touchât pour le lui faire passer; ce à quoi l'on parviendrait, mais sans pouvoir le mettre en crise,
et qu'à deux heures il serait magnétisé pour la
dernière fois.

A neuf heures et demie, Ribault le mit en
crise en aussi peu de temps que le matin. Nous
fûmes témoins de cette crise, et pûmes lui faire
différentes questions : il ne me répondait pas
plus qu'à un autre; de sorte qu'il fallut que je
me fisse mettre en rapport avec lui par Ribault;
après quoi je lui demandai si je ne pourrais pas
continuer à le magnétiser. « Non pas, me ré-
« pondit-il, il faut que ce soit toujours le même;
« M. Ribault a commencé, il faut qu'il me
« finisse. » Comme il indiquait très-ponctuelle-
ment les heures, tant de sa crise que de son
réveil, je lui fis la question s'il était nécessaire
de suivre en cela ses indications. — Très-néces-
saire, me répondit-il; si on ne les suivait pas,
cela me ferait beaucoup de mal. — En est-il de
même pour tous les malades? — Non, il y en
a beaucoup à qui cela ne ferait rien; mais quand

____

(*) Ceci contrariait son premier aperçu.

ils le demandent, il ne faut jamais y manquer.
— Pourquoi faites-vous lever et baisser la main
sur votre estomac ? — C'est le mal qui m'indique cela. Quand on lève la main, cela tire le
mal ; et quand on la baisse , cela l'apaise ;
quand on le frotte, ça le fait bouillonner. —
Sentez-vous quelque chose qui entre en vous
quand on vous magnétise ? — Non, me dit-il,
il n'entre rien ; mais cela me soulage et me fait
du bien.

Au bout d'une demi-heure, il fit regarder à
la montre, parce qu'il était sûrement temps de
l'éveiller ; ce qui fut fait à la minute.

Le samedi, à sept heures du matin, il fut mis
en crise comme ci-dessus, et demanda qu'on
ne l'y laissât que trois quarts d'heure ; il avait
grand soin, comme la veille, de diriger tous les
mouvemens de son magnétiseur. Comme il avait
l'air de souffrir beaucoup, on ne lui faisait aucune question. Au bout de dix minutes, s'ennuyant apparemment du silence qu'on observait
avec lui, il demanda pourquoi l'on ne lui parlait pas. Alors on se permit de lui faire des questions. — Voyez-vous bien votre mal? — Oui, il
est comme un tourbillon d'humeurs qui tourne
dans mon estomac. — Pourriez-vous voir celui
des autres? — Non, pas aujourd'hui ; hier je l'au-

rais pu, si vous l'aviez voulu. — Cette humeur est-elle venue sitôt que l'effort s'est fait?—Non, mais seulement six mois après. Si l'on vous eût magnétisé avant que le dépôt se fût formé, eussiez-vous tombé en crise? — Non, parce que ce n'est qu'à cause de l'humeur que je puis y tomber. — C'est donc l'humeur qui fait tomber en crise de somnambulisme?—Oui, pour peu qu'il y en ait, on peut y tomber.—Pourrait-on se mettre soi-même dans l'état où vous êtes?—Cela serait très-difficile : pour moi, je pourrais bien, en allant à l'arbre, et l'embrassant pendant cinq minutes, y tomber tout seul. — Est-ce que tous les arbres ont cette propriété? — Non.—D'où vient donc cette vertu particulière à l'arbre de la fontaine? — C'est que M. de Puységur la lui a donnée. — Comment existe-t-elle dans l'arbre? — *Elle produit dans les racines, et monte avec la sève.* — Quand Ribault vous a mis en crise, est-ce par sa vertu particulière ou par celle de M. de Puységur? — C'est par celle que M. de Puységur lui a donnée. — Mais si, lorsque vous êtes venu pour la première fois, tout autre vous eût magnétisé, vous aurait-il mis en crise? — Oui, s'il avait eu les principes.

Il avait grand mal à la tête. Interrogé d'où lui venait ce mal : De l'estomac, répondit-il.

— Est-ce qu'il y a une communication entre l'estomac et le cerveau ? — Oui. — Qu'est-ce que c'est ? — C'est un tuyau. — Quel chemin prend-il ? Alors il indiqua, pour toute réponse, le chemin du *grand sympathique* gauche. Interrogé par où il voyait son mal : Par le bout des doigts. — Il faut donc que vous vous touchiez pour connaître votre mal ? — Oui. — Pourrait-on vous réveiller avant l'heure que vous avez indiquée ? — Non, cela serait impossible ; je le pourrais moi-même en me frottant les yeux bien fort, mais cela me ferait mal.

Au bout de trois quarts d'heure, il se fit réveiller comme à l'ordinaire, après avoir dit qu'il fallait qu'il fût à l'arbre ou au baquet jusqu'à dix heures et demie.

A onze heures trois quarts précises, le mal de dents lui prit, qui céda, en un quart d'heure, à l'effet du magnétisme, sans que l'on ait pu le mettre en crise.

A deux heures, il fut mis en crise pour la cinquième fois, et demanda à y rester trois quarts d'heure. Ses réponses étaient si intéressantes, et nous étions si sûrs de ne pas lui nuire, que nous lui fîmes les questions suivantes. La première lui fut faite par Ribault; savoir : si je pourrais le toucher pendant qu'il irait dîner ?

« Oui, lui répondit-il, si vous le voulez; mais
« pas plus d'un quart d'heure. » Pendant ce
temps, je fus obligé de suivre toutes ses indications, comme Ribault avait coutume de faire,
et il m'indiqua différentes manières de magnétiser auxquelles je n'étais point accoutumé. Le
quart d'heure expiré, ne voyant pas Ribault, il
le demanda avec impatience, et je le remis entre
ses mains.

Comme il m'avait fait mettre plusieurs fois
le pouce sur son front, il lui fut demandé si
l'effet était plus fort qu'avec la main entière. —
Oui, répondit-il, il est plus violent. — Quel est
donc le doigt le plus fort de toute la main? —
C'est le pouce, ensuite le petit doigt, puis les
deux intermédiaires, et celui du milieu nul;
que, quant à sa vision par les doigts, c'était
la même chose. Comme Ribault magnétisait
un sourd, il lui demanda la manière la plus
avantageuse de le toucher. « C'est avec le pouce
« d'une main dans l'oreille, et le petit doigt dans
« l'autre. » Le petit Amé voulut ensuite qu'on
me laissât seul avec lui pour me communiquer
un secret qu'il ne pouvait dire qu'à moi. Tout le
monde étant rentré, il fit entendre à Ribault que
c'était une espèce de grâce qu'il m'avait faite de se
laisser toucher par moi pendant un quart d'heure.

Au bout du temps marqué, il se fit sortir de crise, après avoir demandé qu'on l'y remît encore à quatre heures moins un quart jusqu'à quatre heures ; que jusqu'à quatre heures et demie on le mît au baquet avec d'autres malades, et qu'alors il serait totalement guéri. Ces deux indications furent suivies à la lettre ; et le lendemain, ne souffrant plus du tout, il fut impossible à Ribault de produire sur lui le moindre effet (10).

La suite du traitement très-court du petit Amé présente le meilleur exemple à suivre pour la conduite d'un malade devenu somnambule. Avant lui, je n'avais pas imaginé qu'il fût aussi avantageux, et même aussi nécessaire de consulter les êtres magnétiques sur les heures comme sur la durée de leur crise ; c'est au petit Amé que je dois cette perfection, et depuis je n'ai pas manqué de suivre à la lettre la marche qu'il m'a indiquée dans toutes les occasions.

Ce même enfant m'a bien confirmé aussi dans l'idée que j'avais de la nécessité de ne point mêler dans un traitement l'action de plusieurs magnétiseurs. *C'est Ribault qui m'a commencé*, me dit-il, *il faut qu'il me finisse.* L'esprit de politique et d'intérêt ne lui avait certainement pas dicté cette réponse, mais bien la sensation impérieuse de son bien-être.

Cette difficulté de conserver l'unité de principe dans les traitemens nombreux administrés par une société de magnétiseurs, me porte à les regarder comme très-équivoques. Il est si difficile de soumettre les opinions et les actions de plusieurs à la volonté d'un seul! Aussi remarque-t-on qu'il s'opère moins de cures satisfaisantes dans les traitemens publics que dans les traitemens particuliers. Un seul magnétiseur, je le sens bien, ne peut pas soigner vingt-cinq malades; et lorsque son humanité le porte à ne refuser personne, il lui faut bien quelqu'un pour l'aider : mais dans ce cas, je le répète, il ne doit s'entourer absolument que de gens qui lui soient subordonnés. La diversité des opinions apporte tellement de contrariété dans les actions, qu'à moins d'avoir avec soi un être absolument passif, on n'obtiendra jamais, en commun, des succès bien éclatans.

Au reste, l'expérience apprendra, peut-être avant peu, qu'il est plus avantageux de ne pas réunir beaucoup de malades ensemble. Le baquet n'est pas de première nécessité, et l'on est toujours assez fort pour magnétiser un seul malade. Je connais plusieurs magnétiseurs qui agis-

sent ainsi d'une manière isolée, et qui obtiennent les résultats les plus satisfaisans. S'ils veulent employer le renforcement de la chaîne, ils
la font former par les parens ou amis du malade.
L'effet de cette chaîne n'en devient que plus efficace, étant composée de gens tous sains et bien
portans.

Ce que le petit Amé m'a dit sur les différentes propriétés des doigts de la main pour
faire ressentir plus ou moins d'effet à un malade, m'a singulièrement frappé. M. Mesmer
nous avait dit la même chose, et certes ce
jeune enfant n'en pouvait avoir la moindre
idée. Si ce phénomène a véritablement lieu, ce
ne sera que par la conformité des rapports des
somnambules que nous pourrons en avoir la
certitude (11).

Quant à la vision des somnambules, elle varie
beaucoup. Le petit Amé, par exemple, disait
avoir besoin de ses doigts pour voir, ou plutôt
pour sentir où était son mal. C'est le seul qui
m'ait offert cette particularité ; tous les autres,
sans ce moyen, savent très-bien se connaître,
et se servent également du mot *voir*, à la place
de celui *savoir* ou *sentir* telle ou telle chose. Il
faut cependant se rappeler que ce sont ici des
paysans qui parlent. Lorsqu'il m'est arrivé de

mettre des personnes instruites, ou que l'éducation mettait dans le cas d'apprécier le sens des
mots dans l'état de somnambulisme magnétique, je les ai toujours entendues accuser la pau-
vreté de la langue pour exprimer leur sensation,
et pour l'ordinaire se servir du terme de *savoir,*
être bien sûres de ce qu'elles me disaient, sans
pouvoir trouver de mots assez significatifs pour
rendre leurs idées.

Quoi qu'il en soit de l'espèce de sensation
que, dans l'état de somnambulisme, la classe
d'hommes la plus simple désigne sous le terme
de *voir,* je crois que le phénomène de notre vision, dans l'état naturel, peut nous en donner
un léger aperçu. Notre vision n'est autre chose
qu'une sensation que nous procurent les objets
extérieurs : c'est par le canal des nerfs que nous
viennent toutes les sensations; et de tous nos
nerfs, il n'est que celui qu'on nomme *optique*
qui, par sa susceptibilité, puisse nous procurer
la sensation de la vision. Tous les objets extérieurs néanmoins se présentent également aux
autres nerfs; mais à moins d'un tact immédiat,
ils n'y produisent aucun effet. Si donc, dans
l'état de somnambulisme, dans cet état si peu
connu, quoiqu'infiniment commun, il en arrive
tout autrement; si le somnambule, quoiqu'avec

les yeux hermétiquement fermés, marche, évite les obstacles qui se rencontrent, lit, écrit, et fait enfin autant et même plus de choses qu'il n'en pourrait faire dans son état naturel, il faut bien certainement qu'il voie, non par le nerf optique, puisqu'il est caché, mais par d'autres nerfs devenus d'une susceptibilité telle, qu'ils rapportent à son âme une sensation absolument analogue à celle de la vision. Comment s'opère cette vision ? quels sont les nerfs qui la procurent dans cet état singulier ? C'est ce que je ne puis hasarder de déterminer; mais à coup sûr ce phénomène existe, puisque, sans cela, les somnambules ne verraient pas. Or, je ne pense pas que personne puisse leur refuser cette propriété.

TRAITEMENT DE COLIQUES FRÉQUENTES DEPUIS QUATRE ANS, APRÈS UNE COUCHE DIFFICILE.

La nommée *Charlotte*, femme Vidron, était sujette à des coliques affreuses; elle jetait les hauts cris, se roulait par terre, et ses crises de souffrances finissaient par un accablement très-grand.

Il y avait quatre ans que cette femme était

attaquée de cette maladie, dont elle ignorait absolument la cause.

Le lundi 16 mai, je l'ai magnétisée et l'ai
fait tomber en somnambulisme magnétique.
Comme elle souffrait beaucoup dans cet état, et
qu'elle-même ne pouvait pas encore me rendre
un compte exact de sa situation, je consultai
une fille, aussi somnambule, qui me détailla
ainsi sa maladie. « Cette femme, me dit-elle,
« a un embarras de sang dans le corps, prove-
« nant d'un reste de couche. Vous pouvez l'en
« débarrasser ; mais ce ne sera pas sans lui oc-
« casionner de très-grandes souffrances. Servez-
« vous, m'ajouta-t-elle, de bouteilles ; faites-
« vous aider par quelqu'un, afin d'actionner en
« même temps l'estomac et les reins. Elle vous
« dira de la laisser tranquille, elle se plaindra vi-
« vement du mal que vous lui ferez ; ne l'écou-
« tez pas, continuez toujours ; mais arrêtez-
« vous au bout de dix minutes, car elle n'aurait
« pas la force de supporter cet effet plus long-
« temps. »

J'obéis sur le champ à cette indication, et je
fis souffrir à Charlotte des maux inouïs, que jamais je n'aurais pu me permettre d'entretenir,
si je n'y eusse pas été encouragé par la consultation ci-dessus. Au bout des dix minutes, je

m'arrêtai ; et la malade, une fois sortie de crise,
ne conserva pas la moindre trace de ses souffrances passées.

Du 16 au 21, cette femme fut magnétisée
deux fois par jour, et à chaque séance sup-
porta l'opération des deux bouteilles, accompagnée des mêmes souffrances. Elle était devenue
clairvoyante sur son état; et après m'avoir confirmé les indications de la première somnambule, elle m'avait ajouté qu'il était bien heureux
pour elle d'être venue au magnétisme; qu'elle
n'aurait pas vécu deux mois dans l'état où elle
était. Sur le détail que je lui demandai de me
faire de sa maladie, elle me dit qu'il était resté
dans son corps du *délivre* de son avant-der-
nière couche, qui n'avait pu se détacher, malgré qu'elle fût accouchée heureusement depuis. J'avais beaucoup de peine à croire une
pareille déclaration ; mais elle me l'a tant répétée affirmativement à plusieurs reprises, et
tant assuré qu'il ne lui restait aucune incommodité de sa dernière couche, qu'elle m'a forcé
de le croire. Enfin, cette femme prévoyant dans
ses crises le terme de ses maux, souffrait avec
courage les douleurs que lui occasionnait le magnétisme des bouteilles, et m'éclairait sur l'effet
qu'il produirait.

Le 21, Charlotte prit une médecine ordonnée par elle. Elle avait annoncé, pour ce même jour, un vomissement de sang, qui effectivement eut lieu avant l'heure de sa médecine. Le 23, elle prit une seconde médecine, qui lui procura, de même que la première, de très-fortes évacuations.

Le soir du 23, elle me dit que sa maladie ne durerait pas bien long-temps; que le mercredi suivant 25, il lui faudrait encore une dernière médecine, et qu'alors elle saurait le jour définitif de sa guérison.

Le 24, un bouillon magnétisé qu'on lui donna la purgea tellement, qu'elle remit au 26 sa dernière médecine.

Le 25, elle nous dit qu'il n'y avait plus de sang dans son corps, mais seulement un peu de bile.

Le 26, dernière médecine magnétisée. J'oubliais de dire qu'elle voulait toujours être en crise pour prendre médecine, parce que, de cette manière, elle prétendait que sa répugnance n'était pas aussi forte, et qu'elle ne courait pas le risque de la rejeter. Pour obéir donc à ses intentions, il fallait que Clément allât le matin chez elle, comme pour savoir de ses nouvelles, et tout en lui parlant, il la rendait som-

nambule : aussitôt il lui faisait prendre sa médecine ; un quart d'heure après, il la sortait
de crise, et lui apprenait alors ce qu'elle
venait de faire, ce qui, comme on peut aisément le croire, la surprenait toujours également.

Le soir du 26, elle annonça que le lendemain
elle serait guérie, et que le 28 elle ne tomberait
plus en crise. En effet, le 27, après une demi-
heure dans l'état magnétique, elle se réveilla
toute seule. Elle a repris depuis de la force et de
l'embonpoint, et n'a plus été susceptible du magnétisme.

Comme je suis persuadé que ce n'est que la
quantité de faits observés avec soin qui pourront avancer les progrès des lumières dans la
pratique du magnétisme animal, je raconte,
avec la fidélité la plus scrupuleuse, les faits et
dires des somnambules magnétiques que j'ai observés. Ce que Charlotte m'a dit de la cause de
ses coliques m'a paru incroyable : je n'imagine
pas comment cette femme a pu conserver en
elle aussi long-temps une partie du délivre de
son avant-dernier enfant, et, supposé même
que cet accident ait eu lieu, comment, en ac-
couchant depuis, elle n'en a pas été délivrée.
Je crois plutôt que tout son mal ne venait que

de règles arrêtées ou d'embarras quelconque
dans la matrice; mais enfin ce sont ses expressions même que je rapporte. La nature, au
reste, offre tant de variétés, que je ne me permets pas de juger impossible ce que je ne sais
pas, et encore moins ce que je ne comprends
pas.

Charlotte a été, de tous mes malades, celle
sur laquelle j'ai fait usage, avec le plus de succès, du magnétisme à une certaine distance.
Sitôt qu'elle était en crise, je pouvais la quitter
et m'en aller à l'autre bout du château, sans cesser pour cela d'agir également sur elle. Plusieurs fois, lorsque je m'absentais ainsi, je mettais quelqu'un en relation avec elle, afin de
pouvoir être instruit de ses diverses sensations.
Cette femme alors était tourmentée, se plaignait des souffrances que je lui occasionnais,
comme si j'eusse été près d'elle, et me priait de
la laisser. Si on la questionnait alors sur la distance où j'étais, elle en rendait un compte exact,
et particularisait même le lieu d'où je la magnétisais.

L'impossibilité de magnétiser *de loin* n'est
plus à présent un problême pour toutes les personnes qui pratiquent le magnétisme. C'est encore là une chose de fait dont l'expérience seule

peut donner la certitude, et qu'il est impossible de persuader par des raisonnemens.

C'est donc aux hommes qui connaissent cette petite partie de leur pouvoir que je m'adresse, pour leur recommander de nouveau la plus grande discrétion dans l'usage qu'ils en pourront faire. Il est infiniment plus pénible d'agir avec constance et sans distraction sur un être qu'on ne voit pas, que sur un être qu'on voit et qu'on peut toucher à chaque instant. De plus, à moins de ressentir soi-même la sensation de l'effet qu'on procure, on ne peut le déterminer : d'où il doit s'ensuivre une vacillation et un vague qui souvent peuvent devenir nuisibles au malade.

En outre de cet inconvénient, il en est un autre beaucoup plus à craindre, qui est le risque qu'une cause étrangère quelconque ne vienne déranger l'effet que l'on produit de loin. Si l'effet que l'on produit, par exemple, est celui du somnambulisme, on sait assez combien cet état paisible est susceptible d'être troublé par la moindre circonstance étrangère ; ce qui alors peut causer un désordre vraiment fâcheux.

Si le malade au contraire n'entre pas dans l'état de somnambulisme, on peut produire chez lui des effets utiles à sa curation, mais souvent inquiétans pour les personnes avec lesquelles il se trouve, et qui, par un intérêt aveugle, peuvent quelquefois employer des moyens étrangers pour le soulager, et déranger par-là l'effet avantageux que le malade aurait dû éprouver.

On ne doit donc employer, à mon avis, le magnétisme sur un malade à une certaine distance, qu'autant qu'on est bien certain qu'aucune circonstance étrangère ne pourra lui nuire ; et le moyen d'en être plus sûr, est de prévenir le malade des heures où l'on agira sur lui. On doit de plus avoir l'attention, en achevant de le magnétiser ainsi, de *calmer ou de terminer la crise* ou l'effet qu'on lui a procuré, comme si on l'eût touché effectivement ; car, sans cette précaution, il arriverait nécessairement du désordre dans la suite de son traitement.

Les magnétiseurs assez éclairés sur leur sensation pour connaître au tact le siége et la cause des maladies, portent aussi leur connaissance, m'a-t-on dit, jusqu'à *sentir* et *pressentir* même l'effet qu'ils produisent ou vont produire sur les malades qu'ils magnétisent. S'il en est ainsi, les précautions dont j'ai parlé ci-dessus ne seront pas pour eux d'une aussi grande conséquence que pour les magnétiseurs qui, comme moi, n'*ont aucune sensation*. J'avoue que, depuis l'année dernière, je n'ai ni cherché ni désiré d'en acquérir. Mon ignorance sur cet article ne me porte point, au reste, à blâmer l'étude qu'on peut faire de ses sensations. Je sens que la manière d'administrer le magnétisme d'après ses propres lumières, doit paraître plus satisfaisante que celle d'agir aveuglément comme je le fais. Les magnétiseurs, dont le tact est exercé, se passent aisément du somnambulisme magnétique, et désirent fort peu de l'obtenir dans leur traitement; moi, au contraire, je sens que, sans ce secours, je n'aurais jamais la moindre certitude des effets que je produis.

Lorsqu'il m'est arrivé de guérir plusieurs malades sans les rendre somnambules, j'ai senti qu'il m'était nécessaire d'en rencontrer quelques-uns qui le devinssent pour affirmer ma foi. Au défaut de sensation enfin, c'est pour moi la preuve la plus convaincante et la moins suspecte de l'existence de l'agent magnétique, ainsi que de ma puissance pour en faire un bon usage.

C'est après beaucoup de temps et d'expériences qu'il sera possible de décider affirmativement lequel est le plus avantageux de s'en rapporter à son *tact* dans l'usage du magnétisme, ou de négliger entièrement de le reconnaître, comme je fais. La plus grande quantité et la promptitude des guérisons pourront servir d'indications.

Mes doutes sur ce point important m'empêchent de faire part des raisons qui me déterminent, quant à présent, à ne point chercher à m'en rapporter à moi même sur les effets que je dois produire en magnétisant.

SUITE DU TRAITEMENT DE CATHERINE MONTENECOURT.

CATHERINE MONTENECOURT avait dit que ce ne serait qu'au printemps qu'elle recouvrerait entièrement sa santé : en conséquence, je la reçus à mon traitement le 20 avril. Elle avait eu pendant l'hiver quelques rhumes qui avaient beaucoup fatigué sa poitrine; une saignée, qu'on avait eu l'imprudence de lui faire, avait nui aussi au retour périodique de ses règles; et, à ses dernières époques, elle avait éprouvé d'assez violentes coliques.

Dès sa première crise, elle m'apprit tous ses détails : deux ou trois jours après, elle me dit que son époque commencerait à se manifester le 27, comme à l'ordinaire ; mais qu'elle s'arrêterait presqu'aussitôt, pour ne reprendre son cours que les premiers jours de mai.

Le 27, en effet, sa prédiction eut lieu ; et le soir elle me dit que ses règles ne reparaîtraient que le mardi 3 mai, et que l'apparition qu'elle avait eue n'avait fait qu'en désigner à l'avenir l'époque constante (*). Elle m'ajouta que, le vendredi 6 mai, elle serait si bien guérie, que je ne pourrais plus la remettre en crise. Sa poitrine s'était aussi dégagée peu à peu ; elle avait rendu, de temps en temps, du pus dans ses crachats ; sa toux était moins fréquente ; et le 28 elle me dit que le premier mai elle n'aurait plus de mal à la poitrine.

Le lundi 2 mai, sa poitrine était rétablie.

Le lendemain matin, ses règles parurent ; elle se portait bien, et je me félicitais d'avance de sa guérison radicale, qu'elle m'avait prédit devoir se terminer le vendredi suivant. Je la mis cependant en crise sur les onze heures du ma-

____

(*) On doit entendre que ces époques se rapportent au mois lunaire.

tin, plutôt pour ajouter à son bien-être, que
pour avoir de nouvelles indications sur son état,
que je croyais le meilleur possible; mais au bout
d'un quart d'heure, à ma grande surprise, elle
me dit qu'à mesure que son estomac se débarrassait, elle découvrait encore en elle un mal
nouveau. Comment, lui dis-je, encore quelque
chose? mais cela ne finira donc jamais?—Monsieur, me répond-elle, c'est aujourd'hui la répétition de ce qui m'est arrivé l'automne dernier,
où je n'ai vu mon mal aux poumons qu'après
que mon estomac a été dégagé de nouveau; je
découvre en moi les approches d'un violent point
de côté qui me prendra lundi prochain, et dont
je serai bien malade. — Quelle est la cause de
cette nouvelle maladie? — J'ai été cet hiver,
par de très-grands froids, soigner ma mère dans
une maladie qu'elle a eue; j'ai eu froid et chaud
successivement, et c'est une *pleurésie* que je
vais avoir. — Cela va-t-il nuire à votre état
présent? — Non; pourvu que vous empêchiez
le point de côté de se faire sentir. — Mais vous
aviez dit que vous seriez guérie vendredi, et
que je ne vous ferais plus tomber en crise? —
Je vous le répète encore, vendredi après midi
vous ne pourrez plus me mettre en crise; samedi, dimanche et lundi matin, je croirai être

bien rétablie ; mais lundi, à onze heures et demie, le point de côté me prendra avec violence ;
j'aurai la fièvre très-fort, avec une respiration
gênée, et les mouvemens de nerfs qui s'y join-
dront empêcheront peut-être que vous puissiez
me mettre en crise. — Je tâcherai d'y parvenir.
— Je vous en prie bien, monsieur, car sans cela
je serais en danger de mourir. Elle m'ajouta de
ne pas lui parler de cela dans son état naturel,
parce que l'inquiétude qu'elle en aurait pourrait
lui causer une suppression.

Revenue à elle, notre conversation passée n'é-
tait plus présente à son esprit, et elle passa fort
tranquillement le reste de la journée.

Dans ses crises, elle me reparlait de son mal
à venir, et me tranquillisait sur les inquiétudes
que je lui en marquais. Elle me dit, entr'autres
choses, que si la maladie tournait heureusement,
le jeudi d'après, 12 mai, elle en serait quitte,
et que le samedi ou le dimanche d'ensuite, elle
ne serait plus susceptible de recevoir aucune
impression magnétique.

Le soir elle était très-tranquille, et fut se
coucher dans l'état naturel.

A onze heures, comme j'allais me mettre dans
mon lit, on vint me dire que Catherine souffrait
beaucoup de la tête et du côté, et qu'elle me fai-

sait prier d'aller la trouver. J'y cours, et la trouve
très-souffrante et très-inquiète. Je lui dis ce qui
me vint dans l'idée pour la tranquilliser, et je
me mis tout de suite à la magnétiser. Elle eut
des mouvemens de nerfs assez forts, qui m'in-
quiétaient d'autant plus, que je ne pouvais parvenir à la mettre en *crise*. Néanmoins, à force
de peine et d'attention, je la fis entrer en somnambulisme. Le point de côté continuait, et je
pus lui en demander la raison. Alors elle me
dit que ses règles s'étaient arrêtées il y avait une
heure ; qu'il fallait travailler à les faire revenir
et à faire disparaître le point de côté, qui, si je
n'y prenais garde, viendrait avant le temps, et
qu'alors le sang et la bile se mêleraient ensemble, et feraient de grands ravages chez elle.
Elle avait, pendant cet entretien, posé ma main
sur son côté, et il me fallut près d'une demi-
heure pour apaiser ses douleurs, ainsi que les
mouvemens de nerfs qu'elle ressentait à chaque
respiration. Au bout de ce temps, elle me dit
que son sang commençait à redescendre ; et
lorsqu'elle fut certaine de son état, je lui *ouvris
les yeux*. Elle ne souffrait plus du tout, et je
la quittai.

Elle passa le mercredi 4 mai, fort tranquillement, à quelques petites douleurs de côté

près, que je lui faisais passer dans des momens très-courts de crises magnétiques.

Dans son état naturel, elle n'avait aucune idée de sa maladie à venir, comme je l'ai déjà dit ; elle-même m'avait bien prié de ne lui en pas parler, ni souffrir que d'autres lui en parlassent.

Le jeudi, même état et même bien-être que la veille. Dans une de ses crises, pendant laquelle elle s'occupait de sa maladie future, elle me dit que le lundi elle déjeunerait de bon appétit, sans se douter de rien, et qu'à onze heures et demie, quand le point de côté se ferait sentir, elle croirait seulement que son déjeuner lui ferait mal, et qu'elle ne serait pas inquiète ; que, malgré la fièvre qui lui prendrait sur le champ, il ne faudrait pas la faire coucher d'abord, et que, depuis le lundi jusqu'au jeudi, je ne devais pas lui permettre de manger la moindre chose, sans quoi elle serait perdue sans ressource.

Le vendredi, elle tomba encore en crise ; mais ce n'était que pour des instans, et sans aucune *vision* intérieure ni extérieure.

Le samedi, les maux de tête et de côté se faisaient fréquemment sentir ; et lorsqu'elle me priait de les lui faire passer, elle devenait dans

(556)

l'état magnétique comme à l'ordinaire ; ce qui était contraire à sa prédiction. Ne voulant pas lui causer la moindre inquiétude, je la réveillais sitôt que ses douleurs étaient passées, en affectant, à son réveil, de la vouloir mettre en crise ; de sorte qu'elle demeurait persuadée qu'elle n'y tombait plus. Ses règles ne s'arrêtèrent que ce jour-là.

Le dimanche 8 mai, elle fut plus souffrante que la veille : sa poitrine s'embarrassait, et elle était fort inquiète ; ce qui me fit lui dire, pour la tranquilliser, qu'elle aurait un petit accès de fièvre dans le commencement de la semaine prochaine, et que ce qu'elle ressentait en était apparemment les approches. Elle ne fut pas très-satisfaite de la nouvelle que je lui apprenais ; mais de voir que je savais la cause de ses souffrances, la tranquillisa un peu.

Enfin le lundi 9 mai, après s'être levée moins souffrante qu'elle n'était la veille, et être restée assez gaie jusqu'à onze heures, elle fut se mettre dans son lit avec un grand mal de tête, et tous les symptômes bien caractérisés de la maladie qu'elle m'avait annoncée, c'est-à-dire d'une *pleurésie* jointe à une *fluxion de poitrine*. A onze heures et demie, quand je la fis chercher, on me dit qu'elle était couchée; de sorte que je ne pus suivre l'ordre qu'elle m'avait donné de la tenir levée pendant quelque temps. Je travaillai aussitôt à calmer ses douleurs de côté, et cherchai à la mettre en crise. C'était ordinairement l'affaire de trois minutes; mais cette fois-là je fus près d'une demi-heure à me fatiguer inutilement. J'étais près enfin d'y renoncer, quand, pour son bonheur, je la vis sensible à l'émanation magnétique. Je continuai, et j'eus la satisfaction de la mettre dans l'état complet de somnambulisme : alors elle me renouvela l'ordonnance de son traitement pendant sa maladie. Il fallait la magnétiser toutes les trois heures, parce qu'elle ne resterait pas long-temps en crise chaque fois; et quant à sa boisson, il ne fallait lui donner que de l'eau rougie pour toute nourriture jusqu'au jeudi à midi, sans souffrir qu'elle mangeât la moindre chose, et la refuser, quand même, étant *en crise*, elle nous demanderait à manger.

Elle fut magnétisée quatre fois dans la journée par Ribault et par Clément. Vers le soir, le transport et le délire troublèrent sa tête, elle se plaignait du mal qu'on lui faisait, demandait à s'en aller chez sa mère, et autres propos déraisonnables.

Dans son état naturel, elle voulait d'autres boissons pour adoucir sa poitrine, disant qu'il n'y avait pas de bon sens à ne lui donner que de l'eau ; elle allait même jusqu'à en pleurer, et à dire qu'apparemment on la regardait comme désespérée, puisqu'on ne lui donnait rien pour la guérir.

Une fois dans l'état magnétique, elle confirmait son ordonnance précédente, et suppliait qu'on ne l'écoutât point quand elle demanderait autre chose que de l'eau rougie. Enfin elle était alternativement malade, ignorante et inquiète, et le quart d'heure d'après, médecin consolateur et instruit.

Clément la veilla toute la nuit, pendant laquelle elle eut souvent des délires.

Le mardi et le mercredi, continuation des souffrances, et délire violent. Clément et Ribault la veillaient alternativement, et la mettaient, de temps en temps, dans l'état magnétique, pendant lequel elle extravaguait autant que dans son état ordinaire. Quand elle reprenait sa raison, le premier usage qu'elle en faisait, était pour avertir qu'elle perdait la tête à tous momens ; qu'il ne fallait faire aucune attention à tout ce qu'elle pouvait ou dire ou demander, jusqu'à midi du jeudi.

Lorsqu'elle n'était point dans l'état magnétique, on la voyait quelquefois dans une apparence trompeuse de tranquillité ; témoin ce qui
lui arriva le mardi soir sur les neuf heures, où
ses gardiens en furent la dupe. Après avoir causé
très-raisonnablement avec eux plus d'une demi-
heure, elle les persuada si bien qu'elle était
calme et mieux portante, que, sur la prière
qu'elle fit à tout le monde d'aller souper sans
inquiétude, on consentit à la laisser seule : mais
au bout d'un quart d'heure on la voit entrer
toute habillée dans la cuisine, en murmurant et
grelotant de froid. Elle voulait s'en aller, disant
qu'on l'avait abandonnée ; qu'au pied de son lit
elle avait vu quelque chose qui lui avait fait
peur ; qu'elle ne voulait plus se coucher, et
mille autres discours semblables. Il fallut me
joindre aux gens qui, fort inutilement, la voulaient remener chez elle. Une fois dans sa
chambre, ne pouvant parvenir à la faire coucher, je pris le parti de la mettre en crise magnétique sur la chaise où elle était assise. Dans
cet état, alors devenant douce et raisonnable,
elle se remit tranquillement dans son lit. Elle
me dit ensuite qu'on avait bien mal fait de la
laisser seule, puisque, si elle eût trouvé les
portes du parc ouvertes, elle se fût sauvée à

Soissons comme une folle; qu'enfin elle n'était entrée dans la cuisine, que parce que le froid et la fatigue l'avaient accablée. Comme elle ne tenait pas long-temps en crise, au bout d'un quart d'heure elle devint déraisonnable en ouvrant les yeux.

Cet état extraordinaire dura jusque vers les six heures du matin du jeudi. Le premier usage qu'elle fit de sa raison, fut pour demander l'heure qu'il était, et combien il y avait de temps qu'elle était dans son lit. L'état de faiblesse avait commencé pendant la nuit; et quand je fus la voir, je la trouvai fort abattue. La première fois de la journée qu'on la mit dans l'état magnétique, elle dit qu'à midi il faudrait lui donner une soupe aux herbes sans bouillon gras. A onze heures et demie on la lui apporta; mais comme elle la refusait et n'en voulait point du tout, je crus devoir la mettre une seconde fois dans l'état magnétique, pour m'éclairer davantage. Sitôt qu'elle y fut, elle me confirma son ordonnance. « Je n'ai pas été une seule fois à la garde-robe dans tout le temps de ma maladie, me dit-elle; la soupe légère que je vais manger va me tenir lieu de médecine. Je me réveillerai dans une demi-heure, et dans une heure et demie la soupe fera son effet. » De

crainte d'une seconde transition de sa part dans
son état naturel, je lui fis manger sa soupe à
midi, sans la faire sortir de crise. Quand elle
se réveilla toute seule un quart d'heure après,
elle en demeura fort étonnée.

L'après-midi, dans l'état magnétique, elle
pressentit que la fièvre lui prendrait à six heures
du soir, et durerait jusqu'à trois heures du matin. Comme sa poitrine me paraissait embarras-
sée, je lui en demandai la raison. « Ce serait
ma faute, me dit-elle, si j'avais eu connaissance
de ce que j'ai fait. Pourquoi m'a-t-on laissée
seule mardi soir? Le froid m'a gagnée, et par-
là ma poitrine ne s'est pas dégagée comme le
reste. Je vais être oppressée ces jours-ci, et ce
ne sera que dimanche matin que je serai totalement quitte de tout. » Le vendredi elle allait
mieux, à son oppression de poitrine près.
Comme elle s'était ordonné une diète assez austère, ses forces ne revenaient pas très-vîte.

Un nouvel évènement, le soir du vendredi,
retarda encore sa guérison radicale. Une personne qui ne l'avait pas magnétisée durant sa
dernière maladie, essaya de la mettre en crise,
et y parvint; mais un moment après, Catherine
dit que quelque chose lui faisait mal, que sa
poitrine se bouleversait ; et aussitôt, avec une

espèce de colère, elle frotta ses yeux, et se réveilla.

Un grand mal de tête et des maux de cœur
succédèrent à cet état; et de toute la soirée
elle ne put rester plus d'un quart d'heure en
crise. Sur les questions que je lui fis, elle me
répondit que la personne qui l'avait touchée
s'était trop distraite, et s'était même mise à rire
au moment où elle commençait à entrer dans
l'état de somnambulisme; que sa faiblesse était
la cause de sa susceptibilité à la moindre distraction qu'on avait eue, et que, quoiqu'on ne
l'eût pas fait exprès, la révolution qu'elle avait
éprouvée n'en avait pas moins été réelle.

Le samedi matin, 4 mai, elle resta en crise
magnétique depuis neuf heures du matin jusqu'à onze, et se trouva mieux ensuite. Elle se
fit donner du lait, et annonça qu'elle aurait
quatre évacuations bilieuses dans la journée.
Suivant ce qu'elle me dit, la révolution qu'elle
avait eue avait fait refluer de la bile jusque dans
sa tête; elle fut en effet, comme elle l'avait
prédit, d'un jaune extrême toute la journée.

Elle eut des maux de tête jusqu'au mardi matin : la bile alors descendit, et il ne lui resta
plus qu'un embarras léger dans la poitrine,
qu'elle m'assura devoir se dissiper totalement le

jeudi suivant, et que le vendredi elle ne tomberait plus en crise. Elle ajouta, dans un de ses
états magnétiques, qu'elle serait peut-être obligée de prendre une médecine, ce qui la chagrinait, parce que n'ayant pas pris jusqu'à présent
la moindre drogue, elle aurait voulu se guérir
radicalement sans ce moyen.

Le mercredi 18, en effet, elle s'ordonna une
purgation pour le lendemain. « Je pourrais bien
m'en passer, me dit-elle; mais je ne veux pas
avoir menti. J'ai dit que, le vendredi, je ne
tomberais plus en crise, et cela pourrait bien
m'arriver encore, si je ne prenais pas de médecine. Surtout, ajouta-t-elle, n'allez pas me le
dire dans mon état naturel, car je m'en irais
plutôt dès la pointe du jour, que de me résoudre
à prendre une drogue. Si je le sais d'avance, je
vous assure que je n'en prendrai pas. »

Le jeudi matin 19, pour remplir ses intentions, Clément fut la trouver sur les six heures.
Elle dormait profondément; de sorte qu'il put
la mettre en crise sans la réveiller, et lui donner
ensuite sa médecine.

Sur les huit heures, quelques coliques la
firent apparemment sortir de l'état magnétique;
et une fois réveillée, elle ne savait à quoi attribuer les douleurs qu'elle ressentait. Elle s'en cha-

grinait beaucoup, quand Clément, entrant dans sa chambre avec une terrine pleine de bouillon aux herbes, lui apprit qu'elle avait été purgée, et la manière dont il avait fallu qu'il s'y prît pour lui rendre ce service. Cette nouvelle la tranquillisa, et sa médecine eut son plein effet. Dans une crise qu'elle eut dans l'après-midi, elle me confirma que le lendemain elle aurait les poumons bien nets, et le corps en meilleur état qu'elle ne l'avait jamais eu depuis l'âge de treize ans.

Elle me dit ensuite qu'il ne lui fallait aucun régime de vie particulier pour l'été; que le lait, la salade, les raves, rien ne lui ferait mal, et que sa poitrine seule serait encore faible quelque temps; qu'en ne faisant aucun exercice violent, en évitant le froid et le chaud alternatifs, il ne lui viendrait point de rhume, et qu'elle se porterait parfaitement bien.

Le samedi 21, elle m'a quitté, ne souffrant plus du tout, et n'étant plus susceptible de tomber en crise. Je dois cependant la revoir encore vers le 12 octobre, qu'elle m'a annoncé devoir ressentir une révolution, qui est justement celle du bout de l'an de sa maladie.

Catherine Montenecourt n'est venue à Buzancy que dans les premiers jours de novembre.

Pendant tout l'été, elle s'était portée à merveille; mais le 10 octobre, la révolution qu'elle avait annoncée pour le 12 s'était manifestée et avait duré deux jours. Elle était restée depuis fort souffrante de la tête et de l'estomac. Sitôt qu'elle fut devenue somnambule magnétique, elle me dit qu'il faudrait douze jours pour réparer le mal qu'elle s'était fait, en ne venant point au terme qu'elle s'était fixé. Pendant cet espace de temps, elle a éprouvé différentes révolutions nécessaires, plus intéressantes à observer qu'à décrire, comme convulsions annoncées, surdité, et travail successifs de nerfs dans presque toutes les parties de son corps. Avant de cesser de tomber en crise, elle a ordonné qu'on lui fît prendre trois fois du looch camphré, pour raffermir, disait-elle, des vaisseaux relâchés dans son corps par les efforts qu'elle avait faits ; et finalement, le 15 novembre, elle m'a quitté entièrement rétablie.

Catherine Montenecourt me dit, dans une de ses dernières crises, que si j'eusse tardé encore quelque temps à la magnétiser, tous ses maux anciens se seraient renouvelés. Le relâchement de ses vaisseaux ne provenait, suivant elle, que des attaques nerveuses qu'elle avait eues depuis le 10 jusqu'au 12 octobre, les-

quelles n'ayant point été aidées par le magnétisme, étaient devenues infructueuses pour sa
guérison.

L'accomplissement de la prédiction de Catherine Montenecourt au bout de l'an, à peu près,
du commencement de son traitement, ne me
laisse point de doute, comme elle me l'a dit elle-
même, que ses maux ne se fussent renouvelés,
si elle n'eût point été magnétisée à temps. Je
traite dans ce moment-ci une autre malade qui
me prouve son assertion.

On peut se rappeler d'avoir lu, dans mes premiers Mémoires, la cure de la nommée Catherine Vidron, que je croyais alors parfaitement
guérie, tous les symptômes de ses maux ayant
tellement disparu, que le printemps passé, ne
souffrant point du tout, elle n'était pas même
venue se faire magnétiser ; mais au mois de
juin 1785, qui était aussi l'époque du bout de
l'an de son premier traitement, moi n'étant
plus à Buzancy, cette fille retomba dans le même
état fâcheux où elle était précédemment. Aux
maux de cœur et d'estomac presque continuels,
et aux vomissemens journaliers s'étaient joints
en outre des convulsions fréquentes. M. M***,
médecin à Soissons, fut alors appelé ; et à l'aide de
trente bains et de différens médicamens, il était

parvenu à calmer pour un temps les souffrances de cette malade ; mais au bout de deux mois tous ses maux avaient reparu, et elle était enfin, à l'époque du mois d'octobre dernier, qu'elle est venue me retrouver, dans la situation la plus déplorable.

Heureusement aujourd'hui, plus instruit que je ne l'étais lorsque j'avais commencé à traiter cette fille, qui était alors une des premières malades qui eût manifesté chez moi le phénomène du somnambulisme magnétique ; aujourd'hui, dis-je, que je sais tirer un parti plus avantageux de ses heureuses crises magnéti-ques ; j'espère, à force de soins, de persévé-rance et d'exactitude à suivre toutes les indica-tions qu'elle me donne, la guérir définitivement.

Au bout de huit jours de traitement, Cathe-rine a pu m'annoncer le terme de sa guérison.

M. *Case de Mery*, qui se trouvait alors à Buzancy, écrivit sous sa dictée ce qui suit :

Du 2 novembre 1785.

« Elle ne sera guérie que le 24 de janvier.

« Les convulsions commenceront le 12 dé-
« cembre, et dureront une heure ou une heure
« et demie : il y aura ensuite une faiblesse qui
« durera une demi heure.

(348)

« Du 1er janvier au 24, une convulsion tous
« les jours.

« Il faut tirer une palette de sang du bras
« droit, le 1er décembre.

« Le 18 décembre, une palette et demie du
« bras gauche.

« Le 1er janvier, une palette du pied droit.

« Le 6 janvier, une médecine, et du 6 au 10,
« ne prendre pour toute nourriture que deux
« bouillons par jour.

« Du 10 au 24, rien à faire dans les grandes
« convulsions qu'elle aura.

« Il faut qu'elle soit touchée tous les jours,
« sans quoi sa guérison serait reculée. »

Aujourd'hui 3 décembre, que j'écris cet article, l'état de Catherine Vidron est aussi bien
qu'il peut être : depuis son arrivée chez moi,
elle n'a pas eu un seul vomissement, et les
souffrances qu'elle éprouve tous les jours sont
toutes indiquées et annoncées par elle comme
curatives. La saignée qui lui a été faite avant-
hier, dans l'état magnétique, lui a procuré un
soulagement réel, et je ne doute pas qu'en suivant toutes ses indications d'ici au 24 de janvier,
elle ne soit, à cette époque, guérie radicalement (12).

SUITE DU TRAITEMENT DE VIÉLET.

Viélet, comme on l'a pu voir dans le détail de son traitement de l'automne, avait dit que ce ne serait qu'au printemps qu'il guérirait radicalement, et que ses souffrances de nerfs ne finiraient que dans ce temps. Je le trouvai arrivé à Buzancy le même jour que moi, qui était le 17 avril. Il me parut engraissé ; il avait bon visage, et l'air plus riant que lorsqu'il m'avait quitté. Je lui en fis compliment ; mais il me dit qu'il souffrait beaucoup de douleurs dans la poitrine, dans les épaules, et au creux de l'estomac.

Je fus deux jours avant de le pouvoir remettre dans l'état complet de somnambulisme. Depuis lors jusqu'au 4 mai, il ne se passa en lui rien de remarquable ni de satisfaisant. Catherine Montenecourt lui fit prendre une tisanne composée de fleurs de sureau, de racines de guimauve, de miel, avec un gobelet de vinaigre blanc dans une pinte. Cette tisanne lui adoucissait la poitrine, et il ne fut pas long-temps sans en être soulagé. Jusqu'alors il n'eut aucune vision sur son état : les mouvemens de nerfs qu'il avait en étaient cause. Le soir du 4, n'y découvrant pas davantage, il eut cependant une pressensation pour le surlendemain : mais comme il ne *voyait pas*, il me pria d'écrire sous sa dictée ce qu'il *pressentait*, et j'écrivis ce qui suit : « Demain à « dix heures sera ma dernière crise, laquelle « finira par un mouvement de nerfs qui se por- « tera subitement à la tête, et samedi j'aurai des « accès de nerfs violens, qui me continueront « jusqu'à mardi sept heures et demie du soir. « Si ces mouvemens ont lieu sans trop de vio- « lence, je pourrai voir clair mercredi à huit « heures et demie du matin, et décider ce « qui en résultera sur la définition de ma ma- « ladie.

« Il ne faudra pas s'inquiéter des maux de « nerfs que j'aurai, parce qu'ils sont nécessaires « à ma guérison.

« Je dirai, sans être mis en crise, vendredi, à « ma première attaque de nerfs, le moyen de la « calmer. Ceci est écrit sous ma dictée, ne pou- « vant point écrire moi-même, parce que je n'y « vois pas clair.

« Signé VIÉLET. »

Ce 4 mai 1785, à huit heures du soir.

Au bas de cet écrit il mit sa signature, sans distinguer les lettres qu'il faisait.

La prédiction ci-dessus eut son plein effet; deux fois par jour Ribault et Clément le magnétisèrent, et chaque fois il ressentait des contractions de nerfs violentes; elles allaient en augmentant de durée et de force, au point que la dernière, depuis sept heures un quart du soir, le mardi, jusqu'à neuf heures et demie, fut si violente, que nous craignions qu'il ne se fît chez lui une rupture de vaisseaux; ce qu'il nous avait fait craindre précédemment, d'autant que j'avais oublié de lui demander le moyen qu'il m'avait annoncé pour le soulager.

Après ses deux attaques de nerfs du mardi, il demeura en crise magnétique quelque temps; mais il ne pouvait parler, et ce n'était que par signe qu'il pouvait nous répondre et se faire entendre. Il nous en fit un, entr'autres, pour nous indiquer qu'il écrirait bientôt le détail de sa maladie.

Il fut obligé, le soir, tant il était faible, de s'en retourner avec un bâton à la main pour se soutenir. Le mercredi il fut magnétisé deux fois dans la journée, et devint en crise magnétique; mais il avait encore des agitations de nerfs trop fortes pour distinguer clairement en lui l'état actuel de son corps. Il annonça que le soir, à dix heures et demie, il y *verrait très-*

clair, et serait susceptible de nous rendre compte de tout ce qui le concernait.

Sur les onze heures en effet, après qu'il eut été mis en crise par Clément, l'air de satisfaction se peignit sur son visage. Depuis son arrivée, il avait été morne, silencieux, et plein d'inquiétude sur son état, qu'il était chagrin, disait-il, de ne pas connaître comme il avait fait par le passé. A mesure qu'il se *distinguait mieux*, sa satisfaction augmentait. « Ce serait trop long, nous dit-il, à vous expliquer à présent : d'ailleurs, il faut encore que je me recherche et que je m'étudie. Vous n'avez qu'à me donner de quoi écrire cette nuit ; et demain, dès trois heures du matin, vous pourrez venir chercher dans ma chambre ; vous y trouverez le détail de tout : soyez sûr que je n'oublierai rien. »

Le trouvant aussi clairvoyant sur lui-même, je lui demandai alors s'il pouvait rendre compte de la maladie d'un autre, ce qu'il n'avait pas été dans le cas de faire depuis son arrivée. « Volontiers, me répondit-il ; mais je ne le pourrai pas long-temps, car demain je n'y *verrai plus* (13). » En conséquence de sa bonne volonté, je mis deux malades en rapport avec lui, qui en obtinrent des consultations aussi curieuses que satisfaisantes.

A onze heures et demie, je le menai dans une chambre pour se coucher, et mis à côté de son lit de l'encre, des plumes et du papier; puis, après lui avoir souhaité une bonne nuit, j'emportai la lumière, et fermai la porte à double tour. J'en donnai la clef à M. le comte de Sérent, qui avait suivi toute cette scène, et nous nous donnâmes rendez-vous pour entrer ensemble le lendemain chez Viélet.

Il était sept heures et demie quand nous pûmes nous y rendre. Je trouvai mon malade souffrant beaucoup de la poitrine et des nerfs. Il avait été, me dit-il, fort agité toute la nuit. Je commençai par essayer de calmer un peu ses souffrances, ce qui m'obligea à le magnétiser pendant près d'une demi-heure. Quand je le vis tranquille, je pris le papier écrit que je voyais sur son lit; et étant sorti de sa chambre, nous lûmes ce qui suit :

« C'est actuellement que je connais la cause
« des maux que j'ai soufferts depuis quatre
« jours. Cela provient des chutes que j'ai faites
« l'hiver dernier, dont il s'est formé un amas
« de pus dans la poitrine, et une humeur qui
« tient au conduit proche le *duodenum*. Mais
« je vois que ma poitrine se dégage. L'humeur
« dont est question n'en est pas de même; elle

« ne peut avoir lieu que peu à peu ; ce qui me
« cause une gêne, mais qui se dissipera. J'aurai
« néanmoins quelques émotions, mais qui ne
« seront point violentes. J'ai rendu du sang par
« la bouche, le 10 du présent mois ; cela me pro-
« vient d'avoir eu la tête trop basse : la rupture
« du vaisseau aurait été entière, si M. de P***
« et ses condisciples n'eussent pas eu soin de
« ma poitrine et de ma gorge, surtout au moyen
« du souffle, dont ils se sont servi avec succès.

« Tout ce qu'il y a eu de contraire à ma
« situation, est d'avoir posé le pied directement
« au *pylore* ; ce qui a empêché les nerfs de
« prendre leur direction et leur emplacement
« positifs. On aurait dû le poser, seulement pen-
« dant les accès, sur l'humeur qui pour lors
« bouillonnait avec force ; cela aurait occasionné
« le détachement plus liquide, puisque le fluide,
« dirigé avec constance par la volonté et l'action,
« produit les effets que la nature animale de-
« mande, vivifie et propage avec activité les
« parties offensées. Il m'importe peu sur cet
« article ; j'en aurai un embarras un peu plus
« pénible ; mais je m'en tirerai heureusement
« sans inconvéniens.

« Je n'aurai point d'attaque de nerfs avant le
« 20 du présent mois ; je serai susceptible de

« tomber en crise ce jour-là : les crises finiront
« pour moi le 13, à trois heures du matin. Je
« n'ai rien à craindre depuis ce temps jusqu'au
« 20. Ma révolution dernière se fera le 15 oc-
« tobre, entre onze heures et midi, et me du-
« rera jusqu'à trois heures après midi. Je n'aurai
« aucun accès pendant le cours de l'été : je la
« pressens heureuse, malgré les souffrances que
« j'aurai le 15 octobre.

« Quand je considère mon individu, je fré-
« mis. . . . . . Quand j'envisage avec exactitude
« ma situation et la faiblesse de ces membranes
« déliées, le peu de force qui me reste en com-
« paraison de celle que je possédais, je m'éva-
« nouis. . . . . . A quoi donc que je pense?. . . . .

« Ne me suffit-il pas d'être tranquille, lors-
« que j'ai non seulement un libérateur, mais
« en même temps des protecteurs? Cependant,
« vivre sans reconnaissance, c'est vivre en tête
« effrénée. A Dieu ne plaise que je sois jamais
« de ce nombre! Non, jamais ma reconnais-
« sance n'égalera les bienfaits de M. et madame
« de P*** Quelles réflexions dois-je faire à ce
« sujet!. . . .

« Je me reprends pour finir ceci, n'y pouvant
« plus dicter ni écrire, lesquels je me ressou-
« viendrai, s'il m'est possible, que c'est dans

« l'état magnétique que je le fis, pour me servir
« dans mon état naturel. Cejourd'hui 12 mai
« 1785, deux heures du matin.

« *Signé* Viélet ».

Sur le revers de la page était un autre écrit
commençant ainsi :

« Après avoir parcouru intérieurement, sur
« la puissance du *magnétisme animal,* différens
« motifs m'obligent d'en raisonner, tant sur sa
« nécessité que sur sa réalité : c'est ce qui m'o-
« blige d'en écrire différentes circonstances af-
« firmativement.

« On donne le nom *magnétisme.* . . . . .
. . . . (14). »

Vers neuf heures, j'allai le faire sortir de
crise. Une fois dans l'état naturel, je lui annonçai les nouvelles qu'il m'avait données sur
son état. Comme il avait encore les doigts pleins
d'encre, il me fut aisé de le persuader qu'il avait
écrit. Dans le courant de la journée, je lui lus
une partie de son écrit, jusqu'à ces mots : *Je
n'ai rien à craindre jusqu'au* 20. La raison
qui m'empêcha de lui en dire davantage, fut
qu'ayant eu la précaution, avant de l'éveiller,
de lui demander ce que je pourrais lui lire dans
son état naturel, il m'avait averti de ne pas lui

en faire savoir davantage, parce qu'ayant l'esprit faible dans son état naturel, il s'inquiéterait
beaucoup à la moindre souffrance qu'il aurait
dans le courant de l'été, et qu'il lui suffisait
que je lui donnasse l'ordre de revenir à Buzancy
vers le temps qu'il avait indiqué.

Toute la journée du 12, ainsi que le 13, il
tomba en crise tranquille de somnambulisme,
chaque fois qu'on le magnétisa ; ses nerfs en
éprouvaient beaucoup de soulagement, et il re-
couvrait peu à peu ses forces.

La dernière fois qu'il tomba en crise, après
l'avoir demandé, fut le 13, à onze heures du
soir.

Le 14, on eut beau le magnétiser, il ne put
tomber en crise.

Le dimanche 15, Viélet partit pour aller vaquer à ses affaires, et ne revint que le 19.

Il fut magnétisé à son retour, sans qu'on
pût parvenir à le mettre en crise ; mais le lendemain, matin et soir, il eut deux attaques de
nerfs très-violentes, ainsi qu'il les avait pressenties, précédées et suivies de l'état de somnambulisme.

Depuis, il a continué de devenir somnambule
clairvoyant chaque fois qu'il a été magnétisé,
jusqu'au mardi 31 mai, qu'il a eu sa dernière

crise, à dix heures du matin. Pendant cet intervalle, il s'est fait purger deux fois.

Le 1er et le 2 juin, il est encore resté à Buzancy, sans qu'il ait été possible de lui procurer aucun effet magnétique ; et il est parti définitivement le 3, pour retourner chez lui, avec promesse de revenir le 14 octobre.

Post-scriptum. Le 13 octobre, au soir, Viélet n'étant point arrivé à Buzancy, j'ai envoyé le 14 à Mont-Saint-Père, pour en savoir des nouvelles. On m'a rapporté le soir, pour réponse, qu'il était parti dès la veille pour venir me trouver. Cependant, le 15 au matin, il n'était pas encore arrivé. A dix heures, mon inquiétude sur son compte était si grande, que je fis mettre les chevaux, et partis pour aller au-devant de lui. Je le rencontrai enfin à quatre lieues de Buzancy ; il était alors environ midi : aussitôt je le fais monter dans ma voiture, et nous reprenons ensemble le chemin de Buzancy. Il m'apprend, chemin faisant, qu'il avait passé l'été fort heureusement ; que, depuis quinze jours seulement, il avait ressenti quelques petites douleurs au creux de l'estomac. Sur le reproche que je lui fis de ne s'être pas mis en route plutôt ; de façon à arriver chez moi le 14, il me dit que c'avait bien été son projet, et que, pour cet effet, il s'était mis en chemin la veille ; mais qu'à onze heures du matin, étant à deux lieues de chez lui, il lui avait pris des douleurs de coliques si fortes, jointes à des maux de nerfs si violens, qu'il avait été obligé de se faire remener chez lui ; que ses souffrances avaient duré bien avant dans la nuit.

Arrivé à Buzancy, j'essayai en vain de le mettre en crise ; je ne lui occasionnais que des spasmes ou des contractions douloureuses. J'étais au désespoir de l'oubli de cet homme à venir me trouver, et je désespérais presque de pouvoir rétablir sa santé.

Le 16, heureusement il devint somnambule très-clairvoyant. Il me dit, dans cet état, que sa révolution, prédite quatre mois auparavant, ne s'était avancée de vingt-quatre heures, qu'à cause de la fatigue qu'il s'était donnée depuis quinze jours ; que comme le travail qui devait amener sa révolution dernière avait commencé à cette époque, il eût été nécessaire qu'il fût tranquille depuis ce temps. Il finit par m'assurer que le lendemain il y verrait plus clair encore, et que peut-être il m'annoncerait le terme de sa guérison radicale.

En effet, le 17, il pressentit deux attaques de nerfs, la première pour le lendemain 19, et la deuxième pour le 21. « J'éprouverai, me dit-il, en deux fois, ce que j'aurais dû éprouver en une, et je serai tout aussi bien guéri que si je n'avais pas manqué au rendez-vous de ce printemps. » Enfin, *ses pressensations* ont eu leur plein effet aux heures indiquées. Après la dernière attaque, le soir du 21, il fut d'une faiblesse extrême. Néanmoins, avant de se réveiller tout seul, il me confirma sa guérison. Il s'ordonna de plus une tisane pour boire à jeun tout l'hiver, ainsi qu'une médecine au retour du printemps, la faiblesse de sa poitrine l'obligeant, disait-il, à suivre un certain régime pendant quelque temps. Le lendemain, le croyant bien guéri, je le magnétisai, imaginant que je ne pourrais plus lui produire aucun effet : mais, à mon grand étonnement, je le vis encore tomber en crise. — Dites-moi la raison, lui demandai-je, de l'effet que vous produit encore le magnétisme? — Elle est très-simple, me répondit-il : je suis faible ; jusqu'à ce que mes forces me soient revenues, vous pourrez toujours me mettre en crise ; mais je n'y tiendrai pas long-temps ; vous allez me voir ouvrir les yeux dans cinq minutes (15). En effet, au bout de ce temps, il revint tranquillement dans son état naturel. Deux jours encore je le retins, pour mieux me confirmer sa guérison, et enfin il est parti définitivement le 23, dans un état de santé tel, à ce que j'espère, qu'il n'aura pas besoin, de long-temps, du secours du magnétisme animal.

Le bout de l'an, dans les maladies chroniques guéries par le secours du magnétisme animal, me paraît une époque intéressante à observer. Je suis tenté d'affirmer que ce période amène toujours une révolution nécessaire, qui, pour se terminer favorablement, exige les soins du magnétiseur. L'exemple de Catherine Montenecourt, de Viélet, et de plusieurs autres, prouve mon assertion. Les malades qui deviennent somnambules magnétiques, avertissent toujours du temps précis où ils ont besoin de revenir se faire magnétiser : c'est une leçon pour se conduire de même à l'égard de ceux qui n'auraient pas passé par l'état de somnambulisme. Je crois que si l'on négligeait de magnétiser un malade au bout de l'an, lorsque lui-même l'a demandé, il en résulterait pour sa santé les suites les plus fâcheuses.

Un mal ancien et invétéré peut être comparé à une plante parasite dont les racines sont très-

profondes. Les remèdes ordinaires de la médecine qu'on administre en pareil cas, ne portent leur action, pour l'ordinaire, que sur les
rameaux de la plante, les abattent même quelquefois; d'où s'ensuit nécessairement un mieux
apparent et momentané. Ordinairement les
symptômes les plus apparens s'apaisent, les
maux cessent, et le malade, satisfait pleinement de ne plus souffrir, regarde son médecin
comme un Dieu tutélaire : mais les racines de
la plante sont encore vivantes ; au bout de quelque temps elles fructifient de nouveau ; les rameaux renaissent avec d'autant plus de vigueur,
que la plante a déjà été taillée, et le malade se
trouve dans un état pire que celui où il était
précédemment. Il faut alors avoir recours une
seconde fois à l'habile médecin qui a si bien
guéri une première fois. On conçoit qu'il lui
faut alors de plus grands moyens que les premiers qu'il a employés, des ciseaux plus forts
pour tailler de nouveaux rejetons pleins de sève
et de vigueur, qui se sont reproduits. S'il n'emploie que ceux dont il s'est servi précédemment,
il ne portera aucun soulagement. Mais enfin, je
suppose que le médecin ait, en outre de sa
science, beaucoup d'expérience; c'est, je crois,
tout ce qu'on peut désirer : alors il parviendra

peut être encore une seconde fois à rendre une santé précaire à son malade; mais gare à la troisième rechute! La troisième ramification de la plante sera terrible à élaguer; une plus grande quantité de rameaux, une végétation plus active.... Que pourra faire alors le médecin? Osera-t-il employer des moyens plus forts et plus incisifs que ceux dont il s'est servi la seconde fois? Il sait trop bien que le malade ne les supporterait pas. Que faire donc alors? hélas! pallier, donner de l'opium, envoyer aux eaux, etc..., Voilà les seules et dernières ressources qui couvrent, j'ose le dire, non l'ignorance des médecins, mais bien certainement l'enfance de la médecine d'aujourd'hui.

Un moyen tendant, dès le premier moment de son application, à détruire le principe du mal, à attaquer la plante dans sa racine, est, sans contredit, le seul remède efficace à employer dans les maladies chroniques. Le magnétisme animal, bien administré, est, je crois, un des moyens les plus puissans pour remplir ce but désirable. Il est à remarquer que son effet, bien différent des remèdes ordinaires de la médecine, n'est point de délivrer promptement le malade de ses souffrances; au contraire, on pourrait même dire qu'il les entretient quelquefois, et que même il les augmente : mais il ne faut pas s'y tromper, ces souffrances ne sont plus symptomatiques ; elles deviennent toutes critiques (16). Les maux que le magnétisme animal occasionne, enfin, loin d'être effrayans pour le malade et le médecin, deviennent encourageans pour l'un et l'autre, et par les crises heureuses qu'ils produisent, servent à nourrir entr'eux une confiance et une espérance fondées sur des succès journaliers.

L'exemple de la cure de Viélet peut servir à faire l'application de mon raisonnement. On a dû prendre une idée des souffrances que cet homme a endurées (*). Dès les premiers momens qu'il a été magnétisé, la racine de son mal a été certainement attaquée : dès lors, pour me servir de ma comparaison première, la sève de la plante parasite et malfaisante a été arrêtée ; ses rameaux se sont peu à peu desséchés ; l'évacuation s'en est faite, et enfin il n'est plus resté en lui qu'une très-petite quantité de racine encore vive, qui eût pu germer et reproduire peut-être en fort peu de

---

(*) La plupart des souffrances de ce malade se sont passées dans l'état magnétique, de sorte qu'il n'en conserve pas même le souvenir.

temps une fructification nouvelle, toute pareille à la première, si, au bout de l'an, le
moyen puissant du magnétisme animal n'en
eût pas éteint absolument le germe. C'est ce
qui effectivement a eu lieu dans un espace de
temps très-court ; et aujourd'hui Viélet n'a
plus à craindre de voir reparaître les symptômes de ses maux passés.

Quant à son personnel, mon souhait de
l'année dernière a été exaucé : il est aujour-
d'hui placé avantageusement pour sa position,
gagnant 40 sous par jour, sans être obligé à un
travail pénible de corps ; et le bonheur dont il
jouit ne contribuera pas peu, j'espère, à entretenir en lui l'état heureux de santé dans lequel
il est aujourd'hui.

———

CURE INTÉRESSANTE, PAR LES ÉVÈNEMENS QU'ELLE A PRODUITS.

Agnès Remont, femme du maréchal-fer-
rant de Buzancy, très-forte et bien constituée,
âgée de vingt-quatre ans, avait été guérie, le
printemps passé, d'un embarras dans le corps,
arrivé à la suite d'une couche fâcheuse. Sa cure
avait duré long-temps, et il fallait apparem-

ment qu'elle éprouvât au bout de l'année une révolution nécessaire. Deux fois , dans le mois de mai 1785 , elle eut des réplétions de sang si fortes, que j'en éprouvai les plus vives inquiétude. A l'aide du magnétisme , de beaucoup de soins, et d'une saignée qu'elle s'ordonna dans ses crises , j'eus la satisfaction de la tirer d'affaire en très-peu de temps.

Sa révolution périodique était arrivée heureusement, et depuis plusieurs jours elle n'était plus susceptible de tomber en crise , lorsqu'un accident imprévu la fit retomber plus dangereusement malade qu'auparavant. Comme elle s'en retournait un soir tranquillement chez elle , un garçon de village , qui l'attendait à un détour de mur , lui fit une si grande frayeur en lui jetant son chapeau , que la malheureuse femme en eut une suppression subite : tous ses accidens se renouvelèrent, il lui fallut revenir me trouver malgré elle , et malgré tout l'ennui que lui causait le magnétisme. Une nuit entière passée à la magnétiser et à renforcer notre action , soit avec des bouteilles ou autrement, suffit à lui rappeler ses règles; et le lendemain , vers onze heures du matin , je crus pouvoir la renvoyer chez elle.

Le soir , on vint m'avertir qu'Agnès souffrait

de nouveau, et qu'après avoir rendu du sang par la bouche, il lui avait pris des coliques si fortes, qu'elle se roulait sur son plancher. Je vais la trouver dans sa maison; et après l'avoir un peu calmée, je parviens à la mettre dans l'état de somnambulisme. J'apprends d'elle alors, qu'aussitôt qu'elle était sortie de chez moi le matin, ses règles avaient disparu. « Il ne faudrait pas, me dit-elle, que je vous quittasse un moment : mes sens sont si saisis, qui si je ne suis pas au magnétisme jusqu'à la fin de mon époque, cela finira bien mal pour moi. » Sur le reproche que je lui fis de n'être pas rentrée sur le champ, dès qu'elle s'était aperçue de sa suppression, elle me dit qu'elle ne l'avait pas osé; qu'elle sentait bien à présent le tort qu'elle avait eu, puisque tous mes soins peut-être allaient lui devenir inutiles à l'avenir, vu que le sang ayant pris son cours par en haut, j'aurais bien de la peine à le rappeler à son cours ordinaire.

Je saisis le premier moment de calme, et la ramenai au château. Celui de mes aides-magnétiseur qui n'avait pas été auprès d'elle la nuit précédente, la veilla cette nuit-là, et se chargea de la magnétiser pendant ses accès de souffrances.

Elle ne commença à revoir que l'après-midi du lendemain, et pendant trois jours ensuite son bien-être se soutint. Une fois son époque passée, elle m'annonça sa guérison radicale très-prochaine, et m'assura que, sans la faiblesse très-grande où elle était, on ne pourrait déjà plus la mettre en crise.

Comme elle se sentait un peu de bile sur l'estomac, elle s'ordonna une médecine pour le vendredi 20 mai. Un peu de froid qu'elle eut pendant l'effet de sa médecine, arrêta les évacuations, et le lendemain, dans une crise, elle me dit qu'il restait encore quelque chose à faire partir de dedans son corps, et que sitôt qu'elle aurait repris ses forces, il faudrait employer l'effet plus actif des bouteilles.

Ce ne fut que le mardi matin 24, dans sa crise, qu'elle m'annonça que le soir elle serait en état de supporter le renforcement magnétique des bouteilles. Vers cinq heures, je la mis en crise. Elle était fort gaie de se voir aussi près de sa guérison radicale, et je me félicitais aussi moi-même de l'avoir amenée aussi heureusement au terme de sa maladie, quand, pour son malheur et plus encore pour le mien, j'eus l'imprudence ou plutôt l'ignorance de lui donner à toucher une jeune malade arrivée dans la soirée, qui tombait d'épilepsie , et presque paralytique entièrement. Cette femme était habile dans la connaissance des maladies : elle fit sa consultation fort tranquillement et avec sa clarté ordinaire; mais au bout de sept à huit minutes qu'elle avait employées à toucher cette petite fille , quelle fut ma surprise , de lui voir retirer ses mains précipitamment de dessus la malade , et après un cri d'effroi qui ne se peut rendre , me dire qu'elle venait d'attraper du mal; que l'humeur de paralysie et d'épilepsie, qu'elle venait de reconnaître, lui avait sauté dessus le corps !

Dans le même moment la femme Remont est attaquée de maux de nerfs ; je lui vois faire des soubresauts , et tout alarmée elle me demande du secours. J'appelle quelqu'un pour m'aider à la transporter, et nous faisons des efforts inutiles pour la calmer dans la cour : nous employons tous les moyens possibles , le renforcement des bouteilles , rien n'y fait, et nous voyons au contraire tous ses maux s'augmenter avec une vivacité extrême. Elle n'était pas pour cela sortie de l'état de somnambulisme magnétique. Je lui demande des détails sur l'affreux état où elle est. « Ah! monsieur, me répond-elle, je suis une femme perdue! Qu'en arrivera-t-il ? je n'en sais plus rien; je ne vois plus mon corps.... Vous ne me soulagez pas. » Je la fais porter sur un lit : il fallait deux hommes forts pour la contenir. Elle reste ainsi plus d'une heure et demie avant de se tranquilliser. Il était alors sept heures du soir. Enfin elle annonce qu'elle va être tranquille un quart d'heure; mais qu'au bout de ce temps ses convulsions reprendront avec la même force, pour se renouveler ainsi de quart d'heure en quart d'heure, jusqu'à quatre heures du matin; qu'alors elle verra clair sur son sort, et pourra me dire ce qui résultera de cette maladie.

Qu'on se représente, pour un moment, cette scène alarmante, les cris et le désespoir de cette femme, qui tantôt m'adressait des reproches mêlés de douceur et d'amertune, en me disant de ne pas prendre de chagrin; que, ne connaissant pas le danger où je l'avais exposée, sa mort ne devrait point m'être reprochée; tantôt s'accusant elle-même de ce qu'elle avait fait; revenant à tout moment sur l'idée et la certitude qu'elle avait eues, peu d'heures auparavant, d'être radicalement guérie le lendemain, pour envisager avec plus d'horreur son état présent : qu'on se représente, dis-je, cet assemblage de traits déchirans pour moi, et l'on aura une idée du saisissement que j'éprouvai. Je me voyais l'auteur de la mort d'une mère de famille qui s'était confiée à mes soins perfides : le magnétisme ne me paraissait plus qu'un instrument malfaisant, dont je m'étais servi jusqu'alors sans en connaître tout le danger. Enfin, mes réflexions, jointes à l'effroi qui m'avait pénétré, m'abattirent tellement, que, dès le même soir, je me sentis une oppression d'estomac considérable, et des commencemens de frissons.

Le besoin de secours pressans dont la femme du maréchal avait besoin, me firent néanmoins m'étourdir sur moi-même, pour ne songer qu'à elle ; il me restait d'ailleurs encore un peu d'espérance d'apprendre d'elle - même, à quatre heures du matin, des nouvelles plus satisfaisantes de son état : en conséquence je ne la quittai pas, et la veillai toute la nuit. De quart d'heure en quart d'heure ses convulsions se manifestèrent. J'avais Ribault et Clément pour me seconder. Nous espérions être dédommagés de nos peines, lorsque, pour surcroît de malheur, à quatre heures du matin, cette femme se mit à pleurer, ce qu'elle n'avait pas encore fait ; au lieu de nous tranquilliser, elle nous dit qu'il n'y avait pas d'apparence de guérison pour elle.... — Cela ne se peut pas ! m'écriai-je tout alarmé ; que voulez-vous dire ? — Non, vous ne pouvez pas me guérir ; je vois mon état.... Il faudrait trop de temps ; vous allez partir, et je ne peux être guérie avant votre départ. Finalement, après bien des larmes et des sanglots, elle m'annonce qu'il faut qu'elle soit magnétisée pendant deux mois et demi ; que c'est moi seul qui peux la guérir, et qu'à défaut de cela, elle restera épileptique ; que tout son côté gauche se paralysera peu à peu, et qu'enfin elle périra misérablement.

Après l'avoir assurée, le mieux qu'il me fut possible, que certainement je ne l'abandonnerais pas, je sus d'elle qu'il ne lui prendrait plus que quatre accès dans la journée ; savoir, à sept heures du matin, à midi, à sept et à dix heures du soir. Elle me dit de plus qu'il faudrait la mettre en crise à l'avance, afin qu'elle ne se vît pas dans ses accès, et qu'à son réveil il ne faudrait pas lui raconter les scènes affreuses de la nuit.

Ce ne fut qu'à six heures du matin qu'elle demanda à sortir de l'état magnétique. La fatigue extrême qu'elle ressentait alors la surprit beaucoup ; il fallut lui chercher des raisons quelconques pour la tirer d'inquiétude. Elle n'avait aucun souvenir de ses souffrances passées, et l'on se garda bien de lui en laisser rien soupçonner. Comme je tombai malade le 27, Ribault et Clément se chargèrent alternativement les jours suivans de la mettre en crise et de la soigner dans ses attaques.

Jusqu'au mardi 31, ses quatre attaques se soutinrent constamment aux mêmes heures : mais après une promenade en voiture qu'elle s'était conseillée dans l'état magnétique, elles avancèrent d'une demi-heure. Le mercredi 1er juin, autre promenade, qui fait encore avancer ses accidens davantage. J'ordonne qu'on suive à la lettre l'indication qu'elle avait donnée de lui faire faire beaucoup d'exercice. Il en résulta un effet si salutaire, que, dès le vendredi 3, l'accident de sept heures arriva à quatre heures du matin. Elle annonça alors que le lendemain elle n'en aurait plus que trois; savoir, à quatre heures, à une heure après midi, et à dix heures du soir : jusqu'au vendredi 10, que je suis parti pour Strasbourg, ses accidens se sont toujours soutenus aux mêmes heures.

Comme il était extrêmement incommode de se trouver à quatre heures précises auprès d'elle, et qu'on eût pu d'ailleurs manquer aisément le moment de ses souffrances, elle avait consenti à ce qu'on la mît en crise dès la veille : alors on pouvait arriver un peu plus tard, sans risquer de lui laisser apercevoir son malheureux état. Malgré toutes les précautions qu'on prenait, il lui est arrivé cependant plusieurs fois d'être attaquée de ses accidens avant qu'on ait pu la mettre dans l'état magnétique ; heureusement l'inquiétude et le chagrin qu'elle en a ressentis, n'ont point nui à la suite de son traitement.

Le vendredi 10, j'ai fait partir, dans la même voiture, la malade et Ribault. Un accident qui leur est survenu en route, ne leur a permis d'arriver que le 21 à Strasbourg.

Du 10 au 15, ses trois accidens avaient eu lieu, mais s'étaient tellement avancés, que le premier du 14 lui était arrivé à deux heures du matin.

Le 15, celui du matin avait manqué, et elle n'en eut plus que deux ; savoir, à six heures du matin et à dix heures du soir. Elle avait annoncé à Ribault que ses attaques seraient très-fortes et dureraient ainsi huit jours aux mêmes heures; qu'ensuite elles diminueraient de force, pour s'avancer successivement, jusqu'à ce qu'enfin elle n'en eût plus qu'une.

Ribault me raconta ces détails à son arrivée à Strasbourg, et m'ajouta que cette femme avait vomi en route deux fois du sang; qu'elle lui avait dit, dans ses crises, que ces accidens-là n'avaient lieu que parce que ce n'était pas moi qui la magnétisait, et que lui Ribault n'avait pas la force de faire refluer le sang qui s'amassait sur son estomac ; qu'il fallait que je la magnétisasse au moins une fois par jour, lorsqu'elle serait arrivée à Strasbourg.

Le soir du 21 je la magnétisai. Elle m'annonça que le lendemain elle aurait un troisième et dernier vomissement de sang à huit heures du matin ; ce qui effectivement arriva.

Ces attaques étaient d'une violence telle que je ne les avais pas encore vues. Dès le soir même du 22, elle annonça qu'elles allaient beaucoup s'avancer, et qu'elles diminueraient graduellement de force. Je la touchai régulièrement une fois par jour.

Du 22 au 27, ses deux attaques s'avancèrent en effet tellement, que le lundi 27, la première lui arriva à minuit et demi, et la seconde à quatre heures et demie du soir. Dans cette dernière crise, elle annonça que la seule attaque qu'elle aurait le lendemain à huit heures et demie du soir, serait si forte, que ses convulsions seraient si affreuses, qu'il faudrait être au moins trois personnes pour la pouvoir contenir.

Le 28, j'eus la précaution de la mettre deux fois dans la journée en crise tranquille de som-

nambulisme, dans l'espérance de diminuer par-
là son accident du soir. Néanmoins, à huit
heures et demie, nous eûmes beaucoup de
peine, mes gens et moi, à la tenir et à la pouvoir calmer. L'attaque dura une demi-heure;
après quoi, devenant tranquille, elle nous dit
que, le lendemain, son accident viendrait à sept
heures et demie.

Le 29, sa crise convulsive fut presqu'aussi
violente que la veille ; mais enfin , elle nous
annonça sa guérison pour le lundi suivant,
4 juillet ; dit que son dernier accident lui arriverait à midi précis, et que, dès la soirée du
même jour, elle ne serait plus susceptible aux
effets du magnétisme. Elle s'ordonna une saignée pour le lendemain matin.

Le lendemain 30, après l'avoir mise en crise
magnétique , comme elle me l'avait ordonné,
je la fis saigner du bras gauche par le chirurgien-major du régiment de Metz : elle-même
fit arrêter le sang quand elle le jugea nécessaire. Le soir, elle eut son accident à six heures
et demie.

Finalement , en avançant ainsi graduellement, et toujours annoncées d'avance, ses attaques durèrent jusqu'au lundi 4 juillet, qu'elle
essuya la dernière à midi , qui, de même que

celle de la veille, ne se manifesta pas d'une manière plus sensible que le ferait une douleur de colique ordinaire.

Elle est restée encore à Strasbourg une huitaine de jours, n'étant plus susceptible de tomber en crise, et sans éprouver le moindre accident. Le 10 juillet, elle est repartie toute seule pour Busancy, et aujourd'hui, 6 novembre, elle jouit d'une santé parfaite.

La susceptibilité qu'ont les malades en crise magnétique de gagner avec promptitude certaines maladies, m'a été plusieurs fois démontrée. J'ai vu des somnambules magnétiques, au milieu d'une chaîne nombreuse de malades, demander à quitter leur place, en disant que leurs voisins leur faisaient mal; d'autres s'en éloigner d'eux-mêmes avec précipitation; et souvent j'ai eu à réparer des accidens causés par l'approche de certains individus.

Un inconvénient aussi grand m'a fait prendre une idée défavorable des traitemens nombreux; et lorsqu'il m'est arrivé, depuis un an, de rassembler plusieurs malades ensemble, j'ai toujours eu la précaution de n'y pas admettre de sujets dont j'eusse à craindre l'influence.

J'ai consulté un jour Viélet sur les espèces de maladies qui pouvaient le plus aisément se

communiquer aux somnambules ; lui-même
en avait fait deux ou trois fois la triste expérience. Sa réponse, qu'il me fit par écrit, et
que je conserve, fut que les plus dangereuses
étaient « l'*épilepsie*, le *scorbut*, la *diarrhée*,
« la *paralysie froide*, la *goutte sciatique*, la
« *catalepsie*, la *gale*, les *humeurs froides*, et
« tous les *maux vénériens*. Il ne convient, ajou-
« tait-il, qu'aux magnétiseurs de traiter ces es-
« pèces de maux, parce que *leur action* et *leur*
« *volonté* en repoussent les influences ; au lieu
« que les crises donnent et reçoivent *la fluidité*,
« *la transpiration*, et que l'*action du mal*, arri-
« vant chez elles en même temps que *la sensa-*
« *tion*, elles sont susceptibles de prendre bien
« vite ce qu'elle ont voulu faire dissiper. »

Il écrivit cela le 19 décembre 1784.

Le danger que courent les somnambules en
touchant certains malades, ne doit cependant
pas effrayer au point de ne plus oser les consulter sur les maladies des autres ; mais il faut
le faire avec précaution. Un somnambule bien
mobile en même temps que *clairvoyant*, doit,
au reste, pouvoir distinguer un malade à une
certaine distance ; et lorsqu'après l'avoir exa-
miné ainsi, il consent à s'en approcher, c'est
qu'il n'y a certainement aucun risque pour lui.

Tous les somnambules magnétiques ne sont pas, je crois, aussi susceptibles les uns que les autres : la faiblesse, chez eux, est une indication de leur susceptibilité.

La femme du maréchal me disait, dans le temps de ses accidens, que l'humeur d'épilepsie et de paralysie ne s'était aussi fortement jetée sur elle, qu'en raison de la pureté de son sang. *Je viens d'avoir plusieurs révolutions,* me disait-elle, *qui ont renouvelé mon sang : j'avais le corps aussi sain qu'un enfant qui vient de naître ; et à raison de ma faiblesse, l'abondance d'humeurs de cette petite fille s'est bien vite répandue sur moi.* Elle ajoutait même que si elle l'eût touchée plus long-temps, la malade, à ses dépens, se serait peut-être trouvée totalement soulagée.

Quelles réflexions de tels évènemens ne porteraient-ils pas à faire sur l'ancienne crédulité, regardée par nous comme d'ignorantes superstitions ! On croyait anciennement à la transplantation des maladies, à la possibilité de les faire passer d'un corps à un autre, ou à celle d'en débarrasser subtilement par des moyens quelconques. Serions-nous sur la voie de trouver la clef de ces prétendues erreurs ? La nature a bien des pouvoirs que nous ignorons :

pour être à portée de les connaître, ne faut-il pas d'abord apprendre à connaître les nôtres ? Placez un sauvage ignorant au milieu des mines les plus abondantes, il n'en saura pas apprécier la valeur. Malgré toute notre science et notre philosophie, je crois que nous en sommes encore au point de ce sauvage, par rapport aux effets puissans qu'il nous reste à connaître dans la nature (17).

MA MALADIE, ET DÉTAILS RELATIFS.

APRÈS avoir eu le bonheur de rendre à la vie tant d'individus par le secours du *magnétisme animal*, rien ne pouvait mieux compléter ma satisfaction, que de devoir ma santé au même moyen dont je m'étais si aveuglément et si utilement servi envers les autres.

Le récit de ma maladie et de ma prompte guérison, va donner, j'espère, une nouvelle idée de la puissance du magnétisme animal, et des nouvelles jouissances qu'il m'a procurées.

Le 20 juin, il y avait près d'un mois que je manquais d'appétit; j'avais fort peu de sommeil et beaucoup de lassitude dans les jambes. J'at-

tribuais les dérangemens de ma santé à la fati
gue que j'avais essuyée à Paris, dans les séances
si infructueusement multipliées du somnambulisme de Madeleine; trop de sensibilité, ou,
pour mieux dire, trop de susceptibilité peut-
être, entretenait en même temps en moi un
chagrin véritable du peu de confiance que l'on
m'avait marquée. Je faisais des réflexions tris-
tes sur la façon de penser de mes amis à mon
égard; car mes prétentions, trop exorbitantes
peut-être, auraient été, qu'en dépit de leur
raison et de leur surprise, ils eussent cru aveuglément à la vérité de mes expériences.

Enfin, quoi qu'il en soit du plus ou moins
de raison que j'avais à me chagriner, j'étais
d'une mélancolie affreuse. Je crois bien que la
sécheresse de la saison, qui avait influé sur tant
d'individus, contribuait encore à me rendre
malade. J'espérais néanmoins que le temps me
remettrait; et malgré le malaise que j'éprouvais, je me livrais toujours au plaisir de magnétiser.

La femme du maréchal du village, dont on
a lu l'histoire, était au moment de guérir; déjà
elle avait annoncé le terme de ses crises, et j'en
éprouvais d'avance la satisfaction que donne
une espérance fondée sur beaucoup de succès;

elle n'avait plus qu'une fois à être touchée ;
c'était le soir du 24 mai. Arrive malheureusement une jeune fille malade dans la journée.
Sa mère l'accompagnait : elle me prie de la
faire toucher et consulter par un somnambule.
Comme la femme du maréchal était un excellent médecin, je la remets au soir, au moment
de sa crise. On sait ce qui en est résulté.

La peine que me fit l'accident de cette femme,
la fatigue que je me donnai toute la nuit, dans
l'espérance de la soulager ; enfin, son désespoir
à quatre heures du matin, lorsque, pouvant
distinguer son état, elle m'apprit qu'elle était
sans ressource si je l'abandonnais ; tant de se-
cousses multipliées m'abattirent totalement ; je
me sentis un serrement de cœur et une oppression qui me firent craindre un moment d'a-
voir gagné moi-même le mal affreux de cette
femme. Je me retraçais sans cesse toutes ses
paroles ; entr'autres, il y en avait une qui me
saisissait d'effroi. Aussitôt qu'elle avait pu parler, c'avait été pour me dire que ma petite fille,
qui n'a que deux ans et demi, était restée long-
temps sous l'arbre de la fontaine, à côté de la
malade épileptique ; que si on ne l'en eût pas
retirée, je n'aurais pas été long-temps sans lui
voir la bouche de travers, et tous les symptômes

d'une paralysie épileptique. Je ne pense pas encore sans frémir à tous ces détails. Je me trouvais dans un abattement affreux. Pendant deux jours, je ne pus trouver d'autre soulagement du magnétisme, que de vomir un peu de bile. Enfin, le 27, à huit heures du matin, la fièvre me prit d'une telle force, qu'il me fallut rester au lit. Je me fis magnétiser par Ribault et par Clément; ce qui bientôt détermina chez moi des vomissemens de bile verte en aussi grande quantité qu'un vomitif l'eût pu faire. Cependant la fièvre devint à tel point, que j'eus le transport et du délire par intervalle : ma faiblesse était en même temps si grande, que, dans la matinée même, je n'avais plus la force de me lever tout seul sur mon séant. Presqu'aussitôt je me sentis tourmenté de violentes coliques, au point de ne pouvoir les supporter sans me plaindre hautement, et dans l'après-midi je commençai à rendre des glaires et du sang. Cet état violent dura sans discontinuer, depuis le vendredi huit heures du matin, jusqu'au lendemain samedi huit heures du soir. Alors j'eus une transpiration abondante, qui s'entretint pendant plus de deux heures. Lorsqu'elle fut arrêtée, et que l'on m'eut changé de tout, je me trouvai calme : la fièvre avait cessé, de même que les douleurs de coliques.

Je dormis la nuit suivante pendant cinq ou six heures, et le lendemain je pris une médecine qui ne me purgea pas beaucoup. Le surlendemain, je ne conservais de ma maladie qu'une extrême faiblesse et un grand tiraillement d'estomac, provenant de tous les efforts que j'avais faits pour vomir pendant près de dix heures de suite. Pendant plus de huit jours je ressentis des douleurs d'estomac, et en tout j'ai bien été une huitaine de jours à reprendre totalement mes forces; mais le régime que j'ai suivi, et les ménagemens que j'ai observés, m'ont remis entièrement au bout de ce temps. Depuis, je puis assurer m'être porté beaucoup mieux même qu'avant ma maladie.

Après avoir donné le détail de ma maladie, je crois devoir parler de mes médecins. Si l'on se représente la situation critique où je me trouvais le matin du 27, on pourra se faire une idée de l'inquiétude et de l'effroi que devait éprouver madame de P***. Sans la conviction intime où elle était des bons effets du magnétisme animal, on doit sentir combien elle aurait cru risquer de m'abandonner ainsi aux soins de mes gens, sans appeler un médecin.

Il est bien vrai que, de temps en temps, elle m'entendait répéter que je n'en voulais aucun ; mais elle m'a assuré depuis que, quand même je ne m'en serais pas défendu, son intention était qu'aucun ne m'approchât : mais pourquoi dire qu'elle ne voulait pas de *médecins ?* Eh ! n'en avait-elle pas un plus sûr que tous ceux qu'elle aurait fait appeler, en qui elle avait une confiance aveugle, et qui, par la sûreté de ses lumières, devait bien la tranquilliser ? C'est de Viélet que je veux parler : oui, c'est à un paysan, c'est à Viélet, en crise de somnambulisme, que je dois ma guérison. Cet homme approchait lui-même du terme de ses crises ; et, comme on l'a vu par le détail de sa cure, il était redevenu clairvoyant et habile dans la connaissance des maladies : c'est donc en lui que madame de P*** mit toute sa confiance. Cinq ou six fois dans la journée l'on mettait Viélet en crise : alors, tout en se guérissant lui-même, il pouvait me venir voir et m'ordonner les choses qui m'étaient nécessaires. On m'a rapporté depuis, que sitôt qu'il était devenu somnambule, son premier soin était de me considérer de loin à travers mes rideaux ; puis il se levait et il arrivait à mon lit : là, sans me toucher, il étendait ses deux mains, et jugeait du degré de force de la fièvre; il disait l'effet que le magnétisme me produisait. Son ordonnance enfin fut, dès la première fois qu'il me vit, de me faire magnétiser toutes les heures par Clément ou Ribault; quelquefois il voulait qu'ils fussent tous les deux ensemble; ensuite, de boire toutes les demi-heures une tasse de bouillon fait avec plus de veau que de bœuf, et coupé à moitié d'eau. Comme ma maladie avait le caractère de la plus grande putridité, au point que l'air de la chambre en était infecté, je lui demandai dans la journée la permission de boire de la limonade; à quoi il ne voulut jamais consentir. Le lendemain, avec beaucoup de répugnance, il m'en permit une tasse; mais, à la séance d'après, il prétendit que ma fièvre était augmentée, et que la limonade seule en était cause; de sorte qu'il la défendit absolument.

Pendant les deux jours de ma fièvre, Viélet ne me donnait pas grande espérance; il était morne, silencieux : je croyais même le voir inquiet; et il m'a avoué depuis (étant en crise) qu'en effet il l'avait été le premier jour. Enfin, le soir du 28, après qu'il eut été mis dans l'état magnétique, et qu'il se fut approché de moi, je vis sur le champ son visage s'épanouir, et l'air de satisfaction s'y peindre d'une manière qui ne peut se rendre. Aussitôt je lui fais une question, sans en obtenir de réponse ; mais, se tournant du côté de madame de P***, qui épiait, ainsi que moi, tous ses mouvemens, il lui serre les mains avec l'expression de la plus grande sensibilité, et lui dit, pour toute parole : *Réjouissez-vous, madame, monsieur le marquis est sauvé, il n'y a plus de risque du tout;* et un moment après, la joie le fait tomber lui-même dans un spasme de plus d'un demi-quart d'heure.

Nous étions restés dans la perplexité que donne l'attente d'une bonne nouvelle dont on doute encore, lorsque, revenu à lui, on questionne de nouveau Viélet : alors, avec son zèle ordinaire, il se rapproche de mon lit, étend de nouveau ses mains vers moi, et m'observe en silence. Après m'avoir ainsi considéré quelques instans, il me dit que la détente va se faire chez moi, et que la transpiration que je vais avoir me tirera entièrement d'affaire. Il me promet une bonne nuit, et m'ajoute, que comme la fièvre va cesser incessamment, il sera nécessaire de me purger le lendemain. Je lui réponds que, s'il le pense ainsi, je prendrai ma médecine ordinaire, et je la lui indique. « Non

pas, me dit-il, ce sont des poudres d'Ailhaud
qu'il vous faut prendre. » Oh! je l'avouerai,
dans ce moment je sentis ma confiance s'ébranler. — Des poudres d'Ailhaud ! m'écriai-je ;
mais c'est un remède que je crains beaucoup :
je n'en ai jamais fait usage, et j'ai toujours entendu dire qu'il n'était pas du tout indifférent
de s'en servir. — Rapportez-vous-en à moi,
repartit-il avec une tranquillité admirable : j'ai
pris moi-même des poudres d'Ailhaud; j'en
connais l'effet, et c'est ce qu'il vous faut : tout
autre purgatif serait trop *violent* pour vous. Je
bataillai encore avec lui long-temps : les poudres d'Ailhaud me révoltaient. Cependant, après
avoir discuté avec madame de P***, elle me fit
convenir que, dans pareille occasion, si elle-
même fût tombée malade, je n'aurais cru mieux
faire que de suivre à la lettre les ordonnances
de Viélet. Cette seule réflexion me fit abandonner entièrement à lui. « Eh bien! Viélet,
lui dis-je, j'y consens : dictez-moi votre ordonnance après ma médecine, je ferai à la lettre tout ce que vous exigerez. » Alors Viélet,
plus content, m'assura de nouveau que je me
trouverais bien de ses conseils — Deux heures
après votre médecine, me dit-il, vous pren-
drez un bouillon à la reine (autrement un lait

de poule), et un second deux heures après.
— Point d'autres tisanes ? — Non , rien autre
chose ; à deux heures , un bouillon gras , et le
soir , un autre.

On envoya sur le champ chercher à *Soissons*
des poudres d'Ailhaud. Je crois n'en avoir employé qu'une prise : je dis *je crois,* parce que ,
vers onze heures du soir, Viélet ayant été remis
en crise , arrangea lui-même ma médecine , et
que je ne me suis pas informé à temps de la
quantité qui en était restée dans le paquet. Quoi
qu'il en soit , le lendemain j'ai suivi l'ordonnance à la lettre, et m'en suis trouvé à merveille.

Mon estomac, comme je l'ai dit, me faisait
toujours souffrir. Le lundi 30 était le jour que
Viélet devait ne plus pouvoir tomber en crise ;
de sorte que madame de P***, conservant encore
un peu d'inquiétude, voyait, avec une espèce
de regret, la prompte guérison de mon *médecin.* Il fallut lui demander un régime de conduite pour le temps de ma convalescence.
Beaucoup de ménagemens dans la nourriture,
avec quelques détails fort peu intéressans, furent le résultat de ses conseils; mais ce qui l'est
infiniment, c'est le dernier trait de cet honnête
homme. Le lundi matin, prévoyant sa guérison
pour le soir, il dit à celui de mes gens qui l'a-

vait mis en crise : « Je dois avoir une forte colique ce soir; c'est la fin de ma maladie. Si l'on
me magnétise, on me la fera bien vite passer,
et demain je serai guéri. Au lieu de cela, qu'on
ne me *touche* pas, et qu'on me laisse souffrir,
cela ne retardera ma guérison que d'un jour;
mais du moins demain matin je pourrai encore
tomber en crise, et voir comment se porte
monsieur le marquis; cela fera plaisir à madame... » Quand on me rapporta cette marque
si sensible d'amitié de ce bonhomme, je ne pus
m'empêcher d'en pleurer d'attendrissement, et
je refusai absolument son offre : mais lui, avec
son sang-froid et sa tranquillité ordinaires, me
répéta qu'il n'y avait aucun risque pour lui à
souffrir un jour de plus ; que le plaisir qu'il
avait à me rendre service lui ferait du bien,
et que le lendemain mardi, il serait aussi bien
rétabli que s'il n'avait pas souffert...... Ces
assurances répétées, jointes à l'inquiétude de
madame de P***, me firent accepter ses offres
généreuses; et le soir, en effet, lorsqu'il eut
ses douleurs de colique, on ne chercha pas du
tout à l'en soulager, quoiqu'il vînt lui-même
se plaindre de ce qu'il souffrait. Il nous a dit,
depuis, que cette dureté de notre part l'avait
fort étonné.

Le lendemain mardi, Viélet put me confirmer le retour de ma santé; et lui-même s'étant
réveillé tout seul au bout d'une heure de crise,
me tranquillisa sur son sort, de sorte que le
même jour nous nous trouvâmes guéris en
même temps, et je pus jouir, avec un plaisir
qui ne se peut rendre, de la douce satisfaction
de devoir la santé et peut-être la vie au même
homme qui l'avait tenue de moi. Le souvenir
de cette action de Viélet sera toujours présent
à ma mémoire; il ne me sera jamais possible, je
crois, d'être malheureux en y pensant. Puis-je
avoir été mieux payé de toutes les peines que
je m'étais données auprès de lui! Oh! combien
le cœur de l'homme est bon! J.-J. Rousseau,
l'homme peut-être dont l'état habituel approchait le plus de l'état de crise magnétique, répétait sans cesse à ses amis, qui voulaient le ré-
concilier avec les hommes, dont il s'éloignait
toujours : *L'homme est bon*, disait-il, *mais les
hommes sont méchans.*

———

CURE OPÉRÉE A STRASBOURG.

D'APRÈS le peu de confiance que l'on m'avait
marqué à Paris, à l'occasion du somnambulisme

de Madelaine, on peut bien penser que je me suis bien donné de garde d'esuyer à Strasbourg les mêmes désagrémens. Comme la femme Remont était de Buzancy, on eût pu encore, avec plus de fondement, la croire capable de me tromper : en conséquence, je ne l'ai laissé voir à personne. Elle était logée chez M. Galimart, directeur des vivres, dont je ne puis trop louer l'honnêteté et la discrétion ; et à l'exception de lui, et du chirurgien dont j'ai eu besoin pour la saigner, personne à Strasbourg n'a su qu'elle y existât.

Il est à croire même que je n'eusse jamais parlé du magnétisme dans cette ville, si l'évènement imprévu de la maladie du jeune *comte Louis de Rieux* n'eût fixé l'attention de tout le monde sur cet objet.

Il y avait deux jours qu'il souffrait d'un malaise universel, sans apporter beaucoup d'importance à son incommodité. Etant à souper le 25 chez M. son père, celui-ci me proposa, plutôt par plaisanterie que par conviction, de magnétiser son fils. Je m'y refusai d'abord, d'après la loi que je m'étais imposée de ne plus faire aucune expérience ostensible : mais, après plusieurs instances, je me rendis, n'imaginant pas assurément produire d'autre effet au jeune comte Louis, que de lui diminuer une douleur dans le cou et dans l'épaule, qui lui était, disait-il, insupportable. Le détail de sa prompte guérison, qui a été rédigé sur le champ, et que je vais rapporter, fera voir combien souvent la nature demande peu d'efforts pour reprendre l'équilibre nécessaire à la santé.

Je ne saurais auparavant me dispenser de rendre à M. le comte de Rieux le témoignage d'amitié et de reconnaissance que je lui dois à ce sujet. L'état d'affaiblissement dans lequel se trouva M. son fils, au bout d'un quart d'heure de magnétisme, ne pouvant ni se soutenir ni articuler une seule parole, lui causa l'inquiétude la plus vive : ses alarmes étaient encore augmentées par celles de toutes les personnes qui se trouvaient présentes, et qui, comme lui, n'avaient jamais vu d'effets semblables. Cépendant, loin de me faire le moindre reproche, ni de m'engager à cesser mon opération, M. de Rieux était rassuré par la confiance qu'il avait en moi : comptant sur mon amitié, il ne pouvait croire, disait-il, que j'eusse osé risquer sur son fils un moyen dont j'aurais suspecté la bonté. J'ai heureusement pu justifier sa confiance ; mais en rendant la santé à son fils, je ne crois pas m'être trop acquitté envers lui de la marque

bien sensible d'estime et d'amitié qu'il m'a donnée dans cette occasion.

Le lundi 25 juillet 1785.

M. le comte Louis de Rieux s'était senti, le
soir du 24, des frissons et des mouvemens de
fièvre; le soir du 25, il ressentait les mêmes incommodités, auxquelles s'étaient jóintes des
douleurs assez vives dans l'épaule et dans le
cou : lorsqu'il respirait un peu fort, les douleurs étaient plus aiguës. Vers neuf heures et
demie du soir, M. le comte de Rieux, son père,
me pria de le magnétiser : je le fis asseoir, et me
mis à lui toucher l'épaule. Il ressentit presqu'aussitôt une très-forte chaleur à la partie
souffrante, qui se maintint pendant l'espace de
huit à dix minutes. J'avais porté quelquefois,
pendant cet intervalle, une main alternativement à sa tête et à son estomac. Comme je me
disposais à le laisser, je m'aperçus que ses yeux
étaient fermés. Quelqu'un lui ayant parlé, sans
en avoir obtenu de réponse, je pensai qu'il pouvait être tombé dans l'état heureux de somnambulisme magnétique. Lui-même ne m'en avait
donné aucun indice : car il n'avait fait aucun
mouvement extraordinaire, et l'émanation ma-

gnétique n'avait produit sur lui aucune sensation apparente.

Pour m'assurer s'il était dans le sommeil
magnétique, je le fis changer de place. Comme
il était singulièrement affaissé, je fus obligé de
le soutenir en marchant.

Il resta ainsi l'espace d'une heure environ,
pendant lequel temps je lui fis plusieurs questions relatives à son état. Ce que je vous fais
vous fait - il du bien ? — Oui. — Avez - vous
d'autres maux que celui de l'épaule ? — Je ne
crois pas. Plusieurs personnes essayèrent de lui
parler ; ce fut en vain : mais sitôt que je donnais
la main à quelqu'un, le jeune comte répondait
sur le champ. Sur la fin de l'heure, il s'était
affaibli beaucoup davantage, au point qu'à peine
il pouvait parler : il semblait qu'il lui fallait
sortir d'un assoupissement profond pour entendre celui qui le questionnait. Je voulus le
faire lever ; il n'en avait pas la force. Alors il
demanda à être sur son lit. Comme il logeait au
deuxième étage, nous l'y portâmes à trois personnes. Une fois sur son lit, il dit qu'il ne fallait
pas le déshabiller, qu'il était trop faible pour
cela. Il resta ainsi l'espace d'une heure, pendant
lequel temps il reprit un peu plus de force.
Entr'autres questions que je lui fis, j'en citerai

plusieurs. Voulez-vous rester comme vous êtes long-temps de suite? — Non pas long-temps. — Est-ce que cela ne vous fait pas du bien? — Si fait, cela me fait du bien; mais j'ai toujours bien mal à l'épaule. — Cela se passera-t-il? — Non pas aujourd'hui. — Avez-vous de la peine à respirer? — Pas à présent. — Et en aurez-vous quand vous aurez les yeux ouverts? — Oui. — En ce cas demeurez long-temps comme vous êtes, si cela vous fait du bien, et je resterai avec vous pendant la nuit. — Je ne sais que faire. Et un moment après il me répéta qu'il ne pouvait pas être guéri dans cette première opération, et qu'il fallait que je le sortisse de sa crise dans un demi-quart d'heure : alors je lui tins une main constamment sur l'épaule malade. Au bout du demi-quart d'heure, il me dit qu'il avait grand mal aux dents. Je posai ma main sur sa joue, et en trois minutes ce mal se dissipa : alors il se plaignit plus fortement du mal d'é-paule. — C'est donc le mal de votre épaule, lui demandai-je, qui a passé sur vos dents?—Oui, c'est le même mal : il faut que je le garde toute la nuit dans l'épaule; mais il ne m'empêchera pas de dormir un peu. — A quelle heure demain voulez-vous être magnétisé? — Demain à quatre heures du soir. Un moment après, je le fis lever de son lit; et après l'avoir assis sur une chaise, je l'éveillai à la manière ordinaire, et il n'eut aucun souvenir de tout ce qui s'était passé, si ce n'est d'avoir ressenti de la douleur dans son épaule malade, au commencement du traitement.

Du mardi 26.

A quatre heures après midi, j'ai magnétisé M. le comte de Rieux, et l'ai fait entrer, en huit ou dix minutes, dans l'état de somnambulisme magnétique. Aussitôt qu'il y fut, il parut accablé comme la veille, sans être pourtant dans un état de faiblesse aussi grand. Cet état de faiblesse était causé, à ce qu'il nous dit, par les douleurs qu'il ressentait par tout le corps. Il resta en crise environ une heure et demie. Pendant ce temps, il rendit un compte de sa maladie plus exact que la veille. D'où vous viennent les douleurs d'épaules que vous ressentez? — D'un froid que j'ai attrapé. — Comment, est-ce que la fièvre que vous avez ressentie il y a deux jours chez M. le maréchal de Contades, n'était pas le commencement de votre incommodité? — Non, cela n'y avait pas rapport; c'est une courbature que j'ai eue. — Croyez-vous toujours que je pourrai vous guérir? — Je l'espère. — Sera-ce aujourd'hui? — Je ne crois pas. Je le touchais toujours pendant ce temps. Voulant me reposer un peu, je demandai une bouteille que je lui donnai à tenir contre son estomac, après l'avoir magnétisée : c'est alors que se passa une scène aussi nouvelle pour moi que pour les quarante ou cinquante personnes qui se trouvaient là présentes. M. le comte Louis de Rieux serrait contre lui cette bouteille, avec l'air d'y trouver un secours favorable contre ses souffrances : il la portait alternativement à sa poitrine, à son ventre, puis à son épaule. Interrogé pourquoi il en agissait ainsi : C'est pour me faire du bien, répondit-il.—La bouteille vous soulage donc beaucoup ? — Oui, mais pas tant que votre main. — Peu après je tins la bouteille d'une main, et de l'autre je touchais son épaule malade. Alors je lui fis la question, si, de cette manière, je procurais en lui un bon effet. « Oui, répondit-il ; mais il faut ôter l'une ou l'autre, me laisser la bouteille ou votre main. » Après d'autres questions de ce genre et quelque temps de repos, je lui demandai ses ordres pour le reste de la journée, et s'il prévoyoit quelque chose en lui. —Oui, répondit-il, j'aurai la fièvre ce soir.—A quelle heure ?—A neuf heures.—Durera-t-elle long-temps ?—Trois quarts d'heure, peut-être plus long-temps : ce sera suivant la transpiration

que j'aurai ; mais j'aurai soin de me bien couvrir. — Vous avez donc des humeurs dans le
corps? — Oui. — Faudra-t-il vous purger? —
Oui: samedi prochain. — Avec quoi? — Avec
des eaux de Sedlitz. — Est-ce que vous en con-
naissez l'effet? — Oui, j'en ai déjà pris, et elles
me font du bien. — Combien faut-il que vous
en preniez? — Cinq verres, de quart d'heure
en quart d'heure. — Pendant combien de temps
faudra - t - il encore que je vous magnétise? —
Jusqu'à vendredi. — Et vous ferai-je de l'effet
jusqu'à ce temps? — Oui, encore vendredi matin; mais vous ne me ferez plus rien l'après-
midi. — Vous serez donc bien guéri? — Oui,
je serai guéri. Après l'avoir tenu une heure et
demie environ dans l'état magnétique, je lui
demandai combien de temps il voulait encore
y rester. — Un quart d'heure, répondit-il. —
Faudra-t-il que je vous magnétise ce soir pendant votre fièvre? — Non. — Quand voulez-vous
être touché? — Demain à neuf heures du matin.
Le temps indiqué par lui se trouvant arrivé, il
dit : « Le quart d'heure est passé, il faut m'ouvrir les yeux; » ce que je fis sur le champ. Son
réveil s'opéra, comme la veille, avec difficulté,
comme un homme très-fatigué que l'on tirerait
d'un profond assoupissement.

A neuf heures du soir, la fièvre lui prit comme il l'avait indiqué. Avant neuf heures, les chirurgiens-majors des différens régimens qui se trouvaient chez lui, comptèrent quatre-vingts pulsations dans son pouls, et aussitôt l'heure sonnée, ils en comptèrent *cent cinq*. La transpiration se manifesta promptement elle fut des plus abondantes ; néanmoins la fièvre lui dura au même degré plus de deux heures : alors on le changea de tout, et il dormit le reste de la nuit fort tranquillement.

Du mercredi 27.

M. le comte Louis de Rieux fut magnétisé, et fut plus d'un quart d'heure à entrer dans l'état magnétique. Il avait un peu plus de force que les jours précédens. Il se servit de la bouteille, comme la veille, dans les momens où je me reposais. Il nous renouvela, dans cette crise, les mêmes pressensations de sa guérison prochaine. Entr'autres questions qui lui furent faites, auxquelles il répondait avec une précision bien intéressante, je lui demandai s'il entendait les personnes qui étaient dans sa chambre. — Non. — A quoi pensez-vous donc dans l'état où vous êtes ? — Au bien que j'éprouve. — Je mis M. le comte de Rieux, son père, en communication avec lui, afin qu'il pût le questionner. Il lui demanda, entr'autres choses, si le magnétisme avait été cause de l'excessive transpiration qu'il avait eue la veille. — Non, répondit-il, c'est la fièvre qui l'a causée. — Et la fièvre elle-même, qui vous l'a occasionnée? — C'est le magnétisme. — Vous avez donc autre chose que votre douleur d'épaule? — Oui, j'ai beaucoup d'humeurs dans le corps. — Le magnétisme vous guérira-t-il? — Oui. — Si l'on ne vous eût pas magnétisé, qu'en serait-il arrivé? — J'aurais fait une maladie. — De quel genre? — Les fièvres. — Eût-ce été une maladie vive ou lente? — Une maladie bien longue. — Il faut donc, mon ami, regarder le magnétisme comme un moyen utile à la guérison des maladies? — Il faut y croire. Dans cette crise, il me dit qu'il pouvait dîner comme à son ordinaire : de plus, il ajouta que le soir, à huit heures précises, la fièvre lui prendrait, et qu'il n'en pouvait déterminer la durée; que je ne devais pas le magnétiser avant dix heures du soir, soit qu'il eût encore la fièvre, ou qu'elle se fût passée; que, pendant son accès, il fallait souvent lui donner à boire de l'eau tiède et du sucre, et ne le changer qu'au bout d'une heure et demie. Au bout d'une heure, il demanda à sortir de crise ; ce que j'exécutai sur le champ, et son réveil fut accompagné des mêmes symptômes que la veille.

J'oubliais de dire que, dans chaque crise, je le faisais marcher et se promener un peu dans sa chambre, mais toujours en lui tenant le bras ou la main. Sa vision n'était pas distincte : en se rasseyant, il était obligé de tâter la chaise où il voulait s'asseoir. Il paraît que la plénitude d'humeurs qui l'accablait, obligeait chez lui la nature à un travail pénible pour la coction de ces mêmes humeurs : de-là résultait l'espèce d'accablement où il était, son assoupissement profond, et, par suite, son peu de vision, de même que son peu de mobilité magnétique. La seule expérience bien convaincante que l'on répétait toujours avec le même succès, était de ne pouvoir obtenir de réponse de lui, qu'après s'être mis en rapport ou en communication avec moi.

De la soirée du mercredi 27.

La fièvre ne s'est point manifestée à huit heures, comme M. le comte Louis de Rieux l'avait annoncé. M. *Percy*, chirurgien - major du régiment de Berry (*), ne lui en a pas reconnu. Le jeune comte imaginant, d'après le rapport qu'on lui avait fait de sa prédiction, qu'il pourrait bien l'avoir, s'était couché, et avait eu soin de se bien couvrir. Lorsque j'arrivai chez lui, à huit heures passées, je le fis découvrir, et lui conseillai de se lever, et de ne pas penser à la fièvre ; que peut-être il ne l'aurait pas, malgré sa prédiction. Il se leva en effet, et passa ses deux heures assez gaîment, *son opinion particulière étant cependant portée à se croire un peu de fièvre, et moi je le pensais de même.*

A dix heures je l'ai magnétisé, et l'ai fait entrer, en dix minutes, dans l'état magnétique. Ma première question a été s'il avait eu la fièvre depuis huit heures : un non très-sec a été sa réponse. — Qu'est-ce donc qui a contrarié votre pressensation de ce matin ? — J'ai eu froid en rentrant chez moi ; mes fenêtres auraient dû être fermées à six heures. — Cela apportera-t-il un obstacle à votre guérison ? — J'espère que non. — Aurez-vous encore la

____

(*) Aujourd'hui (1820) M. le baron Percy, chevalier de la Légion d'honneur, chirurgien en chef de la garde nationale de Paris, membre de l'Académie des Sciences, etc.

fièvre ? — Je n'en sais trop rien. Dans cette séance, l'expérience de la chaîne de communication de moi avec un tiers, pour obtenir les réponses du malade, a été répétée plus de vingt fois avec le même succès, c'est-à-dire qu'à moins de s'être mis en rapport avec moi, il n'était pas possible de s'en faire entendre ; et aussitôt que le rapport était établi, la réponse se manifestait sur le champ. M. *le duc d'Ayen*, entr'autres, répéta souvent cette expérience.

Le comte Louis resta une heure et demie à peu près en crise magnétique. Parmi plusieurs questions qui lui furent faites, les plus intéressantes furent s'il entrait quelque chose en lui quand on le magnétisait. — Non, il n'entre rien ; mais cela me soulage. — C'est donc quelque chose qui s'échappe de vous ? — Oui, c'est comme une vapeur, une transpiration. — Voyez-vous l'émanation magnétique ? — Je ne la vois pas, mais je la sens. Après quelques momens de silence, je continuai à le questionner. — Croyez-vous que, dans toutes les occasions où vous serez malade, le magnétisme puisse vous guérir ? — C'est suivant : si la maladie était commencée, il se pourrait faire que non. — Mais si, dans le principe, je vous magnétisais ? — Alors j'en guérirais, comme je vais guérir de cette maladie-ci. Je lui avais mis une bouteille magnétisée entre les mains comme les autres fois ; et comme il la portait successivement à différentes parties de son corps, il lui fut demandé la raison de ce procédé. « Je la « porte, répondit-il, aux endroits où je souf- « fre, et je l'y laisse jusqu'à ce que je sois sou- « lagé. » Il était si attaché à cette bouteille, que, dans une promenade que je lui fis faire dans sa chambre, il ne voulut pas la quitter ; et quoique l'attitude fût extrêmement gênante, il la tint au moins une demi-heure dirigée vers son épaule souffrante. Sur la plaisanterie que je lui fis, qu'il portait cette bouteille comme on porte son fusil à l'exercice, il me répondit *que son fusil ne lui faisait pas tant de bien.*

Il me dit ensuite, après s'être assis, qu'il m'avertirait de le réveiller quand il ne souffrirait plus. Il continua son petit manége de bouteille encore un gros quart d'heure environ ; puis après, la secouant dans ses mains, il me dit : Je ne souffre plus. — Vous voulez donc sortir de l'état où vous êtes ? — Oui, sans doute, répondit-il. — A quelle heure demain voulez-vous être touché ? — A neuf heures du matin. — Si je ne pouvais pas vous magnétiser, qu'en arriverait-il ? — Je guérirais plus tard.

Après lui avoir promis de ne pas manquer à son rendez-vous, je lui ouvris les yeux comme ci-dessus ; et tout comme à son ordinaire, il ne conserva pas le moindre souvenir de tout ce qu'il avait fait et dit dans sa crise.

Le jeudi 28.

A neuf heures du matin, je magnétisai M. le comte Louis de Rieux. Il avait passé une très-bonne nuit ; son épaule lui faisait très-peu de mal ; la fraîcheur de son teint et sa gaîté ne pouvaient laisser soupçonner qu'il fût encore malade. Il me dit, en s'asseyant, qu'il allait faire tout son possible pour ne pas s'endormir. Je le confirmai, en plaisantant, dans cette bonne idée, et lui conseillai de tenir bien ferme. Malgré toute sa résolution, au bout d'un quart d'heure ses yeux se clôrent comme à son ordinaire, et il fut dans l'état magnétique. Dans cette crise, il fut plus gai et plus leste que dans les précédentes. A la question que je lui fis si son mal d'épaule durerait encore long-temps, il me répondit que le lendemain il s'en irait à tous les diables. — A quelle heure voulez-vous être magnétisé aujourd'hui ? — Point ; mais demain, à huit heures du matin, pour la dernière fois. — Et demain au soir, si je veux vous ma-

gnétiser ? — Vous ne ferez que de l'eau claire.
— J'essaierai pourtant. — Eh bien ! vous ne
ferez rien du tout. — Pourquoi ai-je été plus
long-temps aujourd'hui qu'à l'ordinaire à vous
faire de l'effet ? — Parce que je n'ai plus guère
de mal. — Croyez-vous que je pourrai parvenir
demain matin à vous mettre en crise ? — Vous
aurez plus de peine ; mais si vous en venez à
bout, vous ne me ferez plus de bien. Dans
cette crise, il se servit plus de trois quarts
d'heure de la bouteille magnétisée ; et ayant
voulu se promener, il ne consentit pas à s'en
dessaisir, la portant, comme à son ordinaire,
à tous les endroits de son corps où il sentait
avoir besoin de ce secours. Comme le bas de
son estomac était le lieu où il la tenait le plus
long-temps, je lui demandai le sujet de cette
préférence. « C'est l'endroit, me dit-il, où elle
me fait le plus de bien ». Au bout d'une heure
environ, je lui fis la question combien il voulait rester encore de temps en crise. « Encore
vingt minutes. » Ce temps passé (sans qu'il y
eût eu le moindre avertissement de ma part),
je l'entendis murmurer un peu dans ses dents.
Qu'avez-vous ? lui demandai-je. — Les vingt
minutes sont passées, me répondit-il ; pourquoi ne me sortez-vous pas de crise ? On re-

garde à une montre, et en effet il y avait une minute de plus que le temps prescrit. Je ne me le fis pas redire deux fois, et je lui ouvris les yeux sur le champ. Son réveil fut aussi long à s'opérer que les autres fois, c'est-à-dire que j'y employai bien quatre à cinq minutes.

Vendredi 29.

A huit heures du matin, M. le comte Louis de Rieux a été magnétisé. Il se défendit de dormir comme la veille, et j'employai vingt minutes à le mettre dans l'état magnétique. Il me dit alors *qu'il ne souffrait presque plus*, et ajouta toujours *que ce serait la dernière fois que je lui ferais de l'effet*. Dans cette crise, il n'était plus absorbé comme les autres fois, et répondait avec plus d'aisance qu'à son ordinaire. Entr'autres questions que je lui fis, je lui demandai : Comment doit-on appeler l'état où vous êtes ? — Un état de bonheur et de plaisir. — Croyez-vous que l'on puisse se rappeler de cet état ? — Non. J'ai déjà essayé, mais inutilement. — Est-ce un sommeil que l'état où vous êtes ? — Non. Si je dormais, je ne sentirais pas le bien que j'éprouve. — Croyez-vous que j'aie du plaisir à vous magnétiser ? — Je n'en sais rien ; mais vous en faites beaucoup à ceux que vous magnétisez. — Pourquoi ne répondez-vous pas aux personnes qui vous parlent? — C'est que je ne les entends pas. — Quelquefois, cependant, vous les entendez ? — C'est lorsqu'elles sont en rapport avec vous. Ensuite, comme je lui avais fait la plaisanterie que je le mettrais en crise le soir, malgré lui, et qu'il m'avait assuré que je n'en viendrais pas à bout, je lui dis que je lui ferais accroire qu'il pourrait ressentir des effets, et que, comme il ne se ressouviendrait pas de ce qu'il me disait actuellement, je parviendrais à l'en persuader. Il me répéta que ce serait en vain que j'essaierais. — Comment! est-ce que vous ne croyez pas que l'imagination puisse aider aux effets du magnétisme? — Non. — Vous savez cependant que l'académie l'a décidé. — Il y a bien de la rime en *on*.... mais c'est de la sensation. M. son père, le voyant en si grande gaîté, voulut, par plaisanterie, lui demander des numéros pour la loterie. Il lui répondit fort gaîment qu'il n'avait pas la main heureuse, et qu'il n'y gagnait jamais. Cependant, comme il le pressa de lui en désigner, il y consentit, et indiqua les numéros 7, 32, 28, 69, 85; il les répéta même plusieurs fois, sans cependant avoir l'air d'y croire beaucoup. Il s'égaya ensuite sur le gain qu'il pouvait faire à la loterie, et que, s'il gagnait un quine, cela lui ferait presque autant de plaisir que le magnétisme. Je lui demandai s'il était aussi sûr du quine que du recouvrement de sa santé. « C'est fort différent, répondit-il : je sûr d'être bien guéri, au lieu que je ne tiens pas le quine dans ma poche. Au bout de quelques momens, il demanda à se promener, toujours avec sa chère bouteille sur son épaule. Il était très-ferme sur ses jambes ; et tout en témoignant le plaisir qu'il avait de se sentir bien guéri, il allait jusqu'à sauter et à donner des signes très-marqués de la satisfaction qu'il éprouvait : il m'embrassa plusieurs fois, en me disant qu'il m'aimait bien, et qu'il m'était bien obligé. Quand il fut rassis, il voulut encore qu'on lui parlât, disant que son mal ne l'occupait pas assez pour ne pas faire la conversation ; de sorte que je lui fis beaucoup d'autres questions. A quelle heures voulez-vous être purgé demain ? — A six heures. — Désirez-vous faire diète aujourd'hui ? — Non. Je dînerai bien, et ne souperai point. — Faut-il vous préparer à la médecine par quelques boissons ? — Non, point de tisane surtout, mais de la limonade. — Faut-il qu'elle soit cuite ? — Non. La limonade cuite me fait mal, me fait vomir ; au lieu

que la limonade crue me fait du bien. — Etes-
vous content du magnétisme? —Oui, et de vous
aussi. — Par où votre mal d'épaule s'en ira-t-il?
— Peut-être bien aujourd'hui par les urines.
— Si je vous laissais comme cela sans vous ouvrir les yeux, qu'en arriverait-il ? — Je me ré-
veillerais seul ; mais si vous avez affaire, vous
pouvez m'ouvrir les yeux , et vous n'aurez pas
grande peine aujourd'hui, parce que je n'ai plus
de mal. — Il faut donc nous dire adieu ? —
Oui, pour à présent, mais nous nous reverrons
bientôt. Je l'éveillai en effet au bout de deux
heures de crise, et son réveil s'opéra dans une
minute.

Pour donner une nouvelle preuve de la démarcation bien sensible qui existe entre l'état
magnétique et l'état naturel, je lui demandai,
comme par plaisanterie, après son réveil, s'il
voulait mettre à la loterie : j'ajoutai que, comme
un bonheur n'allait pas sans l'autre, il se pourrait qu'il y gagnât. Il s'y refusait ; mais par
complaisance il dicta les numéros suivans :
4, 28, 36, 49, 72 : aussitôt on lui montra
les numéros qu'il avait indiqués pendant sa
crise ; ce qui l'amusa et l'étonna fort, n'ayant
aucun souvenir de tout ce qu'on lui racontait (18).

Le lendemain samedi, M. le comte Louis de Rieux a commencé à prendre, à six heures du matin, des eaux de Sedlitz, qui l'ont fort bien purgé. Le lendemain dimanche, il fut à l'exercice dès cinq heures du matin, et depuis il jouit d'une santé parfaite.

« Nous soussignés, témoins de toutes les « séances où M. le comte Louis a été magnétisé, « ou seulement d'une ou de plusieurs de ses « séances, reconnaissons les détails ci-dessus, « comme très-conformes à ce que nous avons « vu et entendu nous-mêmes. En fois de quoi « nous avons tous signé le procès-verbal ci- « dessus. Cejourd'hui, 7 août 1785. Signé *le* « *comte de Rieux*, colonel du régiment de ca- « valerie de Berry; *le vicomte d'Alzon*, major « du régiment de Berry; *Escragnolle*, capi- « taine, commandant audit régiment; *le comte* « *de Comminge*, capitaine audit régiment; *Cha-* « *ternet*, capitaine audit régiment; *le marquis* « *de Lillers*, capitaine audit régiment; *Mon-* « *luzon*, capitaine au régiment d'Artois, cava- « lerie *de Lalandelle*, officier au régiment « d'Agénois; *le baron de Dampière*, *le mar-* « *quis de Saint-Sauveur*, mestres-de-camp en « second du régiment de Foix; *de Beaufrans-*

« lect, *comte d'Ayat,* capitaine au régiment de
« cavalerie de Berry; *le comte de Lützelbourg-*
« *Klinglin-d'Esser,* capitaine au régiment de
« Montmorency, dragons; *le vicomte de la Ro-*
« *che-Aymon,* mestre-de-camp, commandant
« du régiment d'Artois; *Flachon de la Joma-*
« *rière,* capitaine en premier au corps royal du
« génie; et *Brunck,* commissaire des guerres,
« témoins de trois séances. »

Les détails ci-dessus, de la courte maladie
de M. le comte Louis de Rieux, ont beaucoup de ressemblance avec ceux qu'on a lus
du petit Amé, guéri à Busancy : l'un et l'autre
ordonnaient affirmativement la manière dont
il fallait qu'on les touchât, et tous deux ont
répondu de même qu'il n'entrait rien en eux
quand on les magnétisait, mais seulement que
cela les soulageait. Quant aux éclaircissemens
sur l'existence du fluide magnétique, de même
que sur la vision intérieure, tant du corps
que du siége de la maladie, on a pu remarquer
que tous les paysans se servent habituellement
du mot *voir,* tandis que M. le comte de Rieux,
appréciant le vrai sens des mots, exprime la
même idée par *sentir.* Ce ne sera qu'à mesure
que les cures magnétiques s'étendront sur des

personnes de son espèce, et, par suite, sur des gens instruits en médecine et en anatomie, que nous pourrons parvenir à étendre nous-mêmes nos idées sur cet état singulier de somnambulisme. Au reste, nous ne pourrons jamais avoir qu'une langue de convention pour exprimer des sensations dont nous ne sommes pas susceptibles.

D'après le bien que procurait à M. de Rieux l'application d'une bouteille, joint à ce qu'il disait qu'il n'entrait rien en lui quand on le magnétisait, mais qu'au contraire il s'en échappait une espèce de vapeur ou de transpiration, il m'est venu une idée que plus d'expérience confirmera peut-être ou détruira entièrement; c'est que le verre peut servir d'indicateur certain de l'état d'un malade devenu somnambule magnétique, quant au trop ou trop peu d'électricité qui existe en lui. J'ai remarqué plusieurs fois ce même attrait pour le verre dans de certains malades, tandis que d'autres le dédaignent absolument, quand le magnétiseur n'y porte pas la main.

Le verre, d'après ses propriétés électriques, est, comme nous l'avons dit, un excellent conducteur du magnétisme animal. Lors donc qu'après avoir magnétisé une bouteille, on la

met en contact avec le malade , l'accélération
de mouvement occasionnée par les filières du
verre , agit constamment sur lui tant que le
magnétiseur la touche ; mais lorsqu'après avoir
actionné quelque temps avec la bouteille, on
l'abandonne entièrement entre les mains du
malade, alors il peut arriver deux cas, ou que
le malade ait trop d'électricité en lui, ou qu'il
en ait trop peu. S'il en manque, la bouteille se
déchargera bien vite de toute son électricité
animale ; et sitôt qu'elle aura cessé d'être en
analogie avec lui, lui devenant inutile, il s'en
débarrassera promptement. Au contraire , si le
malade a surabondance d'électricité, la bouteille s'entretiendra toujours de celle dont il se
débarrassera : elle fera exactement l'office d'un
siphon ; et tant qu'il croira utile de continuer
cet effet, il la gardera avec plaisir. C'est, je
crois, particulièrement parmi les enfans et les
très-jeunes gens, que ce phénomène arrivera
le plus communément. Cette observation, au
reste, mérite d'être approfondie ; je ne la donne
que comme une probabilité. Je crois mon raisonnement juste, d'après les données sur lesquelles je me fonde ; mais s'il en est une qui
manque de justesse, que deviendront mes conclusions? Mon seul but, au reste, est de laisser

entrevoir le vaste champ d'expériences et d'observations qu'il reste à faire dans la connaissance bien nouvelle que je traite : n'étant, pour ainsi dire, à l'exception de mes frères, aidé de personne dans mes recherches ; ayant trouvé dans tous les savans, physiciens, médecins et autres, un éloignement incroyable à vouloir m'entendre, il m'a fallu tout conclure sans débats ni contradictions. Je crois, d'après cela, qu'il est impossible que je ne me sois pas trompé quelquefois : aussi, je le répète, si je me voyais réfuté d'une manière raisonnable et convaincante, j'en serais charmé. Certain, comme je le suis, que les faits ne peuvent s'affaiblir, ce serait une preuve qu'on les aurait examinés avec soin, et je ne pourrais qu'y gagner moi-même. Puisse le souhait que je fais d'être réfuté solidement, s'effectuer au plutôt pour le bonheur de la génération présente !

Parmi quantité de faits aussi évidens que satisfaisans par leurs résultats, qui ont eu lieu à Strasbourg, il en est encore un que je veux citer, à cause de la longueur du terme que le malade a lui-même fixé pour époque de sa guérison, dès les premiers jours de son traitement.

Le nommé Dupré, soldat au régiment de

Hesse-Darmstadt, homme fort et robuste, âgé de vingt-quatre ans, taille de cinq pieds huit pouces, tombait, depuis une quinzaine de jours, dans des attaques de convulsions semblables à l'épilepsie : il était incapable de faire aucun service. Le chirurgien-major de son régiment l'avait saigné le troisième ou quatrième jour de ses accidens, et depuis lors il était encore plus souffrant. M. Houdouard, son capitaine, l'amena chez moi le 8 août, et me pria instamment d'essayer sur cet homme le pouvoir du magnétisme animal. J'y consentis ; et dès la première fois je déterminai en lui sa crise convulsive. L'après-midi, l'ayant touché une deuxième fois, il devint somnambule magnétique, et dès le surlendemain il put rendre compte de la cause et des suites de sa maladie. Afin d'éviter des répétitions, je me contenterai de rapporter ci-après les différentes pièces et actes passés pardevant notaire, qui suffisent seuls pour donner une idée satisfaisante du traitement magnétique du sieur Dupré.

Suit la déposition du 10 août.

Déposition du nommé Dupré, soldat du régiment de Hesse-Darmstadt, dans la compagnie d'Houdouart, à M. de Puységur, en présence des soussignés.

« La cause de ma maladie vient du chagrin de me voir aussi court tenu que je le suis à la caserne, et de n'être pas aimé de mes camarades. Le commencement de ma maladie a eu lieu il y a eu vendredi quinze jours. Il s'est formé une ceinture de sang au bas-ventre, qui a monté continuellement jusqu'au nœud du gosier. Si je n'étais pas venu ici, cela m'aurait occasionné une grande maladie, qui n'aurait pas été longue ; cela m'aurait étouffé, et je serais mort : au lieu de cela, je serai guéri de vendredi prochain en huit. De jeudi en huit je vomirai du sang une fois dans la journée, et deux fois dans la nuit, et cela finira mes convulsions. Dè samedi prochain en huit, j'aurai besoin d'être purgé, et je ne tomberai plus en crise.

« Dans six mois je prendrai la fièvre chaude, que personne que vous ne pourra guérir, ou un de vos gens, mais en plus de temps. De vendredi en huit finiront les crises pour moi, et je n'y retomberai plus le samedi suivant.

(419)

« Reçu et écrit cette déclaration, sous la dictée dudit Dupré, étant en *crise somnambuliste*, ce 10 août 1785, dans l'appartement qu'occupe M. *le marquis de Puységur*, en présence de *madame Doriocourt*, de M. *le baron de Landsberg, de Berstett, Klinglin-d'Esser, Abresch,* chirurgien-major dudit régiment ; *de la Jomarière, de Tinchant,* chirurgien-major, démonstrateur royal à l'hôpital militaire de Stasbourg, chirurgien-major du régiment de Foix. Signé *Doriocourt ; le baron de Landsberg,* directeur de la noblesse immédiate de la Basse-Alsace ; *le baron de Berstett ; Klinglin-d'Esser,* capitaine de dragons au régiment de Montmorency ; *de la Jomarière,* capitaine au corps royal du génie ; *François, baron de Landsberg ; Fribault, Abresch,* chirurgien-major du régiment royal de Hesse-Darmstadt ; *Tinchant, Lützelbourg.* »

S'ensuit le dépôt mentionné ci-dessus.

« Cejourd'hui dixième août mil sept cent quatre-vingt-cinq, à six heures et un quart de relevée, pardevant le notaire royal à Strasbourg, soussigné, furent présens MM. *les barons de Landsberg* et *de Berstett,* qui ont signé la déclaration ci-dessus, et des autres parts, les-

quels, après avoir certifié les signatures appo-
sées à ladite déclaration véritables, ont requis
ledit notaire, au nom de M. *le marquis de
Puységur*, colonel au corps royal d'artillerie,
major du régiment de Metz, en garnison à
Strasbourg, de le prendre et garder en dépôt au
nombre de ses actes, à fin de date et à telles
autres que de raison, duquel dépôt les sieurs
comparans ont requis acte à eux accordé.

« Fait, lu et passé audit Strasbourg, les jour,
mois et an susdits, en présence des sieur Félix
Lex, avoçat, et Louis *Dumont*, praticien, y
demeurans, témoins requis, qui ont signé avec
les sieurs comparans et ledit notaire. Signé la
minute vers lui restée, *François, baron de
Landsberg, le baron de Berstett, Lex, Dumont, et Lacombe*, notaire royal, avec paraphe. Collationné, *signé* LACOMBE.

« Ensuite l'acte vérifiant l'accomplissement
de la prédiction ci-dessus. »

A Strasbourg, le 31 août 1785.

« Nous soussignés, chirurgiens-majors du régiment de Hesse-Darmstadt, et autres qui avons
été témoins du traitement du sieur Dupré, soldat au régiment, certifions que le mercredi
17 août, il a eu trois vomissemens de sang, et

(421)

que nous lui avons entendu dire, dans son état
de somnambulisme magnétique, que cette crise
salutaire, prévue par lui, n'avait été avancée
d'un jour et demi, qu'à cause d'une révolution
imprévue qu'il avait éprouvée dans le cours de
son traitement, dont le résultat avait été un
vomissement de sang prématuré dans sa chambre, en présence de tous ses camarades, et que,
depuis ledit jour 17, Dupré n'a plus eu d'attaques de convulsions, mais qu'il continue néanmoins d'être dans un état de faiblesse et de malaise ; lequel état, suivant ses pressensations,
doit durer jusqu'au 4 de mars de l'année prochaine, à quatre heures du soir, époque qu'il
annonce devoir être celle de la fièvre chaude
qui doit terminer sa maladie ; laquelle maladie
se guérira en huit jours de temps, s'il est magnétisé par M. de Puységur, ou en durera
quinze, avec beaucoup de souffrance, si c'est
Clément qui le magnétise, et qu'à défaut de
l'un ou de l'autre de ces deux magnétiseurs,
aucun moyen, soit de la médecine ou du magnétisme, ne pourra l'empêcher de mourir. En
foi de quoi avons signé le présent procès-verbal,
pour valoir en tant que de raison. *Signé* à l'o-
riginal, J. *Abresch*, chirurgien-major dudit régiment, le 1ᵉʳ septembre 1785 ; *Lützelbourg*,

Gallimart, le baron de Berstett, Klinglin-d'Esser.

Cejourd'hui cinquième septembre mil sept cent quatre-vingt-cinq, avant midi, pardevant le notaire royal immatriculé au conseil souverain d'Alsace, résidant à Strasbourg, soussigné, fut présent messire Amand-Marc-Jacques, *marquis de Puységur*, colonel au corps royal d'artillerie, étant à Strasbourg, lequel a remis et déposé audit notaire la déclaration ci-dessus du trente-un août dernier et 1er septembre courant, les signatures au bas de laquelle il certifie véritables; requérant ledit notaire de la recevoir en dépôt au nombre de ses actes, pour en être délivré des expéditions à qui il appartiendra.

« Fait, lu et passé audit Strasbourg, les jour, mois et an susdits, en présence des sieurs Félix *Lex*, avocat, et Louis *Dumont*, praticien, y demeurans, témoins requis, qui ont signé avec les sieurs comparans et ledit notaire. Ainsi signé à la minute vers lui restée : *le marquis de Puységur, Lex, Dumont*, et *Lacombe*, notaire royal, avec paraphe. Collationné, *signé Lacombe.* »

Troisième acte, contenant les dernières dépositions du sieur Dupré.

« Aujourd'hui 31 août 1785, le sieur Dupré, après être revenu au traitement magnétique, pour des faiblesses qu'il éprouvait journellement depuis huit jours, a cessé de tomber en crise de somnambulisme ; avant son réveil il m'a annoncé que samedi prochain, 3 septembre, il se sentirait accablé dans l'après-midi, et qu'à quatre heures il tomberait tout seul, à quelqu'endroit qu'il se trouvât, dans l'état de somnambulisme magnétique, dont il sortirait tout seul à cinq heures précises ; que, d'ici au 4 de mars, cet état singulier se manifesterait chez lui tous les trois jours à la même heure. Il dit n'avoir plus besoin d'être magnétisé d'ici au 4 de mars, parce que l'effet que l'on produirait sur lui serait trop violent, et pourrait porter du déréglement dans sa tête. Il ajoute que si quelque main étrangère à ses magnétiseurs ordinaires venait à le toucher dans ses momens de sommeil magnétique, il en résulterait pour lui des maux affreux, et par suite un dépôt dans la tête, dont la répercussion, jointe à la fièvre qu'il doit avoir, le mettrait hors d'état de pouvoir guérir à l'é-

poque du 4 mars de l'année prochaine. En conséquence, je vais prendre toutes les précautions
possibles pour que le sieur Dupré soit surveillé
de près dans tous ses momens de sommeil magnétique, jusqu'à l'époque où il viendra me
trouver à Paris. Si aucune contrariété ne vient
troubler la suite d'une cure aussi intéressante,
je la regarde d'avance comme assurée.

Signé le marquis DE PUYSÉGUR. »

A Strasbourg, ce 31 août 1785.

« Aujourd'hui 5 septembre, que le présent
dépôt a été porté chez le notaire, je certifie que
le sommeil magnétique de Dupré a eu lieu
samedi dernier, comme il l'avait annoncé. Signé
le marquis de Puységur, et ont signé avec moi,
comme ayant été témoins, *le comte de Lützelbourg, Landsberg, le baron de Berstett,
Schwendt, Flachon de la Jomarière.* »

« Cejourd'hui cinq septembre mil sept cent
quatre - vingt - cinq, avant midi, pardevant le
notaire royal à Strasbourg soussigné, est com-
paru messire Amand-Marc-Jacques, *marquis
de Puységur,* colonel au corps royal de l'artillerie, étant à Strasbourg, lequel a remis et
déposé audit notaire la déclaration ci - dessus
des trente-un août et cinq du courant, dont

il a certifié les signatures véritables, requérant ledit notaire de la prendre et recevoir
en dépôt au nombre de ses actes, pour en délivrer des expéditions à qui il appartiendra,
dont acte.

« Fait, lu, et passé audit Strasbourg, les
jour, mois et an susdits, en présence des sieurs
Félix *Lex*, avocat, et Louis *Dumont*, praticien,
y demeurans, témoins requis, qui ont signé
avec le sieur comparant, et ledit notaire signé
à la minute vers lui restée, *le marquis de Puységur, Lex, Dumont,* et *Lacombe,* notaire royal,
avec paraphe. Collationné, *signé* LACOMBE. »

Dupré est parti de Strasbourg en même temps
que moi pour se rendre à Buzancy. Il y est resté
jusqu'au 8 de décembre, pendant lequel temps
il est tombé régulièrement tous les trois jours
dans sa crise de sommeil magnétique. Comme
il était alors devenu insensible à l'approche de
toute autre personne que moi, sans cependant
répondre à qui que ce soit, je lui ai permis, en
quittant Buzancy, d'aller dans son pays, en Nor-
mandie, passer le temps qui reste jusqu'à la fin
du mois de février, époque où il doit me venir
retrouver à Paris. Comme cet homme sait le
danger qu'il courrait en manquant au rendez-

vous, je ne doute pas qu'il n'y soit exact. Je compte alors engager un notaire et un médecin à se trouver chez moi le quatre mars à quatre heures du soir, afin de constater avec eux l'accomplissement de sa pressensation.

CONCLUSION.

—

J'ai présenté, je crois, dans le cours de ces Mémoires et dans les précédens, plus de faits qu'il n'en faut pour persuader ceux qui les liront, de l'existence du *magnétisme animal*, et de son utilité dans le traitement de la plupart des maladies.

Quiconque voudra parcourir avec attention les différens détails des cures qui y sont décrites, ne pourra, je crois, s'empêcher de reconnaître la vérite des faits qui y sont rapportés, et en y ajoutant la foi qu'ils méritent, sera forcé de convenir que ce nouveau moyen de guérir est infiniment plus simple et plus à la portée de tous les hommes, que tous ceux qu'on a connus jusqu'à ce jour.

J'ai tâché, de plus, de persuader à tous les hommes qu'ils ont en eux la faculté de magnétiser, et que l'efficacité des traitemens magnétiques est en raison de la *persévérance*, de la *sensibilité*, et de *la bonne volonté des magné-tiseurs.*

Tout homme en croissant acquiert la faculté de guérir son semblable, comme il acquiert la faculté de le reproduire. Ces deux facultés sont les résultats de la commisération et de l'amour, deux sentimens aussi impérieux l'un que l'autre, et certainement communs à tous les hommes.

Rien ne prouve mieux combien nous nous sommes écartés des lois de la nature, que cet abandon total d'une de nos plus importantes facultés (19).

Il a certainement existé autrefois des sociétés parmi lesquelles le magnétisme animal, cette médecine si facile et si naturelle, a été exercé : mais dans la simplicité des mœurs anciennes, il devait suffire aux hommes de se laisser aller à l'impulsion de leurs âmes compatissantes, pour opérer des soulagemens prompts et as-surés. L'art de guérir, loin d'être une *science*, était, pour ainsi dire, un besoin : aussi n'a-t-il pas dû exister plus de règles pour cette opéra-tion que pour toutes les actions physiques et de première nécessité que nous opérons sans calcul.

Si l'on suppose en effet qu'il a existé une so-ciété d'hommes justes et bons, satisfaits, dans toute la plénitude de leur être, des dons immenses que leur prodiguait la nature, uniquement occupés à jouir de leur bonheur, sans autre soin que celui d'en rendre grâces au Créateur; doués en outre d'une santé inaltérable, dont aucunes passions désordonnées ne venaient troubler la pureté; n'en conclura-t-on point qu'il ne devait point alors s'occasionner de chocs destructifs entr'eux? Les impulsions naturelles existant dans toute leur force, on devait y obéir aveuglément, et après l'*amour* et l'*amitié*, c'était certainement la *charité* active, fille de la sensibilité, qui devait le plus remuer et affecter les âmes. Or, l'effet, pour ainsi dire machinal, de ce dernier sentiment était précisément ce que nous appelons aujourd'hui magnétisme animal, et suffisait par conséquent pour remédier à toutes les maladies accidentelles, inséparables de l'espèce humaine.

Malgré l'éloignement où nous sommes actuellement de ce premier état, si naturel et si heureux; malgré tous les efforts que nous faisons continuellement pour restreindre et anéantir même quelquefois en nous ces premières impulsions, source du maintien de la vie et des sociétés, nous sommes toujours forcés d'en reconnaître la loi impérieuse. Sans *amour*, point

de reproduction, sans *amitié*, point de conso-
lation dans nos chagrins, et de même, sans *sensibilité*, point de guérison assurée dans nos
maladies. Ces trois attributs de l'homme sont
les seules sources de son existence, et chaque
effet bienfaisant en est la suite naturelle. Amour,
amitié, sensibilité, quel est l'homme assez malheureux pour méconnaître vos douces inspira-
tions! Eh! le bonheur sur la terre est-il donc
autre chose que les jouissances que nous procurent ces trois sentimens?

Les hommes, par leur nature physique, devaient donc, en suivant machinalement leurs
impulsions naturelles, être parfaitement heureux. De même que tout le reste des animaux,
la loi de l'équilibre universel devait laisser subsister entr'eux une égalité parfaite. La matière,
soumise à des règles, ne pouvait point se voir
déranger par la matière elle - même. Si donc
l'homme seul a pu les contrarier ces règles, bien
plus, les abandonner, au risque de voir dépérir
et s'anéantir même son existence, il faut bien
supposer en lui une impulsion capable de vaincre
l'ascendant impérieux de ses affections physiques. Quel motif physique peut mener à la destruction de son être physique? Ne nous aveu-
glons pas; la source des passions désordonnées,

tendant à combattre les impulsions de l'amour et de la sensibilité, n'a pu être physique; et depuis l'abandon que nous avons fait de notre faculté de soulager nos semblables, jusqu'au pouvoir que nous avons de nous détruire nous-mêmes *à notre volonté,* il est aisé d'apercevoir une chaîne immense de passions chez les hommes, qui, en prouvant en eux la possession d'une nature bien supérieure à celle des autres êtres, démontre évidemment l'emploi désavantageux qu'ils ont fait d'une liberté qui ne leur avait été donnée que pour pouvoir s'en servir à ennoblir leurs affections terrestres.

D'après ce que je viens d'exposer, on doit sentir que le pouvoir de guérir par le magnétisme animal, est, de même que la végétation, la digestion, la reproduction, etc., un des mystères de la nature que nous ne devons que reconnaître et admirer, sans espérer pouvoir jamais le bien comprendre ni l'expliquer : car, de même qu'en parlant d'une plante, nous disons que les sucs de la terre servent à développer son germe, et que, d'encore en encore, ces mêmes sucs la font croître et se fortifier; nous pouvons dire de même, qu'en touchant avec constance et attention un malade que nous voulons soulager, nous lui communiquons une espèce d'es-

prit recteur, ou de fluide pénétrant, analogue
à son germe ou principe vital, qui sert à le renforcer. Ces deux explications assurément, quoique satisfaisantes en apparence, ne nous donnent
cependant point à comprendre l'opération de la
nature, dont le travail nous échappe sans cesse,
pour ne nous laisser apercevoir que des résultats.

Après avoir donc reconnu mon incapacité
absolue à expliquer les travaux paisibles de la
nature dans l'opération du magnétisme animal,
j'ai donc dû me borner à être simple observateur
des phénomènes que j'ai produits. Lorsque,
pour la première fois, j'ai magnétisé un malade,
je l'ai vu devenir entre mes mains dans un état
qui m'était inconnu jusqu'alors. Mon étonnement et ma surprise étaient extrêmes ; je m'é-
garais dans mes réflexions, ou, pour mieux dire,
la foule d'idées qui m'obsédaient m'empêchait
de m'arrêter à une seule, tantôt croyant me
tromper moi-même, et tantôt imaginant que
mon malade était devenu fou. Mais enfin je continuai à magnétiser le même homme plusieurs
jours de suite, et chaque fois j'obtins le même
effet : non content de cet essai, j'essayai ma
puissance sur quantité d'autres individus, et en
moins de quinze jours j'en trouvai plus d'une

vingtaine qui, comme s'ils s'étaient donné le mot, devinrent dans le même état extraordinaire de mon premier malade. Dans l'embarras d'un terme applicable à cet état inconnu pour moi, je l'appelai dans le temps *somnambulisme magnétique*, et alors je me crus fondé à pouvoir assurer à qui voulait l'entendre, qu'il était possible de rendre les malades somnambules magnétiques. Mais comme je ne pus pas expliquer comment l'on devenait somnambule, on n'ajouta aucune foi à ce que j'annonçais, et l'on se moqua de ma crédulité. Je montrai quatre ou cinq somnambules magnétiques à Paris ; cela ne persuada pas davantage. « Oh! me suis-je dit alors, cessons toute espèce de tentatives ; je ne puis avoir la prétention de forcer la croyance publique. Ainsi, quoique ce que j'annonce soit une vérité des plus incontestables, je ne m'en ferai certainement pas le martyr. » Je me suis donc borné à faire part à quelques personnes déjà disposées en faveur du magnétisme, des diverses expériences que j'avais faites : mes premiers Mémoires furent reçus avec indulgence et intérêt par les personnes à qui je les fis passer ; et enfin, soit que naturellement on soit plus confiant dans les provinces qu'on ne l'est à Paris, soit que l'on ne s'y croie pas aussi savant, il est

de fait qu'on y a eu la simplicité de me croire :
bien plus, on a essayé son pouvoir, d'après ses
propres lumières et les faibles indications que
mon plus d'expérience m'avait fait donner.
Qu'en est-il arrivé? C'est qu'aujourd'hui il n'y
a plus guère que Paris dans le royaume où il
n'y ait pas une grande quantité de malades somnambules magnétiques ; partout on obtient les
phénomènes et les cures les plus satisfaisantes ;
à Paris seul, dans l'apathie la plus grande sur
cet objet, on vous dit froidement que le magnétisme animal est tombé, qu'on n'en parle
plus. Quoi qu'il en soit de l'opposition de la
capitale à recevoir une vérité incontestable d'une
si grande utilité aux hommes, il n'en est pas
moins certain, en dépit même de toutes les
académies de France, que le magnétisme animal produit des effets marqués sur tous les individus malades, et qu'un de ses principaux
effets connus jusqu'à présent, est celui que
nous désignons fort improprement sous le nom
de *somnambulisme magnétique.*

Lorsqu'un effet quelconque est reconnu, il
ne s'agit plus que d'examiner s'il est avantageux ou non de le produire, et certainement il
n'y a que l'expérience qui puisse mener à la
décision d'une pareille question. Or, depuis

deux ans passés; toutes celles que j'ai acquises m'ont convaincu de la bonté et de l'excellence du somnambulisme magnétique : je crois pouvoir affirmer que tout être malade, susceptible d'entrer dans cet état heureux, et en qui il n'existe pas de destruction partielle, est sûr dès-lors, *s'il est guidé avec soin*, de recouvrer sa santé première, et que la preuve de son rétablissement complet sera toujours manifestée par son insensibilité aux effets du magnétisme.

Au reste, qu'on ne me demande pas l'explication de tous les phénomènes que présente le somnambulisme magnétique ; ils doivent varier à l'infini, comme tous les êtres susceptibles de le ressentir : la pressensation, la vision, le calcul précis du temps, la connaissance des maladies des autres comme de la sienne propre, le discernement des remèdes et de leur utilité, et tant d'autres facultés que l'homme acquiert dans l'état magnétique, ne sont, comme je l'ai déjà dit, que les résultats de diverses sensations particulières aux somnambules, et qui ne peuvent par conséquent être appréciées par des êtres qui ne les ont point éprouvées. Mais je dis plus, quand même je les aurais éprouvées, ces sensations, il me serait tout aussi impossible d'en faire prendre aux autres une juste idée, qu'il me le serait de donner à un aveugle de naissance l'idée de la sensation des couleurs.

Quelques somnambules magnétiques dirigés avec soin, ont, par exemple, la sensation de la durée du temps. Ils annoncent, avec certitude, le terme où cessera tel ou tel effet qu'ils éprouvent; et lorsque ce terme arrive, ils en avertissent à la minute. Je puis bien hasarder une explication sur ce phénomène, mais qui probablement ne le fera pas comprendre davantage.

Si un être magnétique juge aussi pertinemment du temps que doit durer sa maladie, n'est-il pas raisonnable de penser que ce n'est que d'après la connaissance du bien-être qu'il a déjà éprouvé dans ses crises précédentes, joint à la somme de soins qu'il reçoit chaque jour? Dès-lors ne voilà-t-il pas pour lui une progression géométrique décroissante, dont le premier terme et la différence lui sont connus? Mais comme un être magnétique ne calcule pas, il faut donc que ce qui pour nous ne serait que le résultat d'une opération pénible de mathématique, soit pour eux tout simplement une sensation finie; et si l'on continue avec assiduité ses soins à un malade, si l'on ne porte pas son attention à des objets étrangers à sa santé, si enfin il ne lui arrive aucun accident imprévu, on doit sentir que ses pronostics sur le terme de sa guérison ne peuvent manquer de se réaliser.

La mine riche en découvertes du somnambulisme magnétique, est ouverte aujourd'hui à quiconque voudra y puiser; déjà de tous côtés j'entends raconter des phénomènes nouveaux pour moi. A Bordeaux et à Toulouse, m'a-t-on dit, il y a deux êtres qui, après avoir été guéris par le passage du somnambulisme magnétique, ont conservé en santé la propriété singulière de reconnaître ou sentir les maladies des autres.

Je connais un jeune homme de quatorze ans, qui, après avoir indiqué, dans l'état magnétique, une manière quelconque de se toucher lui-même, a eu la faculté, pendant le temps fixé par lui comme terme de sa guérison, de se faire tomber en crise tout seul, et de s'en faire sortir de même.

Il y a trois mois que je reçus de M. *Leclerc*, fermier-général des domaines de la Lorraine, une lettre dans laquelle il me mandait ce qui suit :

« J'ai fait tomber en crise, il y a quelques
« jours, une fille qui souffrait depuis long-
« temps. Je lui ai fait toucher un de mes do-
« mestiques, à qui il restait, à la suite d'une
« fièvre, des maux de tête considérables. Ma
« somnambule a dit qu'on pouvait le guérir
« avec des fumigations de plantes qu'on trou-
« vait dans les bois, mais qu'elle seule pouvait
« connaître ; que, pour qu'elle s'en souvînt
« après sa sortie de crise, il fallait, pendant
« qu'elle y était encore, que je lui touchasse
« sur la tête à un endroit qu'elle m'indiqua :
« je l'ai fait. Le lendemain cette fille a été au
« bois ; nous l'y avons suivie. Elle y a cherché
« fort long-temps, et elle en a rapporté les
« plantes. On a fait les fumigations à mon
« homme, et les maux de tête ont disparu.
« Comment trouvez-vous cette combinaison de
« se faire toucher la tête, pour se ressouvenir,
« hors de crise, des remèdes ordonnés pen-
« dant qu'on y était ? »

La série des phénomènes véritablement merveilleux que l'état de somnambulisme magnétique doit produire, ne peut pas, je crois, se
calculer. Les propriétés de nos sensations sont
à peine reconnues ; et qui peut borner le terme
où elles s'arrêtent ? Les merveilles de l'anti-

quité, les erreurs de la magie, l'art menteur de
la sorcellerie et de la divination, le pouvoir de
donner des visions aux enfans comme aux
hommes raisonnables, dont l'esprit est exalté
ou prévenu; toutes ces choses, dis-je, ont une
base de vérité à laquelle il est impossible aujourd'hui de ne pas croire. De tout temps il a
existé des hommes que le hasard, des circonstances ou l'organisation fortement prononcée,
a portés presque machinalement à l'étude de
leurs sensations : de là, ils n'ont eu qu'un pas
jusqu'à la reconnaissance de leur pouvoir. Si
l'on joint à cela beaucoup d'ignorance, avec un
esprit actif et facile à s'enflammer, on aura des
idées justes et reposées de tous ces prétendus
inspirés, souvent de très-bonne foi, et qui, de
tout temps, ont appuyé de prodiges apparens
leurs annonces mensongères. Je sais bien qu'aujourd'hui encore, si quelqu'un me proposait,
avec l'air du plus grand mystère, de me faire
voir Henri IV, je m'y refuserais avec effroi, bien
certain que si je m'exposais à pareille aventure,
je risquerais d'être mis, par une puissance
physique plus forte que la mienne, dans un
état de désordre pendant lequel je pourrais certainement me figurer en songe les objets qui auraient frappé mon imagination précédemment,

et que, conservant, dans l'état naturel, l'idée seule de ma vision, sans celle de l'état par lequel j'aurais passé, je courrais risque de croire fermement à la plus grande absurdité qu'il soit possible d'imaginer. Que l'on consulte toutes les personnes raisonnables qu'une curiosité inconsidérée a portées à se confier à ces prétendus prophètes, et qu'elles disent si, en sortant des lieux ténébreux où on leur a fait voir des prodiges, elles ne se sont pas trouvées fatiguées, harassées à l'excès, et quelquefois même dans un désordre très-grand, effet très-simple de l'état convulsif et forcé où il a fallu qu'elles entrent pour que les nerfs exaltés de leur cerveau pussent retracer à leurs âmes l'objet de leurs désirs. Il n'en est pas de même à l'égard d'un enfant : la faiblesse de ses organes doit le rendre plus mobile à la volonté d'un homme exercé dans ce genre : aussi est-ce sans effort apparent qu'il doit entrer dans un état soi-disant de divination, qui n'est autre que celui d'une dépendance absolue de tous les caprices de l'être qui le maîtrise.

Au reste, il est à présumer, comme je l'ai déjà dit, que, dans toutes les illusions de ce genre, prophètes et inspirés sont souvent de bonne foi, et qu'un petit cours de physiologie

et de physique expérimentale qu'on les force-
rait de suivre avec attention, les corrigerait bien
plus efficacement qu'une persécution, qu'ils
regardent comme manque de lumières spiri-
tuelles de la part de ceux qui ne croient pas à
leurs rêveries.

Je ne pousserai pas plus loin les aperçus que
je pourrais faire touchant les lumières infinies
que l'étude et la pratique du magnétisme animal peuvent nous procurer. Mon but unique a
été de faire envisager ce moyen comme curatif
dans la plupart de nos maux, et je crois y avoir
réussi. Puisse ce résultat de mes observations
entretenir et échauffer la confiance de ceux qui
déjà s'occupent avec succès du magnétisme
animal, et suspendre les préventions mal fondées des détracteurs de cette découverte !

Peut-être qu'un jour les sciences, parmi
nous, se perfectionneront ; peut-être que nos
savans arriveront au point d'admettre des phénomènes et des vérités qu'ils ne peuvent expliquer. Alors il y a lieu d'espérer que l'art de
guérir ne sera plus une science : jusque-là tous
nos efforts seraient vains pour le persuader.
Cette époque, quelqu'éloignée qu'elle soit, arrivera, nous n'en pouvons douter ; le temps
seul l'amènera. En attendant, jouissons tran-

quillement de nos connaissances anticipées, et qu'au moins chaque magnétiseur devienne à l'avenir le seul et unique médecin de tous les êtres qui l'intéresseront et qui se confieront à lui.

NOTES.

—

(1) *Page* 229. DEVINER la pensée de quelqu'un, est fort différent d'agir d'après cette même pensée. Dans ce second cas, *Madeleine* n'était pas plus extraordinaire que tous les autres somnambules magnétiques, dont le nombre aujourd'hui s'est si fort multiplié. Quoi qu'il en soit, ce phénomène, dans sa simplicité, n'en est pas moins difficile à expliquer.

Il a paru sur cette matière deux ouvrages intéressans et curieux qui tendent à soulever le voile derrière lequel la nature s'était cachée. Le premier de ces ouvrages est l'*Essai des probabilités du somnambulisme magnétique*, par M. *Fournel*, avocat au Parlement. Le but de l'auteur est de familiariser les esprits avec les phénomènes du *somnambulisme magnétique*, en établissant leur analogie avec d'autres phénomènes très-connus et avoués par les médecins et les physiciens. L'autre ouvrage est l'*Essai sur la théorie du somnambulisme magnétique*, par M. *T. D. M.*; c'est une suite naturelle du premier. L'auteur y donne d'excellens aperçus sur l'objet qu'il traite. Par la modestie de son style, il engage plus à penser et à réfléchir avec lui, qu'il ne montre de prétention à soumettre les opinions. Il est à désirer que d'autres bons observateurs

nous fassent ainsi part de leurs succès et de leurs réflexions.

(2) *Page* 236. Je ne prétends pas donner, dans cet
exemple, une preuve de la spiritualité de l'âme, puisque
je ne considère la pensée qu'un objet extérieur détermine en nous, que comme un effet très-matériel d'une
impression produite sur les sens. Quant à la liberté de
vouloir ou d'agir d'après cette même pensée, c'est une
autre opération que je n'expliquerais pas peut-être aussi
physiquement....... Mais mon objet, dans ce moment-
ci, n'est pas de traiter cette question; mon but est simplement de faire considérer la pensée comme un commencement d'action, comme un mouvement à sa source,
lequel est capable de porter une impulsion déterminante
sur un somnambule, en raison de son plus ou moins de
mobilité magnétique.

(3) *Page* 244. Comme ce livre-ci peut être lu par des
personnes qui, n'ayant aucune idée du magnétisme animal, auraient néanmoins la bonne foi de chercher à
s'éclairer sur son importance, je crois devoir étendre
mon idée sur l'utilité accidentelle de l'aimant dans le
traitement des maladies.

J'ai dit qu'après le verre, je regardais l'aimant comme
un des meilleurs conducteurs du magnétisme animal :
dès-lors on doit sentir qu'une baguette aimantée dans
la main d'un homme qui croit soulager un malade par
ce moyen, devient tout naturellement conducteur du
fluide ou électricité animale, et qu'alors ce malade, sans
qu'il s'en doute, peut se trouver magnétisé aussi effica-

cement que par le magnétiseur le plus éclairé. *Confiance* dans le moyen qu'on emploie, *espérance* de porter soulagement, *attention soutenue et attouchement immédiat*, tout enfin se trouve réuni pour opérer l'effet le plus prompt et le plus avantageux. Je ne serais même pas étonné qu'avec beaucoup de constance et d'intérêt pour un malade, on parvînt, sans autre moyen, à le guérir de la maladie la plus chronique; mais, je le répète encore, ce ne sera jamais à la vertu particulière de l'aimant qu'on devra attribuer ces succès, mais bien à la main qui, en l'employant *avec la foi la plus aveugle, lui aura communiqué sa vertu sanative.*

(4) *Page* 268. On pourrait dire que l'*électricité aérienne* est à l'*électricité animale*, ce que l'esprit de vin est à l'éther. Cette dernière substance est, comme l'on sait, la plus pénétrante de toutes les liqueurs que nous connaissons. Si, d'une certaine hauteur, on laisse tomber en même temps sur sa main une goutte d'éther et une goutte d'esprit de vin, la première ne fera éprouver aucune sensation, tandis que la deuxième, venant frapper la main, y restera sensiblement attachée. C'est cette propriété particulière de l'éther de se diviser à l'infini, qui le rend si favorable lorsqu'il est pris intérieurement et avec ménagement. Si la promptitude de ses effets est extrême, c'est que l'éther étant, pour ainsi dire, un des derniers résultats de la nature, est une des substances la plus approchée de l'état du *fluide universel.*

On sent que si au lieu d'éther on faisait prendre, dans

la même circonstance, à un malade de l'eau-de-vie ou de l'esprit de vin, on occasionnerait en lui un désordre véritable, et qu'avant que la partie éthérée de ces liqueurs eût pu produire un effet avantageux, leur poids et leurs vapeurs grossières auraient troublé toute l'organisation et le cerveau du malade.

Il en est de même de l'*électricité aérienne*. Son action agit bien certainement sur notre système nerveux ; mais, de même que dans l'exemple ci-dessus de l'esprit de vin, ce n'est que d'une manière extrêmement grossière : les *molécules électriques*, si l'on peut s'exprimer ainsi, ne peuvent jamais s'unir ni s'assimiler aux nôtres ; elles ne produisent qu'un choc ou un ébranlement plus ou moins considérable, dont l'effet est aussi passager que le son : moins la vibration donnée à nos nerfs aura été forte, et moins le mal que nous en éprouverons sera grand. Mais si l'on répétait long-temps de suite ces mêmes vibrations, on peut aisément conclure les accidens qui pourraient et devraient en résulter dans tout le système nerveux.

L'*électricité animale*, au contraire, infiniment plus pénétrante que l'*électricité aérienne*, par son analogie avec notre système, se marie avec nos humeurs, et les vivifie tout le temps que son action dure : loin de s'échapper et de ne laisser après elle qu'une vibration plus ou moins malfaisante dans nos nerfs, elle s'empare tellement de nos facultés, que nous sommes susceptibles de devenir à son égard ce que les bouteilles de Leyde sont à l'égard de l'*électricité aérienne*. Et enfin, lorsque nous cessons de ressentir des effets marqués de cette influence bienfaisante, c'est là preuve de l'équili-

bre le plus parfait dans lequel nous puissions être avec
la nature.

(5) *Page* 274. Je ne suis pas de l'avis de plusieurs personnes pratiquant le magnétisme, qui croient qu'il est
différens moyens de se charger soi-même d'électricité
pour agir plus fortement sur un malade; je ne connais
du moins aucun moyen pour cela, et je n'ai jamais cru
devoir en chercher.

Un magnétiseur n'appauvrit point son *principe vital*
lorsqu'il magnétise; il peut fatiguer ses ressorts en
magnétisant trop long-temps ou dans des positions
gênantes, comme il se fatiguerait en faisant tout autre
exercice quelconque; mais on aurait tort d'imaginer
que c'est aux dépens de son électricité propre qu'il en
communique à un malade. On pourrait comparer l'o-
pération magnétique à celle d'une bougie dont la flamme
peut en allumer vingt autres, sans rien perdre de son
incandescence. Un corps enflammé ne fait autre chose
que porter son action sur un autre corps dans lequel le
phlogistique ou *principe vital* est encore renfermé. Plus
ce phlogistique est prêt à s'échapper, comme dans une
bougie, et en général dans tous les corps peu denses,
et dont la cohésion n'est pas très-forte, et plus la flamme
s'y manifeste promptement : de même, lorsqu'on magnétise, l'action que l'on porte sur le principe vital d'un
malade le fait d'autant plutôt réagir, qu'il est prêt à se
développer de lui-même; mais c'est toujours sans que
celui du magnétiseur perde rien de sa force et de son
activité.

(448)

(6) *Page* 276. **Les** anciens avaient l'idée de deux essences dans l'homme, l'une spirituelle et l'autre matérielle.

L'ancienne théologie des Hébreux parlait de l'homme selon ces trois rapports ; *mens, anima* et *corpus*, l'esprit, l'âme et le corps. Les Egyptiens croyaient de même l'homme partagé en trois parties distinctes, en *entendement*, en *âme* et en *corps terrestre et mortel.* Ils regardaient l'entendement comme la *partie spirituelle de l'âme* ; l'âme comme le *corps subtil et délié* dont l'entendement était revêtu ; et le corps terrestre, comme *animé par l'âme,* c'est-à-dire par le *corps subtil.*

Pythagore, qui avait puisé beaucoup de lumières chez les Egyptiens, enseignait que l'âme intelligente était revêtue d'un corps subtil qu'il appelait *char de l'âme,* lequel faisait la communication des deux natures. Il prétendait que cet intermédiaire était lumineux, et que, mû par l'âme intelligente, son action pouvait s'étendre sur toute la nature. Ce *char de l'âme*, cet intermédiaire lumineux de Pythagore ressemble beaucoup, ce me semble, à ce que nous désignons aujourd'hui sous le nom de *magnétisme* ou *électricité animale*, et je doute que le philosophe grec eût pu s'expliquer plus clairement, s'il eût connu les phénomènes nouveaux que cette découverte nous présente.

Pythagore ne voyait que l'homme seul doué d'une âme intelligente et immatérielle, et jugeait que l'âme sensible, ou principe des sensations et de l'instinct chez les animaux, devait être de même nature que l'âme animale ou le char subtil de l'âme de l'homme. Ces

(449)

idées, aussi simples que sublimes, étaient assurément bien contradictoires au système de la métempsy-
cose : aussi est-il très-faux que Pythagore ait jamais
enseigné cette doctrine de la manière dont les poëtes
l'ont présentée, et l'on ne trouve aucun vestige de cette
idée absurde dans les *Symboles* qui nous restent de
lui, ni dans les préceptes que ses disciples ont re-
cueillis, et nous ont laissés comme des précis de sa
doctrine.

Je ne sais si nos philosophes d'aujourd'hui ne ga-
gneraient pas beaucoup à retourner à l'école de Pythagore, et si nos savans ne trouveraient pas dans ce
char lumineux, dans cet *intermédiaire subtil*, le moyen
de réunir leurs différens systèmes sur la nature des
êtres.

(7) *Page* 282. Le rapport continuel qui existe entre
l'arbre de Buzancy et moi, m'est démontré par le fait.
L'été dernier, tandis que j'étais à Strasbourg, plusieurs malades que j'avais mis précédemment en *crise
magnétique*, continuaient de tomber dans cet état singulier, toutes les fois qu'ils allaient sous son ombrage.
Je ne puis me rendre raison de ce phénomène, qu'en
assimilant l'état d'un arbre magnétisé à celui d'une
barre aimantée qui, tant qu'elle n'éprouve pas d'altération, conserve sa propriété magnétique, et la manifeste chaque fois qu'on lui oppose un corps en analogie avec elle : de même, lorsqu'un arbre est une fois
(si l'on peut s'exprimer ainsi) aimanté animalement,
il faut apparemment qu'il conserve de même ses propriétés magnétiques, et qu'il soit susceptible de les ma-

29

nifester à l'approche des êtres déjà magnétisés, en raison des analogies.

Du reste, je ne comprends pas plus ce phénomène dans l'arbre, que je ne le comprends dans l'aimant; mais je puis certifier qu'il est aussi manifeste dans l'un que dans l'autre.

Quant au temps que doit durer la propriété magnétique d'un arbre, je n'y vois d'autre terme que la mort ou l'oubli total du magnétiseur; encore devrait-il toujours, à ce que je pense, manifester son influence sur les différens êtres qui, continuant à être malades, en auraient une fois ressenti les effets.

(8) *Page* 285. Pour calmer un effet trop violent que le magnétisme a produit, c'est encore dans la volonté seule qu'il faut en chercher la puissance. Lorsque je magnétise un malade, je ne sais jamais d'avance l'effet que je vais lui produire; mais ce dont je suis bien sûr, c'est que mon *action magnétique* doit lui être utile et salutaire. N'ayant aucune raison de préférer un effet plutôt qu'un autre, la sensation de plaisir ou de peine que j'éprouve est la seule règle de ma conduite. Si je vois, par exemple, que mon action magnétique occasionne des commencemens de spasme, de délire, de convulsion, etc., à coup-sûr ces effets me déplaisent et m'affligent, par la raison que mon but étant d'ôter ou de calmer les maux d'un malade, je ne puis me plaire à lui en voir souffrir de nouveaux : alors, tout machinalement, la volonté que j'ai de faire cesser l'effet violent que j'ai produit, radoucit mon attouchement et diminue mon action.

Je ne serais pas étonné, lorsque, par la suite, nous serons tous d'accord, que la douceur plus ou moins grande des effets magnétiques ne devienne pour les hommes un thermomètre de sensibilité.

Ce n'est pas, comme je l'ai déjà dit, qu'une maladie puisse se guérir sans souffrances ; je pense, au contraire, qu'elles sont nécessaires ; mais je crois en même temps que c'est toujours à la nature seule qu'il appartient de les déterminer. Au commencement d'un traitement, j'apaise toujours les effets qui me blessent et qui me paraissent désordonnés. Depuis que j'ai commencé à magnétiser, je puis affirmer n'avoir jamais laissé prendre de convulsions à aucuns malades, à moins qu'étant devenus somnambules magnétiques, ils ne m'aient assuré qu'à telle époque elles leur devenaient nécessaires. Je n'en agis pas de même à l'égard des douleurs simples sans convulsions, que je fais ressentir en magnétisant ; cet effet, sur les êtres surtout qui ne deviennent point somnambules, est ordinairement salutaire, et l'on ne peut trop chercher à l'obtenir. C'est dans ce cas qu'il est toujours avantageux d'augmenter les souffrances d'un malade jusqu'à un certain degré, par *un attouchement soutenu et fortement déterminé*, pourvu qu'avant de l'abandonner, on ait toujours la *volonté de calmer* le plus possible l'effet qu'on a produit.

(9) *Page* 290. Lorsque les somnambules magnétiques ont les sensations bien distinctes, leurs annonces et pronostics sur tout ce qui concerne leur santé sont toujours de la plus grande vérité. En suivant avec une exactitude scrupuleuse toutes leurs indications, il ne

doit jamais y avoir de variations dans l'accomplissement de ce que j'appelle leur *pressensation*. Mais comme il est bien difficile que, dans le cours d'un traitement, il n'y ait pas quelqu'oubli de la part du magnétiseur, ou quelqu'indiscrétion de la part du magnétisé, il est bien rare d'en voir se terminer sans que quelque cause seconde ne vienne déranger plus ou moins le premier ordre établi. Au reste, en y remédiant sur le champ, il n'est pas difficile de réparer ce mal passager, et l'on y réussit toujours.

(10) *Page* 317. Vers le même temps, Ribault fit une autre cure non moins prompte et non moins intéressante que celle du petit Amé. La nommée *Adélaïde*, femme de chambre de madame de S***, était arrivée à Buzancy le 29 avril, avant sa maîtresse. Cette femme, depuis quatre mois qu'elle était accouchée, se sentait tourmentée par une humeur de lait qui lui causait des douleurs dans presque toutes les parties du corps, et principalement dans les seins. Ribault lui proposa le 30 du même mois de la magnétiser ; à quoi elle consentit plutôt par plaisanterie qu'autrement ; mais au bout de sept à huit minutes, cette femme tomba, entre les mains de son magnétiseur, dans le somnambulisme le plus clairvoyant. Dès cette première séance, elle régla la suite de son traitement, savoir : le 1ᵉʳ mai, il fallait qu'elle fût en crise à midi, et y restât pendant deux heures ; le 2 mai, depuis deux heures jusqu'à trois ; et le 3 mai, depuis quatre heures jusqu'à cinq. Il fallait avoir soin qu'elle ne mangeât qu'après être sortie de sa crise ; et le 4 mai, on ne devait plus lui produire aucun effet. A

chaque séance, Adélaïde indiquait d'une manière extrêmement curieuse et intéressante, le travail qui se passait en elle, et le chemin que le lait parcourait pour descendre de la tête et des seins. « Je n'aurai pas, ajoutait-
« elle alors, d'évacuation dans ce moment-ci, mais dans
« seize jours, à certaine époque, il me faudra prendre
« quatre gros de sel de *duobus* dans un bouillon, et
« tout mon lait partira. » Tout s'est passé en effet absolument comme elle l'avait indiqué; et depuis ce temps
elle est très-bien portante.

(11) *Page* 319. Le jeune Amé, par la distinction qu'il
m'a faite de certains doigts dans la main, est le seul de
tous les somnambules magnétiques que j'ai observés,
qui m'ait rappelé la théorie des poles dans l'homme,
dont M. Mesmer parle dans ses *Aphorismes*. Jusque-là
je n'avais jamais eu l'occasion d'en observer ni d'en reconnaître; et j'avoue que, malgré le soupçon que j'ai
de leur existence, je n'y fais jamais attention lorsque
je magnétise. De quelle utilité en effet peut être une
propriété que la volonté d'un magnétiseur peut maîtriser et anéantir sans cesse? Je sens bien que la matière
en général est soumise à des règles auxquelles l'homme,
physiquement parlant, doit obéir, comme le reste de la
nature; je vois cette obéissance dans l'homme se manifester par toutes les influences qu'il reçoit de l'atmosphère et de tous les corps qui environnent son être; je
reconnaîtrai même, si l'on veut, que ces différentes actions qu'il reçoit ainsi, se communiquant à lui par des
poles, viennent se concentrer dans son équateur, pour
ensuite ressortir et circuler en lui par deux points dé-

terminés : mais dans l'effet produit par un acte de ma volonté, je ne vois plus de règle ni de direction prédominante ; soit que je touche avec la main ou avec le pied, soit que je n'emploie qu'un simple regard, soit que je n'agisse que par la pensée, de loin comme de près enfin, je vois toujours les mêmes résultats s'ensuivre. Que deviennent donc alors les lois des pôles, des courans, etc. ?.... Sans doute ces lois existent toujours ; je ne veux ni ne puis les détruire ; mais bien certainement, puisque, sans y avoir égard, j'agis avec la plus grande force sur la matière, il faut bien que je les maîtrise ces lois, et les fasse céder à un empire beaucoup plus fort que celui qu'elles exercent. N'est-ce pas ici le lieu de rappeler l'épigraphe de ce livre, dont cette note donne assez l'explication ?

Spiritus intus alit; totamque infusa per artus
Mens AGITAT MOLEM, *et magno se corpore miscet.*

(12) *Page* 348. Catherine Vidron a passé par tous les périodes qu'elle avait annoncés ; ses deux saignées lui ont été faites à Paris, étant dans l'état magnétique, par M. *Dumont*, chirurgien de l'hôpital de la Charité. Celle du pied a été reculée par elle au 5 janvier, à cause de l'époque de ses règles, qui ont duré jusqu'au 3. Sa médecine et ses quatre jours de diète l'ont menée jusqu'au 12 du même mois, et depuis ce jour jusqu'au 24, elle a éprouvé les fortes convulsions qu'elle avait annoncées, savoir : le 12 et le 13, quatre attaques ; le 14 et le 15, six attaques, et ainsi de suite, jusqu'à quatorze attaques dans une heure de temps, suivies d'une demi-heure de faiblesse ou de léthargie. Le 25, ses règles se sont ma-

nifestées pour la quatrième fois depuis le commencement de son traitement : elle m'avait annoncé que, quoique guérie, je pourrais la faire tomber en crise tranquille de somnambulisme tout le temps de son époque ;
ce qui a eu lieu effectivement jusqu'au 31 janvier ; et le
1er février, je n'ai plus eu le pouvoir de la mettre dans
l'état magnétique.

Il est à remarquer que Catherine Vidron, dans le cours
de son traitement magnétique, a passé successivement
par tous les périodes de souffrances qu'elle avait éprouvées il y a six ans dans une forte maladie, dont probablement elle n'avait point été bien guérie : maux de tête
violens, inflammation à la gorge, point de côté, douleur dans le bras, coliques, et jusqu'à des clous, elle a
tout éprouvé successivement. Depuis le 3 janvier, elle
m'avait ordonné de lui faire passer les nuits dans l'état
magnétique, afin de faciliter les fortes transpirations
qu'elle devait avoir. En effet, tous les matins, à sept
heures, lorsqu'elle sortait de crise, elle se trouvait ruis-
selante de sueur. Il m'est arrivé une seule fois d'oublier,
en rentrant chez moi, de l'aller magnétiser ; elle fut
toute la nuit dans une agitation extrême, combattue
par le désir de venir m'éveiller, et la honte qu'une telle
démarche lui inspirait : le lendemain, j'eus bien de la
peine à réparer les accidens que mon oubli avait causés ;
et le retard de sa guérison jusqu'au 25 en a été la suite.
Dans sa dernière crise du 31, elle m'a ordonné de la
magnétiser encore aux heures qui me seraient commo-
des, jusqu'au 15 février ; m'annonçant que ses sueurs
abondantes ne cesseraient que le 7 février, et que, jusqu'au 15, elle éprouverait de légers effets. J'ai su d'elle

encore que l'époque de ses règles serait pour le 20 du même mois.

Aujourd'hui, 24 février, je certifie que tout ce que je viens de détailler a eu son exécution à la lettre, et que Catherine Vidron se porte à merveille.

(13) *Page 352.* Les *somnambules magnétiques* ne doivent pas toujours être susceptibles de connaître les maladies des autres : cette propriété n'étant qu'une sensation chez eux, s'affaiblit ou se perfectionne, suivant les états différens dans lesquels ils se trouvent. Tous ceux dont je me suis servi comme *médecins* ont éprouvé cette alternative : aussi est-ce avec une réserve infinie que je les questionne sur cet objet. Un somnambule magnétique n'est pas toujours médecin ; il peut souvent être très-bon et très-juste dans ses pronostics pour lui-même, et ne rien savoir juger dans les autres. Quelquefois, après avoir eu la propriété de se connaître aux maladies, il peut perdre cette propriété, et ne la recouvrer qu'à certaine époque.

Cette observation est bien nécessaire à méditer par ceux qui ont à conduire des somnambules magnétiques. Combien de fois, j'en suis certain, il a dû leur arriver d'être mécontens de leur réponse, et de voir bien des personnes mises en rapport avec eux s'en retourner peu satisfaites de leur consultation ! d'où sensuit toujours des doutes fondés sur la réalité même de l'état de somnambulisme magnétique. Hélas ! ce n'est pas aux malades somnambules qu'il faut s'en prendre de toutes les incohérences et absurdités qui se rencontrent souvent dans leurs discours, mais bien aux magnétiseurs, qu'une aveugle curiosité conduit, la plupart du temps, dans leurs expériences. On croit que, parce qu'un être magnétique a eu la facilité de voir une chose ou d'en juger aujourd'hui, il le pourra demain : en conséquence, on appelle des témoins pour juger de l'extrême sagacité de son somnambule. Qu'arrive-t-il souvent? C'est que l'état de la maladie, qui a varié, a apporté en même temps du changement dans les sensations du somnambule. Néanmoins, le magnétiseur veut qu'il parle, qu'il réponde; et son enthousiasme l'aveuglant, il finit par faire céder sous l'empire de sa volonté, cet être magnétique, qui, par complaisance pour lui, débite une quantité de rêveries.

Mais, dira-t-on, comment croire un mot de ce que disent les *somnambules magnétiques*, s'il leur arrive souvent de se tromper? A cela je réponds que, sans confiance dans un magnétiseur, il est impossible d'en avoir dans l'être qui lui est soumis. La même raison qui règle la conduite dans l'ordre commun des choses, doit, à plus forte raison, la régler dans les opérations magnétiques, où la dépendance des subordonnés est certainement la plus grande que nous connaissions.

L'enthousiasme, l'envie ou l'intérêt de prouver une chose que l'on a avancée comme certaine, doivent nécessairement donner à la volonté une impulsion manifeste, et je me méfierai toujours des résultats que ces sentimens détermineront, tandis que je mettrai ma confiance (au risque même d'être trompé tous les jours) dans l'homme en qui je ne reconnaîtrai que le désir de faire du bien, car sa volonté alors ne pourra jamais être de me surprendre par des merveilles ni de me tromper par des apparences.

Pourquoi vouloir avoir des sibylles, des prophètes, des médecins, des oracles, et même des somnambules ? Ce n'est pas là le but tranquille auquel un magnétiseur doit tendre ; il ne doit vouloir que guérir et faire du bien ; les résultats de toute autre volonté ne peuvent être que faux et mensongers : et c'est, je crois, un grand bonheur pour les hommes, d'avoir assez de philosophie pour être en garde contre toutes les chimères qu'ont fait enfanter, dans les têtes exaltées les phénomènes simples et sublimes du somnambulisme magnétique.

(14) *Page* 356. La suite de l'écrit de Viélet est dans mon porte-feuille. Si je ne me permets pas d'en publier le contenu, c'est qu'il s'y trouve des choses si extraordinaires et si éloignées de la portée d'un paysan, qu'il me paraît impossible qu'on puisse croire qu'il en soit l'auteur. Ma retenue sur ce sujet n'est pas la seule que je me sois imposée : sachant combien tout ce qui tient au merveilleux est fait pour éloigner les hommes de la vérité, j'ai soin de tenir secret tout ce qui n'a pas un rapport direct aux maladies des *somnambules magnétiques.* Eh ! n'est-ce pas déjà un phénomène assez difficile à croire, que celui de leurs pressensations ? Tout magnétiseur prudent ne devrait pas, ce me semble, parler d'autre chose dans ce moment-ci. En effet, quelqu'extraordinaire que soit ce phénomène, c'est, sans contredit, le plus commun et le plus facile à prouver, puisqu'on peut dire avec vérité que la pressensation est

inhérente à l'état de somnambulisme magnétique. C'est en même temps l'accessoire le plus satisfaisant de cet état singulier, puisqu'il tend directement au soulagement de l'humanité. C'est donc par lui seul qu'on peut engager les hommes à croire aux effets du magnétisme. Ce premier pas une fois fait, il ne sera plus dangereux de parler ouvertement de tous les autres phénomènes qui se rencontrent souvent dans la suite d'un traitement magnétique, lesquels étant aussi variés et aussi peu constans que le sont les différens degrés de sensibilité par lesquels les somnambules magnétiques peuvent passer, ne doivent jamais être rapportés que comme de simples observations absolument étrangères à la conduite qu'on doit tenir à l'égard des malades.

Ce qu'un somnambule a fait, vingt autres souvent ne le pourront répéter, tandis que chacun en particulier manifestera de même d'autres phénomènes qui lui seront propres. Enfin, un magnétiseur doit s'estimer trop heureux si, dans le cours d'un long traitement, il lui arrive (sans qu'il l'ait cherché) un seul évènement extraordinaire fait pour étonner son esprit autant que pour éclairer sa raison.

(15) *Page* 360. Si Viélet, quoique guéri, tombait encore en crise magnétique pour des instans seulement, je crois que sa faiblesse en était cause. Il eût sûrement été nécessaire, pour l'affermissement de sa santé, qu'il eût continué à être magnétisé quelque temps encore, jusqu'à ce qu'il eût été mené à l'*insensibilité magnétique*, qui, selon mes observations, est la seule preuve convaincante d'un parfait rétablis-

sement : mais cet homme avait les devoirs de sa nouvelle place à remplir ; il était tourmenté par l'inquiétude de la perdre, s'il séjournait trop long-temps chez moi ; toutes ces raisons m'ont déterminé à ne pas le retenir davantage, d'autant qu'il m'avait assuré, dans l'*état magnétique*, qu'à l'aide du régime qu'il s'était prescrit, sa santé s'affermirait totalement dans le cours de l'hiver.

J'ai eu à Strasbourg, l'été passé, un exemple frappant de l'effet du magnétisme sur un individu faible, sans autre mal apparent.

M. *de Pont-le-Roy*, officier d'artillerie (*), fils du lieutenant-général des armées du Roi, portant le même nom, avait la fièvre et un malaise général, lorsqu'il consentit à se faire magnétiser. Au bout de deux ou trois séances, il devint dans l'état *du somnambulisme le plus clairvoyant*; et dès-lors il sut si bien se diriger, qu'en très-peu de temps sa santé s'était rétablie. Néanmoins il continuait toujours à tomber en *crise :* je lui en demandai un jour la raison. « Elle est très-simple, me répondit-il ; je suis d'une complexion faible, sans être précisément malade. Je pourrais acquérir un certain bien-être qui me manque. Il en est de moi (je rapporte ses propres expressions) comme d'un homme avec une fortune honnête, qui sentirait la possibilité de l'augmenter. Je ne pourrai jamais devenir aussi robuste qu'un homme mieux constitué que moi ; mais enfin il est des perfections relatives ; et jusqu'à ce que j'aie acquis celle dont je suis susceptible, vous pourrez toujours me mettre en crise. »

____

(*) Aujourd'hui (1820) officier-général.

Le temps des semestres, joint au désir qu'il avait de retourner à Saint-Germain, auprès de sa famille, ne m'a pas permis de continuer à le magnétiser. Néanmoins il est aujourd'hui en aussi bonne santé que sa complexion peut le permettre.

Comme la maladie de M. de Pont-le-Roy n'était pas bien inquiétante, je me permettais souvent, lorsqu'il était en *crise*, de lui faire des questions sur le magnétisme et sur l'état de somnambulisme : ses réponses étaient aussi claires qu'intéressantes, et faites pour répandre les plus grandes lumières sur cet état singulier.

Un jour entr'autres que je prononçais devant lui le mot de *somnambulisme* : Pourquoi, me demanda-t-il, désignez-vous ainsi l'état où je suis ? Le mot de *somnambulisme* porte avec lui l'idée de sommeil, et certainement je ne dors pas.... Il faudrait, ajouta-t-il dans le cours de notre conversation, trouver un mot composé qui exprimât les diverses sensations que j'éprouve. D'abord un état de calme et de bonheur qui se sent mieux qu'il ne peut se rendre ; ensuite, un oubli total de toute affection étrangère à mon bien-être ; troisièmement, un *rapport intime* avec vous, mais si *intime*, que je ne le distingue pas plus particulièrement dans une partie de mon corps que dans une autre ; et en quatrième lieu, une *connaissance parfaite* de moi-même. A l'aide du grec ou du latin, vous pourriez composer un mot ; mais, m'ajoutait-il, tous les mots possibles ne vous donneraient jamais qu'un bien faible aperçu de tout ce que j'éprouve. Il faut être dans l'état où je suis pour savoir l'apprécier.

Des *somnambules* comme M. de Pont-le-Roy sont bien intéressans à rencontrer; mais ils sont rares, et c'est à tort qu'on voudrait exiger de tous les malades des lumières et des réponses aussi satisfaisantes. C'est à la nature à nous manifester ses secrets, et notre devoir est de les observer avec circonspection, et de ne jamais chercher indiscrètement à les dévoiler. On court le risque, en voulant forcer les facultés d'un être magnétique peu intelligent, de détraquer sa tête, et de finir par le rendre imbécille ou fou pour le reste de ses jours.

(16) *Page* 364. M. Mesmer appelle *symptômes critiques*, les symptômes caractéristiques désignant un effort de la nature sur la cause du mal; et *symptômes symptomatiques*, les symptômes accessoires ou trompeurs auxquels on ne doit point s'arrêter. L'action magnétique étant d'ajouter à l'effort de la nature, son effet sera donc toujours d'augmenter les symptômes critiques, et d'apaiser ou faire disparaître les symptômes symptomatiques; d'où s'ensuit que toutes les crises produites par le magnétisme animal bien administré, sont curatives.

(17) *Page* 380. Parmi quantité de *phénomènes* qui se présentent sans cesse à nous, et auxquels nous ne faisons pas une attention suffisante, j'ai eu lieu, par exemple, d'en observer un, déjà bien connu autant qu'il est commun, et dont jusqu'ici on ne s'est pas rendu raison d'une manière satisfaisante; je veux parler de cet attrait qu'ont en général tous les hommes pour le pays où ils

ont pris naissance, et où surtout ils ont passé leur enfance. Les médecins ont appelé *nostalgie*, ce que tout le monde connaît sous le nom de *maladie du pays*. Un observateur impartial ne peut se tromper aux symptômes symptomatiques de cette maladie : gonflement œdémateux dans le bas-ventre et dans les parties inférieures du corps, fièvre lente, serrement d'estomac continuel, et une tristesse que rien ne peut vaincre. Combien il y a de victimes de cette cruelle maladie, qu'aucun remède de la médecine ordinaire ne peut guérir ! Est-ce à l'imagination affectée qu'il faut rapporter le principe d'un mal physique aussi dangereux ? Et d'après cette supposition, est-ce aussi sur l'imagination seule du malade qu'il faut travailler pour empêcher sa mort inévitable ? Cette question va, je crois, être résolue suffisamment par l'exemple suivant, et l'on en conclura, je pense, que si l'imagination d'un homme attaqué de la maladie du pays vient à s'affecter d'une manière si amère et si douloureuse, ce n'est que par une suite naturelle des maux physiques et véritables que tout son être éprouve loin d'un *aimant* impérieux qui tend à l'attirer sans cesse vers lui.

Le nommé *Lecompte*, dit *Lavallée*, jeune homme de vingt ans, fils du maître-d'hôtel de M. le prince de Beauveau, était depuis deux ans soldat dans le régiment de Foix. Des étourderies de jeunesse avaient plutôt déterminé son engagement, que sa vocation véritable. Il y avait un mois environ que ce jeune homme avait la fièvre, lorsque M. *Fribeau*, chirurgien-major de son régiment, l'amena chez moi pour être magnétisé. Mon valet de chambre, dès la première fois, le rendit *som-*

nambule *magnétique*, et dès lors il sut rendre compte de sa maladie, et donner les moyens de la guérir. Pendant plus de quinze jours, toutes ses *pressensations* s'accomplissaient à la lettre, et je m'attendais à voir cesser promptement son somnambulisme avec sa maladie, quand un jour nous le vîmes fondre en larmes dans *l'état magnétique*. Étonné de cette transition subite, Ribault lui en demanda la raison. « Hélas, répondit-il en sanglotant, je fais tout ce que je puis pour guérir, mais je vois aujourd'hui que cela est impossible. La fièvre ne me quittera plus désormais; je ne pourrai plus rien *pressentir*, et vous ne pourrez m'empêcher de mourir. » Nous ne pûmes savoir de lui rien de plus détaillé ce jour-là. « C'est un malheur, répétait-il souvent, auquel vous ne pouvez remédier. »

Le lendemain, je me mis en *rapport* avec lui, et enfin, tant dans cette séance que dans plusieurs autres, il m'apprit que le chagrin était la cause de sa maladie; que le seul moyen de le sauver était de le faire partir le plutôt possible pour retourner auprès de son père; que la fièvre ne le quitterait qu'à la porte de Paris. Il ajouta que le magnétisme le soutenait un peu, diminuait ses maux de tête, mais que la fièvre et le dépérissement iraient toujours en augmentant; qu'au bout de dix-huit à vingt jours, il ne serait plus susceptible de tomber en *crise*; qu'alors, n'ayant plus la force de se soutenir, il faudrait le porter à l'hôpital, où il finirait ses jours, après un mois de dépérissement continuel.

La confiance aux effets comme aux résultats du magnétisme animal, n'était point alors à Strasbourg aussi établie qu'elle y est aujourd'hui. D'après cela, on doit bien s'imaginer avec quelle froideur on reçut alors mes demandes, et avec quelle ironie l'on écouta mes plaintes. J'avais le cœur navré toutes les fois que je voyais le jeune Lecompte dans l'état magnétique, qui alors me répétait le nombre de jours qu'il avait encore à espérer de pouvoir guérir. Enfin, quoique plusieurs chirurgiens de l'hôpital militaire et autres eussent certifié l'état de danger dans lequel était mon malade, néanmoins il en était réduit à neuf jours d'espérance, que je n'avais pas encore celle de le voir partir pour Paris. Dans cette perplexité, j'avais pris le parti de faire venir un notaire pour recevoir sa déclaration dans l'état magnétique, et j'avais instruit tout le monde de cette démarche. J'allais faire cesser tous les soins que mes gens et moi rendions à ce jeune homme, quand on vint m'annoncer qu'il aurait la permission de partir. Il fallut attendre encore un jour jusqu'à la signature de son congé, et dès le même jour je le fis sortir à pied de Strasbourg, pour attendre la diligence à deux ou trois lieues de cette ville.

La lettre que Lecompte m'a écrite à son arrivée à Paris, suffira mieux que mes réflexions pour classer les idées sur la nature de sa maladie. Si l'on fait attention au nombre de jours qu'il a mis à faire son voyage, on pourra juger de l'état de faiblesse et d'anéantissement dans lequel il était lorsqu'il obtint la permission de partir.

Paris, ce 7 septembre 1785.

« MONSIEUR,

« Je prends la liberté, etc. . . . . Ce qui m'a retardé dans mon voyage, je vais vous en faire le

3o

« détail. Au sortir de Strasbourg, la joie et le conten-
« tement se sont si fort emparé de moi, qu'ils m'ont
« causé une grande faiblesse et un grand battement de
« cœur ; ce qui fait que je n'ai pu faire que deux lieues
« pour attraper le coucher avec grande peine. De là,
« j'ai pris la diligence, comme je le croyais, le di-
« manche ; cela m'a rendu encore bien plus mal, car
« j'ai été obligé de la laisser repartir le lendemain de
« son premier coucher, qui était à *Blamont*, et moi
« de rester à l'auberge l'espace de quatre jours. Après
« ce temps, les forces m'ont repris. Je n'ai pas voulu
« prendre davantage de voiture, crainte d'éprouver
« le même désagrément. J'ai continué mon voyage
« jusqu'à Nancy : étant un peu fatigué, non faute de
« courage, mais par le désagrément que j'ai éprouvé
« de la voiture, j'y ai resté l'espace de trois jours.
« Étant un peu délassé, je me suis senti beaucoup de
« force, malgré que ma fièvre me tenait tous les jours :
« je me suis remis en route de pied jusqu'à Paris, sans
« faire grande journée. En y entrant, il m'a pris un
« saisissement de joie qui m'a retourné tous les sens,
« et dès ce moment je me suis senti beaucoup plus de
« force, et un petit accès de fièvre qui m'a tenu très-
« peu de temps ; et depuis ce jour, je suis encore en
« l'attendant. Je vous prie, etc...... »

Le jeune Lecompte, que j'ai vu deux fois depuis
mon retour à Paris, m'a dit qu'il continuait à se très-
bien porter. Comme il demeure à l'hôtel de M. le
prince de Beauveau, il est aisé de constater les faits
que je viens de rapporter.

(467)

(18) *Page* 411. *M. le comte Louis de Rieux*, en indiquant, dans l'état magnétique, des numéros pour la loterie, n'a fait, comme on a pu le remarquer, que céder aux instances de M. son père ; aucune notion particulière n'a décidé son choix : l'acte de complaisance qu'il a fait dans cette occasion, était aussi simple que celui qu'il a répété dans son état naturel, en indiquant cinq autres numéros différens des premiers. On pense bien que le tirage d'ensuite n'a réalisé aucune de ses indications.

J'insiste sur ce fait avec d'autant plus de plaisir, qu'il peut servir de preuve à ce que j'ai répété déjà bien des fois, que, hors de la sphère des sensations particulières des êtres magnétiques et de celles des êtres avec lesquels ils sont en rapport, il n'y a aucun fond à faire sur toutes les réponses que des questions indiscrètes peuvent leur suggérer. J'ai eu des malades qui, dans l'état de somnambulisme magnétique, étaient assez mobiles pour répondre à ma simple *pensée : Victor, Joly, Viélet, Catherine Vidron*, etc., étaient de ce nombre. Si j'eusse voulu tromper quelqu'un par leur moyen, et renouveler les anciennes erreurs des oracles et des sibylles, rien ne m'aurait été plus facile : dès lors, sans leur parler, j'aurais pu dicter leurs réponses (avec une baguette à la main, si j'eusse voulu, pour mieux fixer ma volonté et me servir de conducteur), et les faire passer pour de nouveaux pythonistes, tandis que je n'aurais fait, dans tout cela, qu'un simple abus de ma puissance physique, pour forcer mes malades à un acte de complaisance auquel ils auraient d'autant moins résisté, qu'ils étaient plus simples et plus confians en moi.

C'est de cette manière que j'entends fort bien comment un magnétiseur fort enthousiaste a pu croire qu'un somnambule magnétique avait vu des hommes et des vaisseaux dans la lune, tandis qu'il n'avait vu que les folles idées que son magnétiseur avait dans la tête.

La connaissance de nous-mêmes et l'étude de nos sensations, voilà à quoi peut nous mener la découverte du somnambulisme magnétique, et le but où nous devons tendre, après celui de soulager l'humanité souffrante. Cette tâche est difficile à remplir; mais pour avoir des résultats certains, il faut, je le répète, que le premier désir du magnétiseur soit toujours de guérir son malade, et que la première connaissance d'un être magnétique soit celle de sa maladie, et des moyens à employer pour avancer sa guérison, dont, par suite, il doit connaître le terme. J'avoue que, sans cette première donnée, il m'est impossible d'ajouter aucune confiance à tous les dires des somnambules magnétiques.

(19)) *Page* 428. L'effet salutaire d'un attouchement immédiat, quand la volonté est dirigée vers le bien-être d'un malade, est si manifeste, que quantité de personnes, lorsqu'elles y réfléchiront, reconnaîtront l'avoir procuré souvent sans réflexion. Combien de mères tendres ont machinalement sauvé la vie à leurs enfans, en les serrant avec sensibilité contre leur sein, dans des momens de souffrances imprévues! Combien la présence d'une personne que l'on aime apporte de calme et de douceur dans les maux qu'on éprouve! Je suis sûr que, science et expérience à part, il ne peut être indifférent d'être soigné par un médecin et une garde qui nous portent affection.

Plusieurs officiers de cavalerie m'ont conté un fait qui m'a frappé, par l'analogie que j'y ai trouvée avec toutes mes observations. Lorsque, dans un régiment, on voit un cheval dépérir, sans cause apparente de maladie, il est d'usage de le changer de cavalier. Tel homme, par l'affection qu'il porte à son cheval, entretient en lui, par le pansement, l'embonpoint et la santé; tandis qu'entre les mains d'un autre, le même cheval eût tombé dans la maigreur et le dépérissement. Si ce fait est vrai, comme j'ai lieu de n'en pouvoir douter, on en conclura nécessairement que l'affection des êtres qui nous entourent habituellement, devient aussi utile à notre santé qu'à notre bonheur.

POST-SCRIPTUM.

Depuis le 8 décembre 1785, jour où Dupré
avait quitté Buzancy, je n'avais pas reçu de ses
nouvelles. Ne pouvant me méfier de son exactitude à venir me trouver, je n'avais fait aucune
démarche auprès de lui, et je l'attendais avec
confiance pour la fin du mois de février, quand,
le 12 du même mois, je reçus une lettre de lui,
par laquelle il me mandait qu'il lui serait impossible de se rendre à Paris à l'époque que je lui
avais fixée. J'écrivis aussitôt au curé de sa paroisse, au Bolhard, près de Rouen, ainsi qu'à
M. le chevalier de Boniface, dont il se récla-
mait, pour les engager, par les raisons les plus
fortes, à m'envoyer Dupré le plutôt possible.
Ces messieurs ont tellement répondu à mes instances, que le lundi 20 février, Dupré est arrivé
à Paris. Sur les premières questions que je lui
ai faites sur sa santé, il m'a répondu qu'il avait
beaucoup souffert depuis qu'il m'avait quitté;
qu'il avait eu la fièvre le mois d'auparavant,
dont à la suite il lui était resté des ampoules

sur tout le corps, dont à peine il était guéri ;
que sa peau s'était renouvelée entièrement, et que
du reste il était toujours dans le même état,
c'est-à-dire sujet à ses crises périodiques tous
les trois jours, à quatre heures du soir. Comme
le lendemain mardi 21 était justement le jour
de son accident, je remis à quatre heures du
soir à prendre de lui-même, dans sa crise magnétique, des renseignemens plus certains.

Sa première réponse, sur l'état de sa santé,
fut qu'il était bien malade et bien près de sa
mort ; que j'allais, en le magnétisant, hâter en
lui une crise définitive, dont il aurait de la peine
à se tirer, mais qui terminerait sa maladie, s'il
avait la force de la vaincre. Est-ce que vous ne
croyez pas toujours, lui demandai-je, avoir la
fièvre chaude le 4 mars ? — Non, me répondit-il, tout est dérangé. Et alors il me conta
que, dans son voyage de Buzancy au Bolhard,
il s'était arrêté à Beauvais ; que son accident lui
avait pris dans cette ville au milieu de la rue ;
qu'alors on l'avait beaucoup tourmenté pour le
faire revenir à lui ; que n'y pouvant réussir, on
l'avait transporté à l'hôpital militaire, où on lui
avait fait avaler, par trois fois, des élixirs et des
drogues contraires à son état ; que son estomac
en avait été brulé ; et que le dérangement de sa

maladie, les souffrances qu'il avait eues, et l'a-
vancement de sa fièvre chaude, avaient été les
suites de ce mauvais traitement. Je lui demandai
alors de m'indiquer quelques moyens pour réparer le mal qu'on lui avait fait. «Vous n'y pourrez parvenir entièrement, me répondit-il... lais-
sez-moi tranquille dans ce moment-ci. Je sor-
tirai de crise tout seul comme à l'ordinaire : une
demi-heure après mon réveil, il faut que vous
me remettiez dans l'état où je suis, et je pourrai
alors mieux voir ma situation, et vous dire ce
qu'il faudra faire. »

Vers cinq heures et demie, je l'ai donc mis
en crise, et j'ai su de lui que le lendemain il
tomberait quatre fois dans ses accidens; qu'il
s'y joindrait des convulsions; que je ne devais
le magnétiser qu'au quatrième accès; qu'ensuite
il en aurait un cinquième le jeudi matin, pendant lequel il n'aurait pas besoin de mes soins;
qu'à midi, le même jour, je le magnétiserais
pour la dernière fois, sans pouvoir parvenir à
le faire tomber en crise, et qu'alors il serait aussi
bien rétabli qu'il était possible. Je lui demandai
s'il n'y aurait pas moyen de guérir entièrement
son estomac. « Non, me répondit-il, j'en souf-
frirai le reste de mes jours; le traitement qu'on
m'a fait à Beauvais me l'a brûlé, et aucun re-

mède ne peut me soulager. » Il m'ajouta que sa vie ne serait pas bien longue, et il m'en désigna le terme, ainsi que la révolution qui l'annoncerait.

Le lendemain jeudi, j'exécutai ponctuellement ses indications, et je ne pus le faire entrer dans l'état magnétique : l'effet qu'il ressentit fut passager. Au bout d'une demi-heure, n'éprouvant plus rien, je le laissai tranquille. Depuis lors il est resté une huitaine de jours à Paris, sans éprouver aucun accident, seulement des douleurs d'estomac passagères, et il est reparti pour son pays, où peut-être la tranquillité dont il va jouir, démentira le pronostic fâcheux qu'il ignore avoir porté sur son état (*).

> *Volonté active vers le bien,*
> *Croyance ferme en sa puissance,*
> *Confiance entière en l'employant.*

(*) Ce pronostic était qu'il mourrait avant quatre années révolues (en 1789); et d'après les informations que j'ai prises au Bolhard, j'ai su qu'il avait eu son accomplissement.

FIN.